化学結合論入門

量子論の基礎から学ぶ

高塚和夫──［著］

東京大学出版会

INTRODUCTION TO
QUANTUM THEORY OF CHEMICAL BONDING
Kazuo TAKATSUKA
University of Tokyo Press, 2007
ISBN978-4-13-062506-7

物質科学の世界に足を踏み入れる人へ：序にかえて

本書は，分子論を学び始める人のために，最初の道標のつもりで書かれた．とりわけ，化学結合の量子論的理解を促しながら，化学における基本的かつ重要な概念や量を伝えることを目的としている．

分子とは何か？　量子論の時代における現代的分子像とはどのようなものか？　分子によっては，その1個1個を観察したり操作したりすることができる現代にあって[1]，分子論はますます重要性を増している．また，生物学や薬学を修めるにしろ，物性物理学を研究するにせよ，現代注目されているナノ科学，ナノテクノロジー，メゾスコピック科学など，ほとんどすべての物質科学において分子論への基本的理解は欠かせない．現代は，「分子の時代」なのである．

もっとも，私個人としては，分子の応用や社会的需要などを考えなくても，「あー，分子って面白いなあ！」と感ずる素朴な感動を大切にしたいと思っている．この地球が宇宙の中でひときわ美しく，優しく，複雑なのは，多様な分子に溢れているからである．そもそも，われわれ生命体も，分子の集合体以外のなにものでもないではないか．

ところで，分子研究の中心的役割を担う化学は，大学の教育体系の中で難しい立場に置かれている．以前は，大学の初期課程において，熱力学のようにマクロな立場と，分子論のようなミクロな立場をどちらを優先して修得させるべきかという，長い論争があった[2]．現在は，両方とも必要であって，ほぼ並行して授業を進める，というのが一般的になっているように思われる．次に，分子論における量子論の扱いの問題がある．古典力学，電磁力学，各種基礎的数学をしっかり修めた後，積み上げで量子論に入るというのが，量子論への正攻法であることは，誰にでもわかっている．しかし，それでは，大学の3年生の後期あるいは4年生でなければ分子論に基づく化学は始められないことになってしまう．そして，物質科学は滅びてしまうであろう．

ここに，分子論を始めるにあたって，量子論の取り扱いのレベルに大きな幅が生まれる．たとえば，量子論にも分子にも興味はないが，とりあえず単位だけは欲しいという学生に迎合した，教科書とは呼べそうもない教科書が「量子化学」の名の下に出版されていることに愕然とすることがある．本書は，逆に，もっと学びたいと旺盛な意欲を持っている学生に，なるべく天下り的記述を少なくして，できるだけ自己充足的に（つまり，量子論の教科書を見ないでも済むように[3]）勉強ができて，かつ読者に力をつけてもらうことを意図して書かれている．分子論を初めて学ぶ学生はもちろん，化学系・生物系の高学年の学生や専門家が復習と概念整理のために読むことも可能である．また，物性物理学を学ぼうとする学生に分子論の概念をしっかり理解してもらううえでも役立つと思う．

本書は，ほぼ1年間のコースを想定した分量になっている．化学結合論の初等的取り扱いを経て，化学反応理論の入門で終わる．東京大学の教養学部では，第9章の「2原子分子の電子状態」までを半期（90分講義をほぼ15回）で講義することにしているが，その場合には分量も多く，適宜項目を選択する必要がある．少なくとも本書で◆の記号が付いた節や項目は，後回しにしてもよい．しかし，意欲のある学生はどんどん読んで欲しい．

本書には，いたるところに問題が付されている．これらの問題のほとんどは，いわゆる章末問題（ひととおり章を読んでから解く問題）ではなく，解きながら読み進めていくように配置されている．場合によっては，問題そのものが発見法的な内容の記述になっているので，必ず問題を解いていただきたい．ただし，高度な問題や，読者を挑発するような問題も含まれているが，それらには♪の記号が付されているから，答えにたどり着くことにこだわる必要はない．

「あー，分子って面白いなあ！」と感ずる素朴な感動が，「もっと勉強をしてみたい！」という思いにつながることを期待して，本書を始めよう．

---

1)　単分子分光，単分子操作といわれる．

2)　熱力学のほうが量子論がない分だけやさしくて教えやすい，あるいは，わかりやすいというのは明らかに誤解である．

3)　もちろん，しかし，ゆくゆくは本格的に深く量子論を勉強して欲しい．一方，ディラックらによる量子力学の古典的名著のほとんどは，現代の分子科学の大発展がなかった頃に書かれたものであって，当然，分子の取り扱いに関してはほとんど記述がないことが多い．

目　次

第1章 分子の存在とそのスケール

私たちが生きているこの時代は，化学の歴史の中で，どのように位置しているのだろうか？　わたしたちは，分子というものを所与の概念として知っている．その実在を疑う人はいまい．しかし，分子が直接見え始めたのは，ごく最近のことである．プルースト（Joseph Louis Proust, 1754–1826）の定比例の法則など，高校までで学んだ経験的諸法則は，分子の実在を知っているわれわれから見ればとてもわかりやすい法則であるが，歴史的には分子の発見へ至る長い道のりにしるされた足跡の１つ１つなのである．この章では，分子発見の簡略化された歴史から始めて，分子を科学するうえで必要な，基本的な事項をまとめておきたい．

1.1　発見の歴史

原始的物質観　デモクリトス（ギリシャ，BC460–370?）は，「世界は真空（無）と不可分な原子から成る」という原子論を提唱し，アリストテレス（BC384–322）は，空気，水，火，土からなる４元素説を唱え，基本的性質を担うものとその組み合わせおよび変換で世界を理解しようとしたといわれる．この思弁的な「化学」は，中世までの物質観を支配し，古い化学の理論的背景を形成した[1)]．

一方，アラビアの錬金術（アルケミー（Al（アラビア語の冠詞）chemy（ケム：黒い物）））は，体系的な物質の変換操作の始まりとされる．ここでは，エジプトの技術（精錬等）＋とギリシャの思想（元素の相互変換の可能性）が

1)　本 1.1 節と次の 1.2 節をまとめるにあたって，部分的に，『化学と人間の歴史』（H.M. レスター著，大沼正則監訳，朝倉書店，1981 年）を参考にした．興味深い著作なので，読者も直接読まれることをお奨めする．最先端の科学だけに目を向けがちなわたしたちに，貴重な機会を提供すると思う．サイエンスの歴史を紐解いて，「人間の営みとしての科学」を考えるきっかけとしたい．

合体されて，ヘレニズム文化（BC4～）で花開いたとされる．

問題 1.1 ♪ アリストテレスらの思弁的な科学論は，人間頭脳の分析力と思考力の素晴らしさの反映でもあるが，一方で，脆弱で危うい側面をもっている．これを手がかりに，現代の科学が真の科学たりうるための条件を考えよ．

素朴な原子論 原子論は，ボイル（Robert Boyle, 1627–1691）によって大きく発展させられた．彼は，空気ポンプを作成して，空気の物質的性質の研究を行うとともに，基本的粒子の存在を主張した．さらに，粒子間の親和力と反発で，空気の力学を理論的に理解しようとした．

ニュートン（Isaac Newton, 1642–1727）は，光の粒子説，古典力学，重力の理論，微分積分学，造幣局長官（さらに，神学者，錬金術師）と，多彩な方面で，自然の構造（仕組み）への探求を続けた．その中には，気体の膨張が，気体原子の空間への広がりによるものである，との研究も含まれている．

近代化学の夜明け（燃焼と気体の化学） 17 世紀後半には，燃焼（今でいえば酸化・還元反応）に関する統一理論ができていたといわれる．その中心概念は，「フロギストン」と呼ばれる物質の存在の仮定にかかっている．フロギストンは，ギリシャ時代の火元素の類似物で，生気，熱素などと共通する考え方のうえに成り立っていた．物が燃焼すると，フロギストンがその物体から出て行くと考えられた．

この背景には気体の化学の発展があり，プリーストリ（Josef Priestley, 1733–1804，牧師，アマチュア化学者）は，NO, CO, SO_2, HCl, NH_3, ... などを単離したといわれる．

近代化学の発祥と精密実験 ラボアジェ（Antoine Lavoisier, 1743–1794）は，すぐれた経済学者であると同時に，実証的な実験的精神をもって，科学に挑んだ近代化学の祖である．彼は，定量実験を重要視し，そのために精密な実験装置の開発から手がけた．燃焼実験において，金属の灰化（燃焼）による微小な質量の増加の測定に成功し，燃焼とは，物質と空気あるいは空気の中のある成分が結合することであると断定した．ついで酸素を発見した．負の質量を持つとされたフロギストンの存在は，ラボアジェによって，完全に否定された．

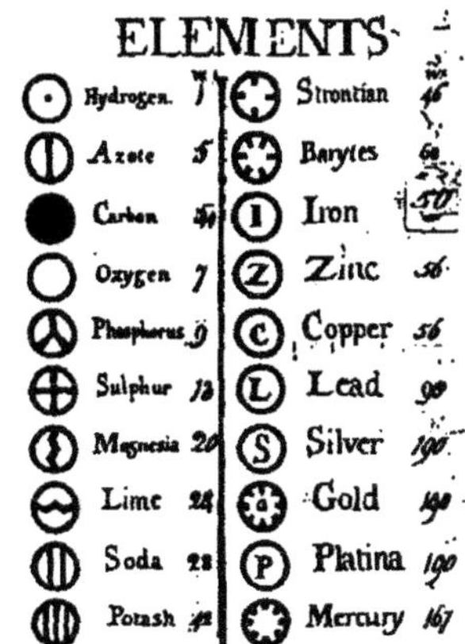

図 **1.1** ドルトンの原子量表

経験的諸法則 こうして，定量的な議論が可能になってくると，次々と化学反応に関するきわめて重要な経験則が発見されるようになった．これらの1つ1つは，分子の発見史の一里塚である．

リヒター（Jeremias Richter, 1762–1807）は，「化学反応において，生成物が常に同じ比で生成すること」を発見した．分子という概念がない時代の物質保存の考えの1つの反映である．現在，われわれが化学反応式を書くときの係数は，$2H_2 + O_2 \rightarrow 2H_2O$ のように，一定の比になっているように書くが，これを化学量論（stoichiometry）という．分解できないものを測定するという意味だそうである．

高等教育をまったく受けず，当時の産業革命の中心地マンチェスターで活躍したドルトン（John Dalton, 1766–1844）は，色弱（doltonism）の研究のほか，化学史上決定的な仕事をした．彼は，「原子」の存在と，物質がその組み合わせで構成されていることを主張した．この説は，「ある化合物を作るのに必要な化学元素の質量の比は常に一定」であることを鮮明に説明した．しかし，原子の組み合わせ数がわからないため，原子の重量比がわからず，混乱が続いた．たとえば，水は，1対1の酸素原子と水素原子により構成されていると考えられたため，その質量比は，精密測定の限界もあって，7対1とされた．

ベリセリウス（Jons Berzelius, 1779–1848）は，原子量表を精密化し，当量の概念を研究した．また，多くの元素を発見している．

一方，ゲイリュサック（Luis Gay-Lussac, 1778–1850）は，「すべての元素は一定の重さの割合で化合するが，気体はまた，一定の体積の割合で化合する.」という法則を発見した.

アボガドロの仮説：分子説の登場　上で発見された諸法則には，原子説だけでは，どうしても本質的に説明しきれないものが含まれていた．法律を勉強した後，24歳で物理学・数学を独学したアボガドロ（Conte Lorenzo Romano Amedeo Carlo Avogadro di Quaregna e Cerreto, 1776–1856）は，後にチューリン大物理科教授になるが，1811年に次の仮説を提案した.

1. 温度，圧力が一定ならば，いかなる気体も同じ体積中に同数の粒子（分子）を含む.
2. 1つの分子は一定の数の元素粒子（原子）から成る.

$2H_2 + O_2 \to 2H_2O$ と考えれば，当時のレベルでも，酸素ガスと水素ガスの密度比は 15.074：1 と計算されるはずだったという．しかし，この仮説は広く知られることはなく，原子量表に大混乱が続いた.

カニッツァーロ（Stanislao Cannizzaro, 1826–1910）は，1860年に行われたカールスルーエの国際会議（世界最初の化学国際会議といわれる）でアボガドロ仮説の復活を果たす．ここに，「分子」なるものが存在するはずだという考え方が，広く支持されるようになった.

問題 1.2　♪「物質内で原子数の組み合わせ数が決まっている」ということは「分子というものが存在するはずだ」という仮説に直結するか？　分子の存在仮説がいかに偉大な飛躍であるか，考えて欲しい.

アインシュタインの疑問：分子は実在するか　しかし，当時誰が分子を見ただろうか？　誰がその存在を実証してみせただろうか？　奇跡の年1905年，アインシュタイン（Albert Einstein, 1879–1955）は，光量子説[2)]，特殊相対論，ブラウン運動の理論を同時に発表した．ブラウン運動は，ブラウン（Robert Brown, 1773–1858）が1828年に，液体に浮かぶ花粉の粉末（でんぷん粒＝数ミクロン）が不規則な運動をすることを顕微鏡で観測したことに始まる．当時は物質が生気を持つと解釈されたという．アインシュタインは，この実験事

2）本書 3.2 節.

実は知らなかった．しかし，もし分子が実在するのであれば，アボガドロ数を決定できるいくつかの現象が起きるはずであると考え，それに対応する実験を数種類提案した．ブラウン運動もその 1 つであった（水分子の浮遊粒子への衝突)．そうして得られたアボガドロ数は，1 つを除いて，どれも 6×10^{23} という精度でほぼ一致したという．このようにして，アインシュタインは，分子の実在を確信することができたのだ[3]．わずか 100 年ほど前のことである．

ちなみに，ブラウン運動の理論は，この後，確率過程の物理学や数学へと大きく成長していくことになり，今では，経済学にまでその考えかたが使われている．

1.2　諸化学の発展

以下に，化学の発展を大急ぎ（本当は急ぎすぎだけれども）で見ていくことにする．

電気化学　化学は物質を扱う学問であり，原子や分子を単離することが，その出発点となる．ロンドン王立研究所のディヴィ（Humphry Davy, 1778-1829）は，電池を利用して，電気分解の実験を体系的に行った．そうして，Na, K, Ba, Mg, $\cdots$ などを単離した．

その弟子，ファラデイ（Michael Faraday, 1791-1867）は，製本職人をしながら，商品である本から勉強したといわれる．電磁誘導，低温化学（塩素の液化など）を創始し，科学世界の一大金字塔を打ち立てた人である．電気分解で析出する物質の量は（電流の強さ）$\times$（時間）に比例するということから，電荷単位量の存在に気がついていたといわれる．その控えめな人柄は，多くの伝記により，今に伝えられている．

周期表　1829 年，デーベライナー（Johann Döbereiner, 1780-1849）が元素には周期的性質が存在していることに気がついたことから，周期律の体系的研究が始まった．1862 年には，シャンクールトワ（Alexandre Béuyer de Chancourtois, 1820-1886）が円筒状周期表を発表．1868 年に，メンデレーエフ（Dmitrij Mendelejev, 1834-1907）がその著『化学の原理』で，現在われ

3）『神は老獪にして』A. パイス，金子務 他訳，産業図書，1987 年．

Ueber die Beziehungen der Eigenschaften zu den Atomgewichten der Elemente. Von D. Mendelejeff. — Ordnet man Elemente nach zunehmenden Atomgewichten in verticale Reihen so, dass die Horizontalreihen analoge Elemente enthalten, wieder nach zunehmendem Atomgewicht geordnet, so erhält man folgende Zusammenstellung, aus der sich einige allgemeinere Folgerungen ableiten lassen.

			Ti — 50	Zr — 90	? — 180
			V — 51	Nb — 94	Ta — 182
			Cr — 52	Mo — 96	W — 186
			Mn — 55	Rh — 104,4	Pt — 197,4
			Fe — 56	Ru — 104,4	Ir — 198
			Ni — Co — 59	Pd — 106,6	Os — 199
H — 1			Cu — 63,4	Ag — 108	Hg — 200
	Be — 9,4	Mg — 24	Zn — 65,2	Cd — 112	
	B — 11	Al — 27,4	? — 68	Ur — 116	Au — 197?
	C — 12	Si — 28	? — 70	Sn — 118	
	N — 14	P — 31	As — 75	Sb — 122	Bi — 210?
	O — 16	S — 32	Se — 79,4	Te — 128?	
	F — 19	Cl — 35,5	Br — 80	J — 127	
Li — 7	Na — 23	K — 39	Rb — 85,4	Cs — 133	Tl — 204
		Ca — 40	Sr — 87,6	Ba — 137	Pb — 207
		? — 45	Ce — 92		
		?Er — 56	La — 94		
		?Yt — 60	Di — 95		
		?In — 75,6	Th — 118?		

1. Die nach der Grösse des Atomgewichts geordneten Elemente zeigen eine stufenweise Abänderung in den Eigenschaften.

2. Chemisch-analoge Elemente haben entweder übereinstimmende Atomgewichte (Pt, Ir, Os), oder letztere nehmen gleichviel zu (K, Rb, Cs).

3. Das Anordnen nach den Atomgewichten entspricht der *Werthigkeit* der Elemente und bis zu einem gewissen Grade der Verschiedenheit im chemischen Verhalten, z. B. Li, Be, B, C, N, O, F.

4. Die in der Natur verbreitetsten Elemente haben *kleine* Atomgewichte

図 **1.2** メンデレーエフの周期表

われが知っている周期表に近いものを発表した（図 1.2 参照）．メンデレーエフはその周期表に基づいて，未知の元素ガリウム（彼はエカアルミニウムと呼んだ）の存在を予測した．ほとんど同じころの 1870 年に，マイヤー（Julius Meyer, 1830–1895）も『最新の化学理論』によって，周期表を提案したといわれる．現在，周期表には工夫が凝らされた多種類のものがある．

問題 1.3 周期表にはどのようなものがあるか，図書館で調べてみよ．また，自分でも作成することを試みよ．

有機化学 ヴェーラー（Friedrich Wöhler, 1800–1882）は生体物質を初めて合成し（シアン酸アンモニウムから尿素），これにより，有機化学という壮大な分野が拓かれた．

ゲイリュサックは，官能基（原子団）の概念を確立したが，これは化学的元素の発見といってもよい．このころから，化学的法則性や化学的思考が確立されてきたといわれる．化学には化学に相応しい考え方があるのだ．

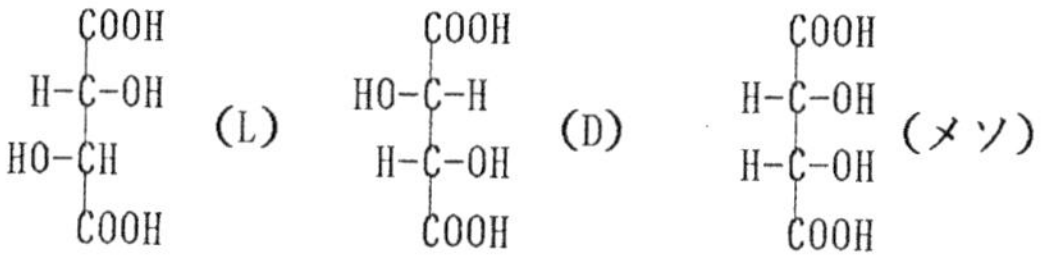

```
 COOH              COOH                COOH
 |                 |                   |
H-C-OH           HO-C-H              H-C-OH
 |        (L)       |        (D)        |       (メソ)
HO-CH            H-C-OH              H-C-OH
 |                 |                   |
 COOH              COOH                COOH
```

図 **1.3**　光学異性体

建築学を学んだといわれるケクレ（Friedrich Kekulé, 1829–1896）は，炭素が 4 価の原子価を持つことを確定し，1865 年にはベンゼンの構造を明らかにした．これが構造化学の始まりだといわれる．分子の形の概念はさらに深化され，パスツール（Louis Pasteur, 1822–1895）は，1848 年に酒石酸の結晶の研究から，光学異性体を発見した（図 1.3）．分子レベルでの右と左の認識の始まりである．

さらに，ファントホッフ（Jacobus van't Hoff, 1852–1911）とル・ベル（Le Bel, 1847–1930）により，3 次元の分子構造が考えられるようになった．これにより，炭素原子が 4 面体構造をもつことから象徴される，立体化学という興味深い学問分野が拓かれた．

原子価の概念　ドルトンの原子説に欠けていたのは，「原子が互いに何個の原子と組み合わさるか」ということであった．われわれは，現在，その数値を原子価という言葉で表現している．フランクランド（Edward Frankland, 1825–1899）は，1852 年原子の親和力とその飽和性[4]を発見した．その鍵となる分子として，エチレンとアセチレンが，それぞれ，2 重結合[5]と 3 重結合を持つ分子の基本的であることは現在誰でも知っている．時代は，さらに下って 1916 年には，ルイス（Gilbert Lewis, 1875–1946）とラングミュア（Irving Langmuir, 1881–1957）によって八隅説[6]が提案され，有機電子説へと展開されていくのである．

4)　たとえば炭素原子 1 個が水素原子と結合する場合，水素原子 4 個が最大で，それを超えることができないこと．

5)　本書では，第 9 章で，2.5 重結合などというのが出てくるので，なじみ深い「二重結合」ではなく「2 重結合」と書く．

6)　ネオン原子より小さい原子の反応性について，個々の原子の周りが，それぞれで，ネオン原子と同じように 8 個の価電子によって囲まれた状態が安定であるという考え方（水素原子ではヘリウム型の 2 個の価電子）．

1.3 量子力学の登場

ハイゼンベルク（Werner Heisenberg, 1901–1976）やシュレディンガー（Erwin Schrödinger, 1887–1961）によって1925年ころ量子力学がほぼ現在の形で構築されたが，直後の1927年には，ハイトラー（Walter Heitler, 1904–1981）とロンドン（Fritz London, 1900–1954）による水素分子の化学結合力の理論（共有結合の理論）と，ボルン（Max Born, 1882–1970）とオッペンハイマー（Robert Oppenheimer, 1904–1967）による，原子核と電子の運動の分離の理論（ボルン・オッペンハイマーの断熱近似）が提案されている．これらは，20世紀を生き抜き，現在でも分子描像の基本をなしている．もはや，量子力学抜きで分子を語れない時代に入ったのだ．

これを契機に，偉大な理論化学者ポーリング（Linus Pauling, 1901–1994）は，原子価結合理論，共鳴，混成，電気陰性度などの重要な概念を次々と発表し，化学を理論的に考えるための基盤を作り上げていった．ヒュッケル（Erich Hückel, 1896–1980）やマリケン（Robert Mulliken, 1896–1986）らは分子軌道理論を展開，分子の電子状態への具体的なアプローチの仕方や考え方を発展させ，福井謙一（1918–1998）らはフロンティア軌道理論を展開し，軌道対称性の保存則を発見したウッドワード（Robert Woodward, 1917–1979）とホフマン（Roald Hoffmann, 1937-）とともに，化学反応理論に巨大な足跡を残した．これらの基本的な概念は，本書の主人公達である．

1.4 実在としての分子：直接観測される分子達

ここでは，現代科学の技術で捉えられている具体的な分子像を一部紹介する．現代科学は，集団として平均化された分子の性質だけではなく，分子1個1個のレベルでの運動形態まで明らかにしつつある．

結晶（図1.4） まず，わが国で得られた有名な電子顕微鏡写真，図1.4から始めよう．塩化フタロシアニン銅の1つ1つが結晶の中に埋め込まれているのがはっきり観測できる．1977年，植田夏らによって撮影された．

DNAの直接観測（図1.5） DNAの2重螺旋構造は，フランクリン（Rosa-

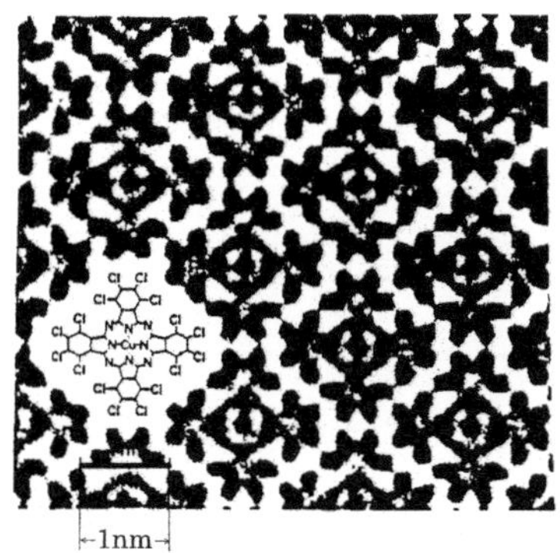

図 **1.4**　塩化フタロシアニン銅の電子顕微鏡像（植田夏ら，1978 年.）

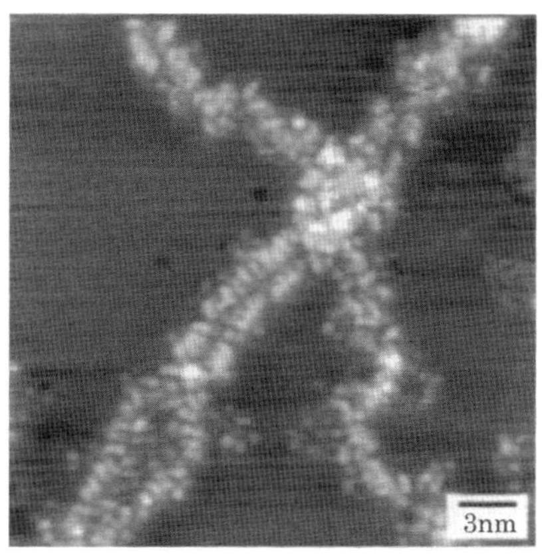

図 **1.5**　2 本の 2 重螺旋 DNA の走査型トンネル電子顕微鏡像（H. Tanaka and T. Kawai, Surf. Sci. L531-L536, 2003.）

lind Franklin, 1920–1958）らが撮った結晶の X 線回折写真に基づいて，1953 年にワトソン（James Watson, 1928-）とクリック（Francis Crick, 1916–2004）により提案された．しかし，その写真には，1 本 1 本の DNA が直接映っていたわけではない．現在では，比べものにならないくらい鮮明に，2 重螺旋構造をした DNA 像が走査型トンネル電子顕微鏡像[7]として得られている．

7）観察したい試料と，接触はしていないがきわめて近い距離に置いた端針のあいだに電圧をかけると，条件が揃えばトンネル電流と呼ばれる電流が流れることがある．この電流を増幅して，試料表面を可視化したもの．

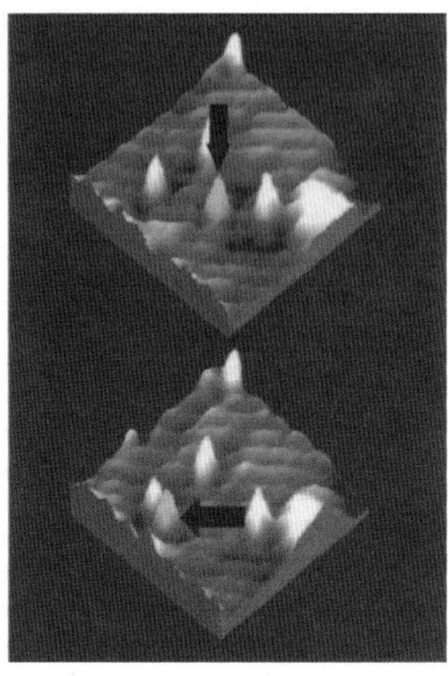

図 **1.6** 清浄化されたパラジウムの固体表面に CO 分子が吸着している（理研，川合真紀ら，2004 年）

DNA の 2 重螺旋構造発見の物語は，ワトソン自身の著書『二重らせん』（中村桂子 他訳，講談社文庫，1986 年）に生き生きと語られている．サイエンスも面白いが，サイエンスに携わる人間群像も興味深い．

動く分子とクラスターの変形運動（図 1.6，1.7） 図 1.6 では，清浄化されたパラジウム固体表面に CO 分子が吸着している[8)]．そのうちの 1 個の CO に（上のパネルの矢印），走査型電子顕微鏡用の端針を使って電子を注入したところ，ビックリして（振動励起して），表面上を下のパネルの矢印も位置までジャンプしたという．

原子や分子が多数集まったものをクラスター（cluster）[9)]という．図 1.7 は，

8） かつては経験と勘が支配しがちであった固体触媒の研究は，固体表面とその上での分子の挙動を直接観察するという段階にまで進んでいる．表面科学と呼ばれる大きな分野を構成している．

9） 分子 1 個 1 個の微視的（ミクロ）な世界と，固体や液体のように巨視的（マクロ）な大集団とのあいだにあって，有限個で複数の分子や原子が集合した状態をクラスターという．たとえば，液体の水を熱して蒸発させたとき，水分子が 1 個 1 個

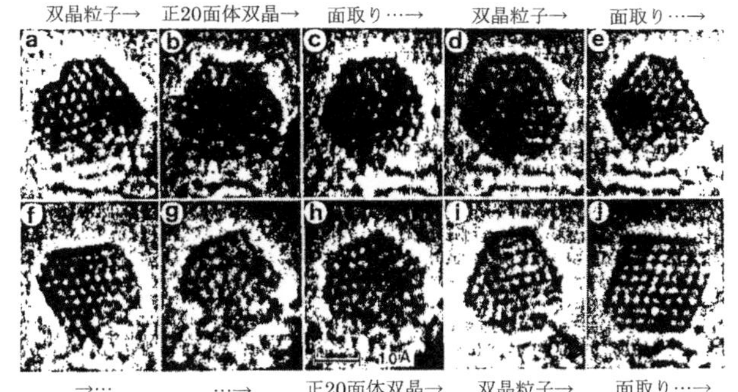

（1）約400個の原子からなるAuクラスターの連続電顕写真．
面取り8面体粒子（c, e, f, j），双晶粒子（a, d, i），正20面体多重双結晶粒子（b, h）．

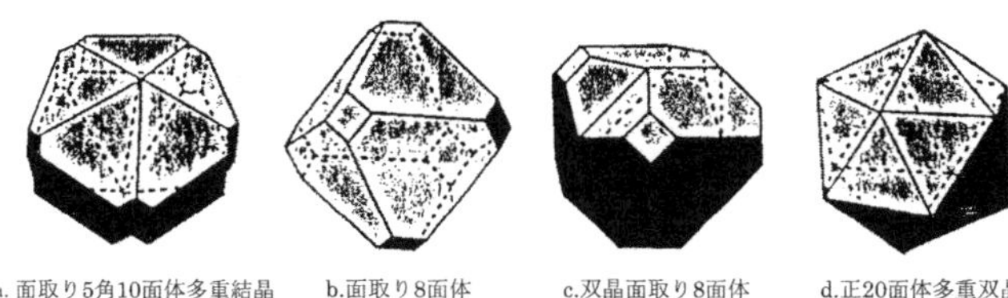

（2）いろいろな形のクラスターのモデル．粒径100ÅのAuクラスターではa→dの順に安定になる．

図 1.7 400 個程度の原子からなる金クラスターの連続して起きる構造転移（飯島ら，日本物理学会誌，Vol.44, 240p, 1989 年 4 月）

400 個程度の原子からなる金クラスターが，数十ヘルツで形を変えるのを観測した一連のコマ落とし写真である．分子はダイナミックに動いている．ただし後で見るように，水素分子などにおける分子振動は桁違いに速い．

分子内の電子密度分布（図 1.8） 図 1.8 の右側のパネルは，フォルムアミドの分子内電子密度の分布を X 線回折から再構成し，さらに差密度として表現したものである．電子密度と差密度は，第 6 章で登場する．左は，量子力学計算だけで再現したもの．

ばらばらに出てくるわけではなく，クラスターの状態で蒸発する．クラスターの作り方や大きさの制御法も発達してきている．クラスターは大きさを変えると性質も変わり，実に興味深い．たとえば，化学的に不活性な物質の代名詞のような金（Au）は，10 個程度の原子からなるクラスターにすると，高い化学活性を持つことがわかっている．クラスター科学も化学と物理学の境界にある研究領域である．

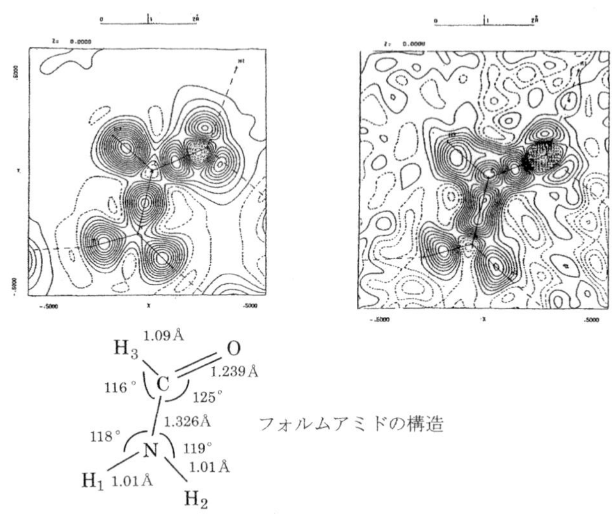

図 **1.8** フォルムアミドの差密度：右パネルは，X 線回折の実験から再構成したもの．左は，量子化学計算によって得たもの（Stevens et al. *JACS*, **100** (8), 2324-2328, 1978.）．

分子軌道の実験的再構成（図 1.9） 最近の「電子動力学」（分子内の電子運動の時間変化を追究する研究）により，分子の分子軌道の情報までが，実験的に抽出できるようになってきた．図 1.9 は，窒素分子の $3\sigma_g$ 分子軌道を取り出したものである．第 9 章を学んだ後にこの図をみると，現代最先端の成果に触れることができるようになった達成感を感じるはずである．

1.5 分子を構成する要素

分子は原子から構成されるが，核化学のような特別な場合を除けば，原子核内の詳細や素粒子のレベルまでは，考える必要がない．もちろん逆も真である．つまり，素粒子論がわかっても化学現象や生命現象が解明されるわけではない．自然には階層性というものがあるのだ．本書では，分子の構成要素として，次のようなレベルを想定しておけば充分である．ここでは，電子や核子の

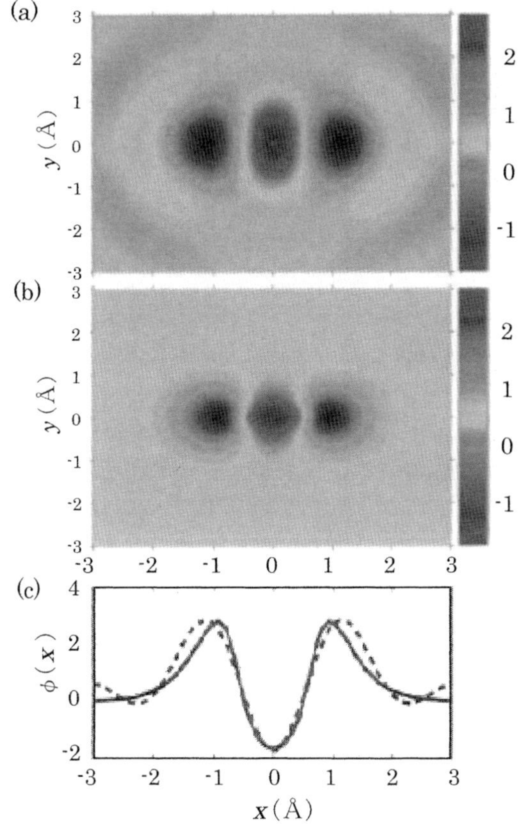

図 **1.9**　(a) N_2 分子の $3\sigma_g$ 分子軌道の電子動力学実験によるイメージ，(b) 量子化学計算による，(c) 実験と理論の比較：(c) では実線が量子化学からの計算値，破線は実験からの再現値：図の見方は，第 9 章で説明する（J. Itatani et al., *Nature*, **432**, 867, 2004.).

質量の大きさの桁をよく見ておいて欲しい[10)].

1. 分子は原子から構成される．原子の大きさは，1Å（オングストローム）（10^{-10} m）の程度である．
2. 原子は，電子と原子核からなる．

電子（発見はトムソン（Joseph John Thomson, 1856–1940）による，

10)　これらの粒子の発見の物語は，『新版 電子と原子核の発見』(S. ワインバーグ，本間三郎訳，ちくま学芸文庫，2006 年）に詳しい．この本は，名著中の名著である．

1897 年)：質量は，9.109534×10^{-31} kg，電荷は $-1.6021892 \times 10^{-19}$ C，スピン量子数[11)]は $\frac{1}{2}$.

3. 原子核は陽子，中性子，中間子からなる．

原子核は（ラザフォード（Ernest Rutherford, 1871–1937）の発見，1909–1911)．大きさは約 10^{-14} m のオーダー．

陽子（トムソンによる質量の同定，1909 年)：質量は，$1.6726485 \times 10^{-27}$ kg，電荷は $1.6021892 \times 10^{-19}$ C，スピン量子数は $\frac{1}{2}$，寿命 $10^{30} \sim 10^{33}$ 年？

中性子（同定はチャドウィック（James Chadwick, 1891–1974）による，1932 年)：質量は，$1.6749543 \times 10^{-27}$ kg，電荷 0，スピン量子数 $\frac{1}{2}$，寿命 925 秒．

中間子（湯川秀樹（1907–1981）による存在の予測，1935 年）は本書の化学には直接関係ないが，敬意を表しておきたい．

自然界のいろいろなスケール 地球の質量は $M = 5.98 \times 10^{24}$ kg，太陽と地球の平均 1.5×10^{8} km である．表 1.1 を参照して，分子の世界を位置づけて欲しい．

1.6 量子力学的分子像に向かって

現代の分子観は「量子力学」の上に構築されている．化学結合や化学反応は，古典力学（ニュートン力学）では，説明ができないからである．ここでは，分子の存在とその性質を理解するうえで量子論がどうしても必要であるということを示すいくつかの基本的な実験事実を挙げよう．

水素原子の発光スペクトル（飛び飛びに許されたエネルギー） 放電管に希薄な水素分子を閉じ込めて放電すると，陰極から勢いよく飛び出た電子は，水素分子と衝突して水素原子に分解する．その際，高い内部エネルギーを持つ水素原子も生成され，それらは短寿命（10^{-9} 秒程度）で，より低いエネルギーの状態に光を放出しながら落ちてくる（遷移する)．図 1.10 を見てほしい．その際，放出された光の波長（λ）を調べると，それには規則性があって，

11) スピン量子数については第 4 章で説明する．

表 1.1 我々の身の周りの種々のスケール

a. 代表的な距離の値 m はメートルを表す.

大きな問題		小さな距離	
10^7 m = 10^4 km	白色矮星，地球	10^{-8} m	巨大分子
10^8 m = 10^5 km	木星	10^{-10} m	原子
10^9 m = 10^6 km	太陽，普通の星	10^{-15} m	陽子，中性子
10^{11} m = 10^8 km	赤色矮星，地球と太陽間距離		
10^{18} =	1 光年（ly），光が 1 年間に伝播する距離，近くの星までの距離		
10^{21} m = 10^5 ly	我々の銀河の大きさ		
10^{26} m = 10^{10} ly	最も近くにある銀河，クエーサー		

b. 時間の大きさ s は秒を表す.

長時間		短時間	
10^3 s	太陽からの光が地球に届く時間，中性子の寿命	10^{-9} s	原子励起状態の代表的な寿命
3.1×10^7 s	1 年	10^{-10} s	光が 30 cm 伝播する時間
10^{14} s	最初の人類	10^{-15} s	可視光の振動周期
10^{17} s	太陽系の起源，^{238}U の寿命	10^{-18} s	光が原子を横切る時間
10^{18} s	宇宙の起源		

c. 速度の大きさ m/s は毎秒あたりのメートルを表す.

300 m/s	空気中の音速
30000 m/s	太陽を回る地球の速度
3×10^8 m/s	真空中での光速

d. 電磁波のスペクトル m はメートル，eV は電子ボルトを表す.

電磁波の種類	代表的な波長領域	代表的な光子エネルギー
ガンマ線	10^{-11}〜10^{14} m	10^6 eV = MeV
X 線	10^{-8}〜10^{-11} m	10^3 eV = 1 keV
紫外線	4×10^{-7}〜10^{-8} m	10 eV
可視線	8×10^{-7}（赤）〜4×10^{-7} m（紫）	1 eV
赤外線	10^{-4}〜8×10^{-7} m	10^{-1} eV
マイクロ波	1〜10^{-4} m	10^{-4} eV
ラジオ波	1 m 以上	10^{-8} eV

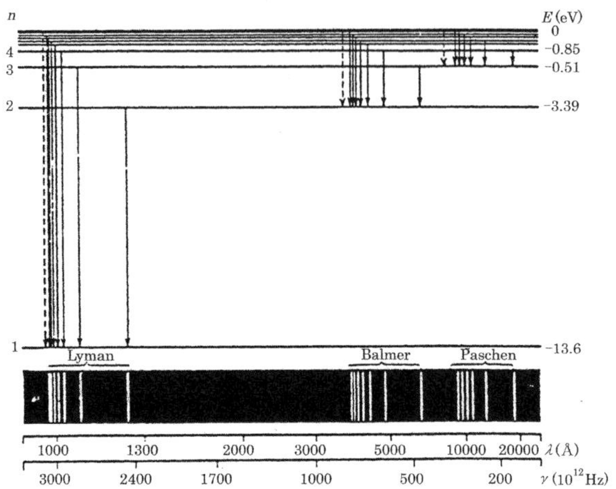

図 **1.10** 水素原子の発光スペクトル：図の下部で，黒い帯の中の白い線が水素原子から放出された光の波長で，飛び飛びの許された値だけが観測される．その上段は，水素原子に許された状態（縦軸は電子エネルギー）．状態間遷移のエネルギー差が発光の波長と関係している．

$$\frac{1}{\lambda} = R_H \left(\frac{1}{m^2} - \frac{1}{n^2} \right) \tag{1-1}$$

の関係を満たすものだけが観測される．ここで，$m = 1, 2, 3, \cdots$ および $n = m+1, m+2, m+3, \cdots$ である．実験事実から経験的に決められた定数 $R_H = 1.0967758 \times 10^7 (\mathrm{m}^{-1})$ はリュードベリ（Rydberg）定数と呼ばれる．また，与えられた自然数 m によって指定される発光の系列は，次のように呼ばれている．$m = 1$：Lyman 系列，$m = 2$：Balmer 系列，$m = 3$：Paschen 系列，$m = 4$：Brackett 系列，$m = 5$：Pfund 系列．

この観測事実で最も重要な点は，波長が飛び飛びの決まった値しか許されていないことである．これは，発光する前と後の水素原子には，特別の決まったエネルギーを持つ状態しか許されていないことを示唆している．原子核の周りをクーロン力だけで束縛されながら周回する電子が，なぜ飛び飛びのエネルギーしか持ちえないのだろうか．古典力学には，それを説明する能力がない．

ラムザウアー・タウンゼント効果（回折する電子） 希ガス原子に電子を衝突させ，その衝突確率（衝突断面積という）の大きさを測定する実験が行われる

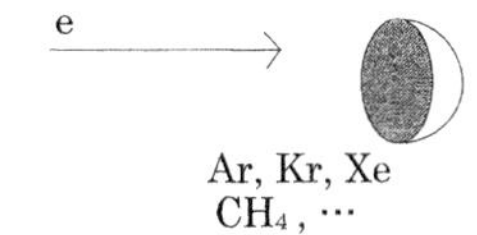

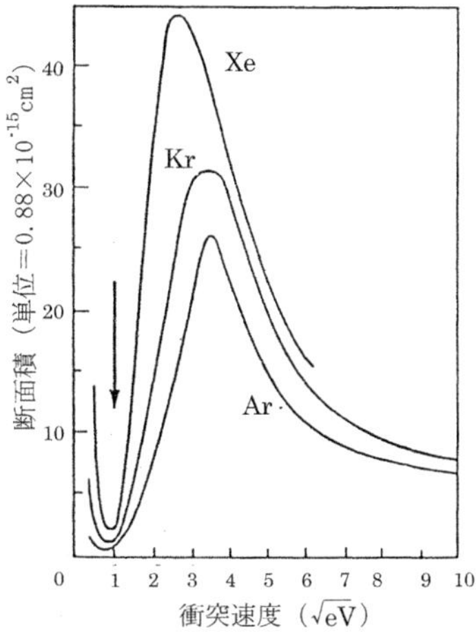

図 **1.11** 希ガス原子に電子を衝突させたときの，衝突速度に対する衝突確率（衝突断面積）の変化：矢印の点で，急激に衝突断面積がゼロ近くまで小さくなっている（Massey et al., *Electronic and Ionic Impact Phenomena*, Oxford University Press, 1952.）.

なかで，奇妙な現象が発見された（1914 年）．図 1.11 を見よ．通常，衝突させる電子の運動エネルギーを小さくして速度を遅くすると，原子と長く相互作用することになり，結果として進むコースが大きく曲がってしまう．そのために，高速電子の場合より衝突断面積が大きく算出される．ラムザウアー（Carl Ramsauer, 1879–1955）とタウンゼント（John Townsend, 1868–1957）が発見したのは，衝突速度が非常に小さいある値で，衝突断面積がほとんど 0 になってしまう現象である．古典的に解釈すれば，電子は原子をすり抜けてしまったか，原子の大きさが 0 に縮んでしまった，という SF まがいの話になってしまう．この不思議な現象は，実は電子が標的原子の周縁で回折し，原子の裏側に回り込むような運動をしたからであって，電子が波の性質をもつことの帰結である，と現在では理解されている．実際，量子力学を使ってそれが説明できるし，いまでは，希ガス原子だけではなく，分子ですら同様の現象が起きることがわかっている．

第2章 量子論への準備

前章で述べた理由で，分子レベルの物質科学を研究するためには，どうしても量子論が必要である．実際，電子や陽子などは，質量がきわめて小さく，1個，2個，$\cdots$ と数えることができる「粒子」でありながら，「物質波」と呼ばれる波の性質をもつ．特に，電子の物質波の波長は，分子の大きさと同じ程度の大きさであって，分子内では波の性質が強く発現する．したがって，化学結合や化学反応の本質を理解するためには，物質波の力学（波動力学あるいは量子力学）を記述するための基本方程式であるシュレディンガーの波動方程式（単にシュレディンガー方程式という）が必要である．一方，分子を構成する原子核は電子に比べて4桁程度重く，その物質波の波長は分子のサイズに比べてかなり短い．したがって，原子核の運動は古典力学でよく近似される場合がある．

シュレディンガー方程式は基礎方程式であって，他の何かから導かれるという性質のものではない[1)]．しかし，いままで勉強したことを活用して，シュレディンガー方程式をなるべく自然に受け入れるために，この章の前半では，古典力学の復習をしておこう．分子がバネのように振る舞うこと（分子振動）を，古典力学の例題とする．

一方，この章の後半では，一般の波動の基本的な性質やその取り扱い方を復習する．物質波といえども，波の一般的な性質を備えているからである．逆にいえば，波の簡単な一般論を勉強することで，シュレディンガー方程式の「解」の一般的な性質などを先取りしながら勉強していると考えて欲しい．

2.1 古典力学：バネとしての分子

シュレディンガー方程式を書き下す際に，エネルギーの一般化量であるハミ

1) 古典力学は，ある種の極限としてシュレディンガー方程式から導くことができる．

ルトニアンを「量子化する」という操作を行う．そこで，ここではニュートン力学で最も基本的な量である「力」の概念から，「エネルギー」の概念に移る．最低限，ハミルトニアンが何であるかということは理解しておいて欲しい[2)]．

2.1.1 ニュートン方程式

古典力学のニュートン方程式は，すでに習ったように

$$F = ma \tag{2-1}$$

（力 ＝ 質量 × 加速度）と書き表される．a は加速度であり，粒子の位置を $x(t)$ と表すと，$a = d^2x/dt^2$ と定義され，速度 (dx/dt) の時間変化を意味している．ここで，位置エネルギー（ポテンシャルエネルギー）$V(x)$ を次のように定義する

$$V(x) = -\int_{x_0}^{x} F(s)\,ds \tag{2-2}$$

この式からわかるように，$V(x)$ は粒子に働いている力に背いて（つまり力と反対向きに），基準となる位置 x_0 から x まで積分（多次元では線積分）して得られる量のことである．この式（2-2）は，粒子が重力場や電磁場などの「場」に置かれているときに，その位置に応じて内在的なエネルギーが潜んでいるということを数学的に表現したものである．粒子に働く力は，位置エネルギーの勾配として顕在化する．実際，式（2-2）で $V(x)$ を x について微分すると $-F(x)$ となるから，ニュートン方程式は

$$m\frac{d^2x}{dt^2} = -\left.\frac{\partial V}{\partial x}\right|_{x=x(t)} \tag{2-3}$$

と書き直すことができる[3)]．この式に基準となる位置 x_0 は表に現れることはなく，$F(s)$ が定義されている領域の何処かに固定しておけばよいことがわかる．

---

2) 古典力学がわからなければ，化学が理解できないなどということはない．念のため．

3) 式（2-3）を読むには注意がいる：この式では $V(x)$ の中の独立変数 x と粒子の位置 $x(t)$［これは時間とともに変化する］が習慣として混用されている．そうしても，慣れれば混乱が起きないからである．そこでもう一度，式（2-3）を見てみると，「時間の関数である粒子の位置を，t で2階微分し，質量を掛けたもの（つまり力）は，粒子のその位置でポテンシャルを微分して負号を付けたものに等しい」と読める．

式（2-3）は方程式としては一般的であるが，自然界における位置エネルギーの基本形は，きわめて少数しかない．重力やクーロン力を生み出しているものがその代表例である．

2.1.2　ハミルトニアンと正準方程式

次に，運動量 p を次のように導入する

$$m\frac{dx}{dt} = p. \tag{2-4}$$

p は速度に質量を掛けたものであるが，以下で重要なことは，これを独立変数として扱うということである．式（2-4）を，式（2-3）に代入すると，

$$\frac{dp}{dt} = -\frac{\partial V}{\partial x} \tag{2-5}$$

が得られる．式（2-4）と（2-5）を，$x(t)$ と $p(t)$ に関する連立常微分方程式とみなして，ニュートン方程式の代わりとすることができる．これをハミルトン（Hamilton）の正準方程式という．これは，「独立変数の数を 1 個増やして，微分の階数を 1 つ減らす」という常套手段に従ったものである．

さて，ここでハミルトニアン（Hamiltonian）と呼ばれる次の量 $H(x, p)$ を定義する．

$$H(x, p) = \frac{p^2}{2m} + V(x) \tag{2-6}$$

ここでの x と p は独立変数であることをもう一度強調しておく．これを使うと，上の連立方程式は次のような美しい形にまとめられる

$$\frac{dx}{dt} = \frac{\partial H}{\partial p}, \tag{2-7}$$

$$\frac{dp}{dt} = -\frac{\partial H}{\partial x}. \tag{2-8}$$

これをハミルトンの正準方程式という．

式（2-6）の右辺を見ると，第 1 項は運動エネルギーで，第 2 項は位置エネルギーであるから，ハミルトニアンは全エネルギーを意味することがすぐわかる．しかし，x と p は独立変数であるから，どのような値を代入しても構わない形になっている．つまり，ハミルトニアンはエネルギーの一般化になっている．

問題 2.1　「運動の軌跡 $(x(t), p(t))$ に沿ってエネルギーの保存 $dH/dt = 0$」が成り立っていることを式（2-7）と（2-8）を使って確かめよ．ただし，この式で，ハミルトニアンは $H(x(t), p(t))$ のように考えよ．つまり，独立変数の組 x と p に対して，運動している粒子を表す $(x(t), p(t))$ に沿って H の値の変化を考える．

問題 2.2　運動エネルギーの形が $(E_T) = \frac{1}{2}mv^2 = \frac{p^2}{2m}$ と表されることを示せ（式（2-2）に戻って

$$-\int \left(m\frac{d^2x}{dt^2}\right) dx = -m\int \frac{dv}{dt}\frac{dx}{dt}dt \tag{2-9}$$

と変形して考えてみよ）．

2.1.3　調和振動子としての分子振動

2 原子分子を，バネで繋がれた 2 つの原子核（それぞれの質量を M_a と M_b とする）と考える．このとき，分子は原子核間の距離 R と分子全体の重心の運動に分離されるが，重心の運動は外場がない限り単なる並進運動に過ぎないので無視する．この分子のバネ運動（内部振動）が調和振動子だと仮定しよう（この仮定の根拠は，6.5 節で明らかになる．また，図 6.3 を参照）．そのときの位置エネルギーを

$$V(x) = \frac{1}{2}Kx^2 \tag{2-10}$$

とする（このバネ定数 K が何によって決まっているのか，これが本書の主題の 1 つでもある）．ここで，$x = R - R_e$ で，R_e を平衡核間距離（バネの静止位置での R）とする．K は力の定数（バネ定数）で $\left[M/T^2\right]$ の物理的次元（以下，次元と呼ぶ）を持つ．また，換算質量は $m = M_aM_b/(M_a + M_b)$ であって，この振動のハミルトニアンは次のようになる

$$H(x,p) = \frac{p^2}{2m} + \frac{K}{2}x^2. \tag{2-11}$$

問題 2.3　式（2-11）のハミルトニアンに対してニュートン方程式と正準方程式を書け．

問題 2.4　調和振動子に対しては，これらの方程式が，線形微分方程式である

ことを確認せよ．ポテンシャル $V(x)$ が x について 3 次以上の高い項を含んでいる場合には，正準方程式は線形方程式か？　調和振動子は，この線形性のために，特別の存在になっている．

調和振動子の正準方程式の解の一例を見るために，初期条件

$$t=0 \text{ で} \begin{cases} x=0 \\ p=p_0 \end{cases} \tag{2-12}$$

を与えると，これに対して

$$\begin{cases} x=x_0 \sin \omega t \\ p=p_0 \cos \omega t \end{cases} \tag{2-13}$$

が解になっている．

問題 2.5　調和振動子のニュートン方程式の一般解を求めよ．

問題 2.6　式（2-13）で，関係

$$\omega=(K/m)^{\frac{1}{2}} \tag{2-14}$$

と

$$x_0=p_0 \Big/ (mK)^{\frac{1}{2}} \tag{2-15}$$

を示せ．

角速度あるいは角振動数（ω），周期（T），振動数（ν）は，相互に次の関係式で定義されている．

$$\omega T=2\pi \quad T=2\pi\,(m/K)^{\frac{1}{2}} \tag{2-16}$$

$$2\pi\nu=\omega \quad \nu=\frac{1}{2\pi}\,(K/m)^{\frac{1}{2}} \tag{2-17}$$

問題 2.7　上で定義した角振動数，周期，振動数の物理的意味を述べよ．

問題 2.8　式（2-13）を $H(x,p)$ に代入して

$$E=\frac{p_0^2}{2m} \tag{2-18}$$

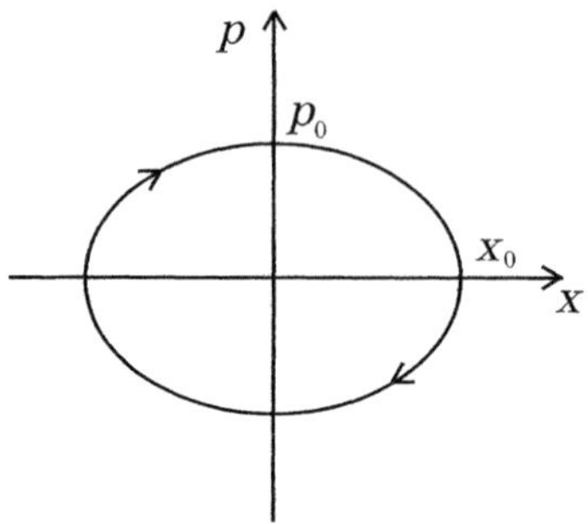

図 **2.1** x-p 空間（位相空間）上での振動子の古典力学的運動の軌跡

を確かめよ．さらに式（2-15）を（2-18）に代入し，（2-17）を使って

$$E = \pi\nu x_0 p_0 \tag{2-19}$$

を確かめよ．

◆位相図 運動の軌跡 $(x(t), p(t))$ を，t をパラメーターとして (x,p)-面上に描くと図 2.1 のような閉じた曲線が得られる．

問題 2.9 調和振動の場合，$(x(t), p(t))$ の軌跡が楕円であることを式（2-13）から確かめよ．

◆作用変数 上の図の楕円が囲む面積

$$J \equiv \oint p dx \tag{2-20}$$

を作用変数という．上の調和振動子の場合 J=$\pi x_0 p_0$ である．式（2-19）にこの値を戻すと

$$H(x,p) = \nu J \tag{2-21}$$

を得る．2 個の独立変数を持つはずのハミルトニアンを 1 個の独立変数 J だけで表すことができた[4)]．J は量子力学と古典力学の繋がりを考える際に重要な役割を果す量である．

4) 調和振動子では，ν はエネルギーに依らず一定値である．

表 **2.1**　いくつかの 2 原子分子の大きさとバネの強さ

分子	平衡核間距離 R_e（Å）	力の定数 K (10^5 dyne/cm)	振動周期 T（s）
Li_2	2.673	0.25	
B_2	1.590	3.59	3.17×10^{-14}
C_2	1.243	12.18	
N_2	1.094	22.97	
O_2	1.208	11.78	2.11×10^{-14}
F_2	1.409	4.73	
Na_2	3.079	0.172	2.09×10^{-13}
K_2	3.923	0.0986	
Cl_2	1.988	3.23	
I_2	2.667	1.72	1.55×10^{-13}
HF	0.917	9.67	0.80×10^{-14}
HCl	1.275	5.17	
HBr	1.415	4.12	
HI	1.04	3.14	

問題 2.10　上で述べたように調和振動子は，分子の振動の一番簡単な近似としても現れる．2 原子分子の場合，その質量を M_a および M_b とすると，換算質量を $m = M_aM_b/(M_a+M_b)$ として，式 (2-11) および (2-14) を使えばよい．表 2.1 に書かれている分子に対して，振動周期を計算して，空欄を埋めよ(解答にあたって，まず桁数に注意すること)．ただし，1 dyne = 1 g·cm·s^{-2}，1 N = 1 Kg·m·s^{-2}，1 Å = 10^{-10} m である．

問題 2.11　これらのバネ定数をもつ長さ 1 m のバネ秤があるとする．地球表面上の重力場で，1 kg の分銅を掛けたら何 cm 伸びるか？（ヒント：10^5 dyne/cm のバネ秤は，地表における重力加速度を 980 cm/s^2 とすると，1.02 kg の錘を吊るした場合，10 cm 伸びる.）

2.2　波動と基本的性質：水面の波であれ物質波であれ

ここで扱う波として，水面上の波のように普段の生活で出会う一般的なものをイメージする．波の性質を，発見法的に調べてみよう．

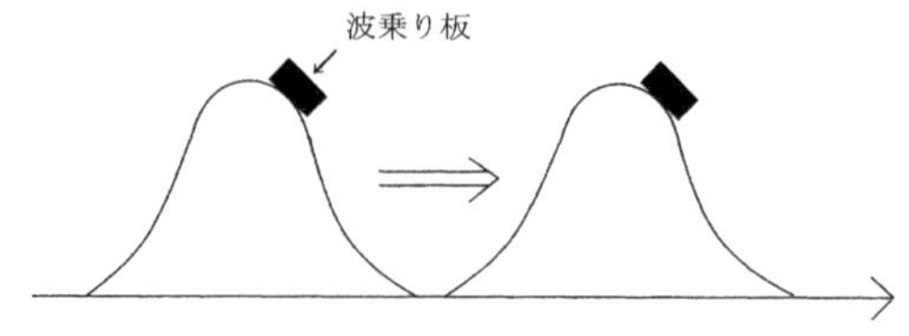

図 **2.2** 等速で移動する波

2.2.1 波動関数：波を見る

波は時空間の中を伝播していく．そこで，波の運動を表す関数（波動関数という）を $u(x,t)$ で表す．位置 x を固定して時間変化（波の高低）を見ると，時間軸上で振動する波が見える．このとき波は角周波数 ω

$$\omega = \frac{2\pi}{T} \tag{2-22}$$

で特徴づけられる．当然，T は波の周期である．また，ある瞬間（t を固定）の空間的広がりを見ると，波の空間的周期性を見ることができて，波数 k あるいは波長 λ で特徴づけられる．これらは，次の関係で結ばれている

$$k = \frac{2\pi}{\lambda}. \tag{2-23}$$

2.2.2 波の速さと強さ

等速で移動する波を考えよう（図 2.2）．$t=0$ で $x=0$ にあった波上の波乗り板が，$t=\Delta t$ では $x=\Delta x$ に達するものとする．このとき，波動関数が

$$u(x,t) = u(x+\Delta x, t+\Delta t) \tag{2-24}$$

を満たすのは明らかである．

問題 2.12 波の速さを $v=\frac{\Delta x}{\Delta t}$ として

$$u(x,t) = f(x-vt) \tag{2-25}$$

ならば，$u(x,t)$ が式（2-24）を満たすことを確かめよ．

波の速さ v と他の諸量（λ, k, ω, T）には次の関係がある：まず，単位時間に単位長進む波の速度は

$$v = \frac{\lambda}{T}. \tag{2-26}$$

これに式 (2-22), (2-23) を代入して

$$\omega = vk \tag{2-27}$$

その他，ν を振動数として

$$\omega = 2\pi\nu, \quad \lambda\nu = v \tag{2-28}$$

の関係がある.

問題 2.13 式 (2-26)〜(2-28) を確かめよ.

次に波の「強さ」(intensity) を定義しよう．波は弦や面などが振動する現象であるから，$u(x,t)$ は正，負，または複素数値をとる．したがって，$u(x,t)$ の値を直接使って，波の強さを表現するのは具合が悪い．そこで波高の絶対値の 2 乗 $|u(x,t)|^2$ で，波の強さを定義することにしよう．次章で述べるように量子力学では，$|u(x,t)|^2$ に特別の意味が与えられている.

2.2.3 自由波の波動方程式

式 (2-27) を利用して，式 (2-24) を満たす $u(x,t)$ を

$$u(x,t) = f(kx - \omega t) \tag{2-29}$$

と書き直しておく．関数 f の形は (2 階微分可能ならば) 何でもよい．ここで，この f が従う偏微分方程式の 1 つを，次のような若干機械的な手続きで作ってみよう：

i) $u(x,t)$ を x で 2 階 (偏) 微分すると

$$\frac{\partial^2}{\partial x^2} u(x,t) = k^2 f''(kx - \omega t). \tag{2-30}$$

ii) $u(x,t)$ を t で 2 階 (偏) 微分する

$$\frac{\partial^2}{\partial t^2} u(x,t) = \omega^2 f''(kx - \omega t). \tag{2-31}$$

iii) これらから $f''(kx - \omega t)$ を消去すると，f の形によらず

$$\frac{1}{\omega^2}\frac{\partial^2}{\partial t^2}u(x,t)=\frac{1}{k^2}\frac{\partial^2}{\partial x^2}u(x,t) \tag{2-32}$$

が得られる．この波動関数が満たすべき運動方程式を波動方程式という．このように一般的な波動方程式を立てると，その解の一般的な形や数学的性質を調べることが可能になる．

真空中を伝播する電磁波は電場と磁場の振動が波として空間に伝わることを，電磁気学で学んだ．電磁波の進行方向（x とせよ）に垂直な方向（y とせよ）の電場の成分 $E_y(x,t)$ は，

$$\frac{\partial^2}{\partial t^2}E_y(x,t)=c^2\frac{\partial^2}{\partial x^2}E_y(x,t) \tag{2-33}$$

を満たす．c は，光速である．この式は，式（2-32）と同じである．

問題 2.14 ♪この程度の議論からだと

$$\frac{1}{\omega}\frac{\partial}{\partial t}u(x,t)=-\frac{1}{k}\frac{\partial}{\partial x}u(x,t) \tag{2-34}$$

も波動方程式として認められそうである．式（2-34）を導いたうえで，(2-32) と比較してその当否を議論せよ．式（2-32）は，速さ $+v$ の波も $-v$ の波もその解に持っていることに注意せよ．式（2-34）は，どのような解をもつか調べよ．

2.2.4 重ね合わせの原理

それでは，波動方程式（2-32）を調べてみよう．まず，この方程式は線形偏微分方程式であることに注意しなければならない．線形であるとは，①解 $u(x,t)$ を定数倍しても，やはり解だということ，②2つの解

$$u_1(x,t)=f_1(k_1x-\omega_1 t) \tag{2-35}$$

と

$$u_2(x,t)=f_2(k_2x-\omega_2 t) \tag{2-36}$$

$\left(\text{ただし}\left(\frac{\omega_1}{k_1}\right)^2=\left(\frac{\omega_2}{k_2}\right)^2\right)$ が見つかったとすると，u_1 と u_2 の任意の線形結合

$$u(x,t)=c_1u_1(x,t)+c_2u_2(x,t) \tag{2-37}$$

（c_1, c_2 は任意の定数）も式（2-32）の解である，ということである．このよう

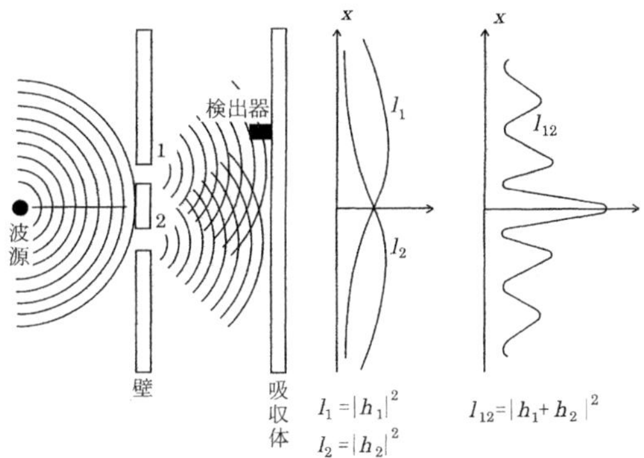

図 **2.3**　波動の重ね合わせ

に，2 つの解の線形結合を作って別の解を作ることを，「重ね合わせ」という．この性質は量子論に受け継がれ，量子力学と古典力学の最も重要な違いを作ることになる．

重ね合わせの原理の効果は，次のような波の強さに現れる．2 つの波 $h_1(x,t)$ と $h_2(x,t)$ が重なり合って（「干渉し合って」という言い方もする）1 つの波を作ったとする．その波を $h(x,t)$ としよう．つまり

$$h(x,t) = h_1(x,t) + h_2(x,t) \tag{2-38}$$

波の強さは $|h(x,t)|^2$ で定義されたから，展開すると

$$|h(x,t)|^2 = |h_1(x,t)|^2 + |h_2(x,t)|^2 + h_1^*(x,t)\,h_2(x,t) + h_2^*(x,t)\,h_1(x,t) \tag{2-39}$$

となる．ここで，右肩の $*$ は複素共役を表す（後でわかるように，波動関数は複素数値をとっても構わない）．この式の右辺第 3，4 項が干渉によって新たに現れた項である．これにより，波が強め合ったり弱めあったりする効果が現れる（図 2.3 参照）．

2.2.5　定在波：変数分離法

次に，波動方程式にはどのような解が含まれているか調べてみよう．式 (2-32) を単純に移項して，次の形に書いてみる

$$\left[\frac{1}{\omega^2}\frac{\partial^2}{\partial t^2} - \frac{1}{k^2}\frac{\partial^2}{\partial x^2}\right] u(x,t) = 0. \tag{2-40}$$

ここで，$\left[\frac{1}{\omega^2}\frac{\partial^2}{\partial t^2} - \frac{1}{k^2}\frac{\partial^2}{\partial x^2}\right]$ の部分（あるいはその各項）を演算子（作用素）と

いう．演算子は，考えている系の状態や運動の変化を問いかける役割を果たす．一方，波動関数は，問いかけられた状態の変化そのものを表す．

さて，式（2-40）の演算子は，x 成分と t 成分が別々に入り込んでおり x^3t^3 のようなカップルした項を持たない．つまり，t と x で数学的に独立の役割を果たしている．このような「独立事象」では，その状態はそれぞれの変数だけの関数の積になっているものが解として含まれているはずである．つまり，

$$u(x,t) = F(x)\,G(t) \tag{2-41}$$

のように分離された形の解を持っているはずである[5)]．たとえば，サイコロ1個と，ハートだけのトランプ13枚があるとすると，サイコロを振り，トランプの裏を返すと，3の目とハートのキングが出る確率は，それぞれ独立事象なので，$\frac{1}{6} \times \frac{1}{13}$ である．「サイコロを振り，トランプの裏を返すとどうなるか」という問いかけが演算子にあたり，たとえば「3の目とハートのキングが出る」というのが状態の変化にあたる．

問題 2.15 式（2-41）を（2-40）に代入して

$$\frac{1}{\omega^2}\frac{1}{G(t)}G''(t) = \frac{1}{k^2}\frac{1}{F(x)}F''(x) \tag{2-42}$$

となることを確かめよ．

式（2-42）をよく見ると

$$(t\text{ だけの関数}) = (x\text{ だけの関数}) \tag{2-43}$$

となっているので，両辺とも定数に違いない．それを -1 とおく．つまり，

$$F''(x) = -k^2 F(x) \tag{2-44}$$

および

$$G''(t) = -\omega^2 G(t). \tag{2-45}$$

これらは，調和振動子のニュートン方程式と数学的に同じ形をしている！ そして，われわれはその解を知っている：式（2-44）の独立な解は，

5） だからといって，式（2-40）の解が，常に分離された形になっている必要はない．

$$F(x) = \sin kx, \quad \cos kx \tag{2-46}$$

（あるいはそれらの線形結合）で，式（2-45）のそれは

$$G(t) = \sin \omega t, \quad \cos \omega t \tag{2-47}$$

（あるいはそれらの線形結合）である．こうして，空間的にも時間的にも周期的になっている解が現れた．そして，波動と振動の基本的な関係も理解した[6)]．

問題 2.16　♪ 式（2-43）で両辺を 1 と置いて，どのような解が現れるか調べよ．あるいは，1 以外の数字の場合にはどのように考えればよいか．

問題 2.17　$F(x)$ は $\sin kx$ と $\cos kx$ の線形結合でもよかった．$G(t)$ も同様である．実際，

$$u_i(x,t) = (a_s \sin kx + a_c \cos kx)(b_s \sin \omega t + b_c \cos \omega t) \tag{2-48}$$

（a_s, a_c, b_s, b_c：任意の定数）が式（2-40）の解になっているか代入して確認せよ．

この［$a_s \sin kx + a_c \cos kx$ の部分］のように空間の波形が時間とともに変わらない波を定在波といい，進行しない波（滞在する波）ができていることを意味している．たとえばギターの弦にできる波は，（まったく減衰がなければ）定在波である．一方，式（2-29）で表されるように時空間を進んでいく波を進行波と呼ぶ．

純粋な波（平面波）　このように，全空間，全時間にわたって一様な広がりを持つ波を，（混じりもののないという意味で）純粋な波と呼ぶことにしよう．一様な広がりを持つ波とは，x と t の座標で，それぞれただ 1 つの k とただ 1 つの ω だけで記述される波である．どのような物理的な波も，異なった k や

6）式（2-44）と（2-45）では，k や ω が独立してそれぞれの意味を持つことになったことに注意せよ．式（2-40）までの議論では ω と k の比（つまり速度 v）だけが意味を持っていた．量子論では，エネルギー保存の文脈から ω と k のあいだの関係が導入される．

ω を持つ純粋な波を使って分解（展開）できる（フーリエ（Fourier）分解という）．逆に，純粋な波をいくつもうまく重ね合わせることによって任意の形の波を作ることができる（フーリエ合成という）．

問題 2.18 式（2-34）に変数分離法を適用して，どのような解が含まれているか調べよ．

2.2.6 複素平面波

定在波の解（2-48）と，進行する波（2-29）の関係はどうなっているだろうか．

問題 2.19 次の4つの基本的な波を重ね含わせて，進行波を作れ．

$$u_{ss}(x,t) = \sin kx \sin \omega t, \quad u_{sc}(x,t) = \sin kx \cos \omega t \tag{2-49}$$

$$u_{cs}(x,t) = \cos kx \sin \omega t, \quad u_{cc}(x,t) = \cos kx \cos \omega t \tag{2-50}$$

純粋な進行波のうち，次のものは特に重要である．

$$u_s = \sin(kx - \omega t) \tag{2-51}$$

$$u_c = \cos(kx - \omega t) \tag{2-52}$$

逆に，逆向きに進む2つの進行波を重ね合わせることによって定在波を作ることができる．たとえば，

$$A\sin(kx - \omega t) + A\sin(-kx - \omega t) = -2A\cos kx \sin \omega t. \tag{2-53}$$

さらに，上の正弦波（2-51）と余弦波（2-52）の，複素係数の線形結合で表される純粋な波「複素平面波」を

$$\psi(x,t) = u_c(x,t) + iu_s(x,t) = e^{i(kx-\omega t)} = \exp[i(kx - \omega t)] \tag{2-54}$$

で定義する．複素平面波の波の強さは，正弦波や余弦波とは異なり，

$$|\psi(x,t)|^2 = \psi(x,t)^* \psi(x,t) = 1 \tag{2-55}$$

であって，いたるところ常に一定になっている．この複素平面波は，次章でシュレディンガー方程式を“作る”際に重要な役割を果たす．

2.2.7 ひとかたまりの波：波束

一般の現実的な波動は，純粋な波（式（2–55）等）とは違って，全空間に一様に広がっているということはない．このように空間に限定的に広がった波を波束と呼ぶ．数学的には，複素平面波では

$$\int_{-\infty}^{\infty} |\psi\,(x,t)|^2\,dx = \infty \qquad (2\text{–}56)$$

であるのに対して，波束の波動関数 $\varphi\,(x,t)$ はそれを定数倍して

$$\int_{-\infty}^{\infty} |\varphi\,(x,t)|^2\,dx = 1 \qquad (2\text{–}57)$$

とできる（規格化可能という）という大きな違いがある．

第3章 量子力学の基礎

いよいよ量子力学にとりかかろう．といっても，化学結合を理解するために必要な基礎的な部分のみである．電子のような粒子も，波動性を持つのだという事実を受け入れると，量子力学の波動方程式であるシュレディンガー (Schrödinger) 方程式もそれほど不思議なものではないことが理解できるだろう．シュレディンガー方程式は，「基礎方程式」であって，別の理論から導かれるものではない．それが可能ならば，その別の理論が「基礎理論」と呼ばれるべきである．したがって，シュレディンガー方程式が，公理として，あるいは，天下り的に与えられることがしばしばである．しかし，ここでは，前章の波動の考え方を使って，自然にシュレディンガー方程式を書き下すことを試みる．シュレディンガー方程式を公理的出発点だと割り切ってしまいたい人や，この章の内容がわからないと思う人も，少なくとも，式 (3-24) と (3-51) だけはしっかり頭に入れておいて欲しい．

3.1 作用量子の発見（1900年）

熱せられた物体から放出される電磁波　高温に熱せられた鉄は赤く光るが，温度によって色，つまり放出される光の波長が異なる．逆に，波長を測定すれば，温度が推定できるであろう．このような温度計の需要が当時の産業界にあったといわれる．この関係を理想的な状況で実験するために，電磁波を完全に反射する「鏡」によって全体を囲まれた箱の中に，温度調節のためのヒーターを埋め込んだ物体（非常に多数のバネ（原子が繋がった振動子）からなると仮定せよ）を宙吊りにする．この物体が持つ熱は，電磁波として空間に放出され，鏡により反射されたすべての波長の電磁波は物体により吸収され熱となる（このような物体を黒体という）．やがて，この吸収放出の過程は平衡に達する．このような装置を使って，温度と空間に満たされた電磁波の振動数 (ν) の関係が調べられた．

離散的なエネルギーだけが許されるという仮説 プランク（Max Planck, 1858-1947）は，上で説明した輻射場のエネルギー分布を調べる研究の過程で，当時の理論で理解できなかった現象を説明するため，次のような大胆な仮定を行った：鏡の箱の中の輻射場のエネルギーは，連続的にどのような値でもとることができるわけではなく，光の振動数 ν を単位として

$$E = nh\nu \quad (n = 1, 2, \cdots) \tag{3-1}$$

のように飛び飛びの値だけをとること，つまり，量子化（離散化）されている．このときの比例定数 h をプランク定数といい，その値は $h = 6.62608 \times 10^{-34}$ Js である．また，それを 2π で割った量 $\hbar = h/2\pi = 1.05457 \times 10^{-34}$ Js もよく使われる．$\hbar$ もプランク定数と呼ばれる（ディラック（Dirac）定数と呼ばれることもある）．プランク定数は作用の次元をもっている[1)]．

3.2 光量子説（1905年）

アインシュタインは，プランクの提案した式（3-1）をみて，光自体が

$$E = h\nu = \hbar\omega \tag{3-2}$$

のエネルギー単位を持つ粒子（photon）であるとみなせると考えた（ただし，この議論を，ホイエンス（Christiaan Huygens, 1629-1695）の光の波動論からニュートンの光の粒子論への単純な回帰，というように考えてはいけない）．

3.3 ボーアの水素原子のスペクトルの理論（1913年）

ボーア（Niels Bohr, 1895-1962）は，当時の最大の根本的な問題であった水素原子の発光スペクトル（1.6節）を説明するため，古典力学の枠の中で新たな理論を構築した．前期量子論と呼ばれる．これは，4.1節で詳述する．

1） 作用の次元は，［長さ］×［運動量］，［時間］×［エネルギー］，［角運動量］などと同じ次元である．

3.4　物質波の提唱（1923 年）

アインシュタインの光の粒子性の提唱を受けて，ド・ブローイ（Louis de Broglie, 1892–1987）は，逆に，電子のように個数を数えることができる「粒子」が，「波動性」を併せ持つことを理論的に予測した．

ド・ブローイは，まず，次のようにして，光の運動量と波数の関係を明らかにする．特殊相対論から，速度 v で運動する物体の質量 m_v は，静止質量 m_0 に対して

$$m_v = \frac{m_0}{\sqrt{1 - \frac{v^2}{c^2}}} \tag{3-3}$$

の変更を受ける．ここで c は光速である．運動物体の質量は静止質量より大きくなる，あるいは，どのような運動物体の速度も光速を超えることはできない，ということを表す有名な式である．また，エネルギー E は，m_v を使って

$$E = m_v c^2 \tag{3-4}$$

と表される[2)]．

問題 3.1　♪ v が c に比べて小さいとき，式（3-3）をテーラー展開して

$$E \approx m_0 c^2 + \frac{1}{2} m_0 v^2 \tag{3-5}$$

（質量エネルギーと運動エネルギーの和）となることを示せ．

問題 3.2　♪ 式（3-3）と（3-4）から

$$E^2 = p^2 c^2 + m_0^2 c^4 \tag{3-6}$$

となることを示せ．ただし，$p = m_v v$（運動量，式（2-4）と比べよ）である．さらに光子については，$m_0 = 0$ であるから

2)　特殊相対論については，たとえば『ファインマン物理学 I 力学』（R.P. ファインマン他，坪井忠二訳，岩波書店，1986 年）を見よ．

$$p = \frac{E}{c} = \frac{h\nu}{c} = \frac{h}{\lambda} = \hbar k \tag{3-7}$$

となる．ここで，式 (2-28) を使った．

以上をまとめると，光子は粒子性をもち，その運動量とエネルギーは波数と振動数を使って

$$p = \hbar k = \frac{h}{\lambda} \tag{3-8}$$

および

$$E = \hbar\omega \tag{3-9}$$

と表される．この関係の正しさは，コンプトン散乱やX線回折の方法を使って実験的に検証された．

そこで，ド・ブローイは，電子のような粒子も，逆に波動性を持ち，その波数と角振動数は，運動量とエネルギーを使って

$$k = p/\hbar, \tag{3-10}$$

$$\omega = E/\hbar \tag{3-11}$$

で与えられると仮定した．この仮説の正しさも実験により確認された（次節参照）．物質に伴うこの波動のことを，物質波（matter wave）という．

3.5 物質波の実験的観測

電子ビームの結晶格子による回折 レントゲン（Wilhelm Röntgen, 1845–1923）が発見したX線は，波長の短い電磁波であることが証明されている．そのX線を原子からなる結晶に当てると（図3.1の上の図），電磁波の干渉による，同心円状の回折縞を観測することできる（図3.1の左下）．このとき，結晶の原子間距離（d）とX線の波長（λ）から，背後にできる同心円の半径の大きさ（回折されて飛び出すX線の方向の角度（θ））が簡単なブラッグの関係式（あるいは，ラウエの回折条件式）から算出できる（これらの幾何学的関係式を導くのは難しくはないが，ここでは省略する）．

次に，d がわかっている原子の結晶に一定の速度の電子ビームを当て，後ろに抜け出てきた電子の個数の分布を描くと，図3.1の右下のようになった．電

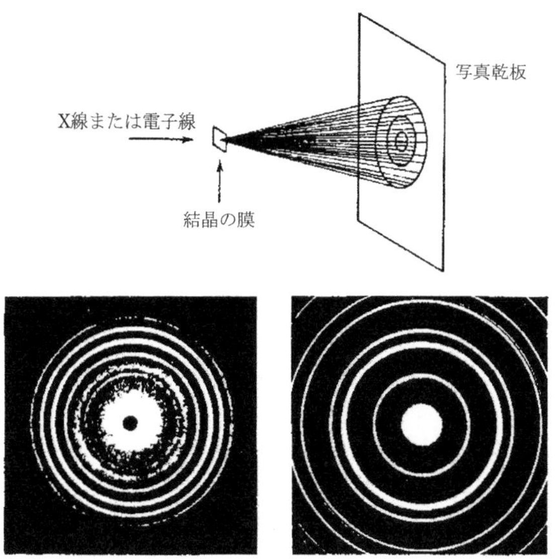

図 **3.1**　X 線あるいは電子ビームを原子結晶に照射して得られる回折縞：左下はX線の場合，右下は電子線による回折縞．

子が，結晶を通過する際，波動のように回折を起こしたことは明らかである．この際，回折して出てくる電子の角度（θ）を，上のX線の場合と同じようにブラッグの関係式を使って調べてみると，波動としての波長（λ）が逆算できる．ついで，照射された電子の運動量（p）と得られた波長の関係を調べてみると，式（3-10）が成立していることが確認された．

2 重スリットの実験（物質波の干渉）　図 3.2 は，電子銃から発射された電子が，スリットが 2 つ空いた壁を通過した後，止め板の上にある検出器に到達したことによって記録される強度（つまり電子数）のパターンを概念的に示したものである．p_1 と p_2 は，スリットがそれぞれ 1 個だけ（スリット 1 または 2）が空いている場合の検出強度である．一方，p_{12} はスリットが 2 つとも空いている場合の強度（この図を図 2.3 と比較せよ）．電子の物質波の干渉が明確に表わされている．この干渉パターンは，複数の電子のあいだの相互作用によって生ずるものではなく，電子 1 個 1 個が持つ波動性によって引き起こされたものであることに注意しなければならない．つまり，電子を 1 個 1 個別々に発射して検出強度を測定した後，それらを全部足し合わせると上記の

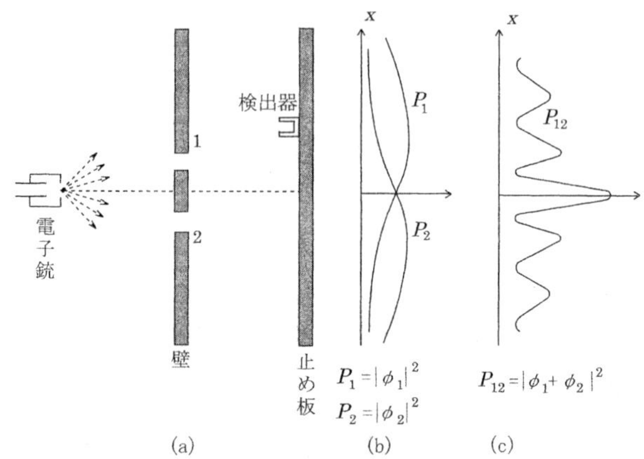

図 **3.2** 電子の波動性を試すための 2 重スリットの実験の概念図

p_{12} のような干渉模様が得られる．

面白いことに，2 個のスリットを両方とも空けておいても，一方を通過したことがわかるような仕掛けを実験装置全体に施すと，干渉縞が消えるという．現在までに行われているいかなる実験も，「電子がどちらのスリットを通ったかわからないということが，干渉縞が見えるということの条件になっている」ということを支持している．

図 3.3 は，2 重スリット実験の結果である．電子 1 個 1 個が個別に打ち込まれ，スリットを通過してスクリーン上に検出された点が，白い点として表され，積算されていくようになっている．1 個 1 個の電子がそのたびにどこに到達するかは，確定的に予言することはできない．しかし，時間が経つと（上のスクリーンから下のそれへ)，干渉縞が見えてくる．この実験から，複数の電子のあいだでの相互作用によって，干渉縞が作られるのではないことは明らかである．

3.6 シュレディンガー方程式（1926 年）

以後しばらくのあいだ，いたるところ一定値（V_o）を持つポテンシャル上を，純粋の運動量 p と純粋のエネルギー E を持って運動する粒子について考える．この際，当然 E も p も保存する．また，このときの物質波は式（3-10）と（3-11）で特徴づけられる k と ω を持つ純粋の波である．このような純粋

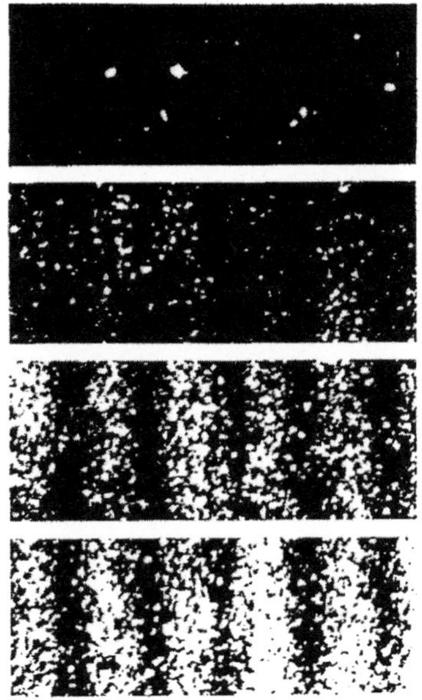

図 **3.3** 2 重スリットを通過したあと電子が到着する点の分布：積算数を増やすと，干渉縞が明確に現れてくる（Hey and Walfer, *The Quantum Universe*, Cambridge University Press, 1987.）.

波動は式（2-54）と（2-51），（2-52）で見たように

$$\phi\,(x,t) = e^{i(kx-\omega\,t)} = \exp\left[i\,(kx-\omega\,t)\right], \tag{3-12}$$

$$u_s\,(x,t) = \sin\,(kx-\omega\,t)\,, \tag{3-13}$$

$$u_c\,(x,t) = \cos\,(kx-\omega\,t) \tag{3-14}$$

およびこれらの線形結合で記述される．これらの波動は，式（2-40）の波動方程式

$$\left[\frac{1}{\omega^2}\frac{\partial^2}{\partial t^2} - \frac{1}{k^2}\frac{\partial^2}{\partial x^2}\right] u\,(x,t) = 0 \tag{3-15}$$

に従うことはすでに見た．しかし，これは物質波の波動方程式としては不充分である．理由は，①演算子の中に波動の等速性や周期性を指定する ω や k が含まれていること，② ω と k のあいだに何の関係も要請していない，ことである．

3.6.1 複素平面波のための運動方程式

平面波のうち，複素平面波 $\phi(x,t) = \exp[i(kx - \omega t)]$ の波の強度 $|\phi|^2$ はいたるところ一定であり，どこでも同じ振幅を持つ．この点で u_s や u_c とは大きく異なる．いま考えているのは，いたるところ一定値 (V_0) を持つポテンシャル上での運動だから，複素平面波を考えるのが良さそうである．後で詳しく述べるが，量子力学では波の強さは，「粒子の存在確率密度」を表すと考えられている．したがって，$|\phi|^2 = 1$ は，sin 関数や cos 関数で表した平面波にはない，都合の良い性質ということになる．

以下，前章でやったように，複素平面波が従う最も簡単な方程式を作ってみよう．次の手順で行う．まず，粒子のエネルギーと運動量の関係

$$E = \frac{p^2}{2m} + V_0 \tag{3-16}$$

（V_0 は一定値）に，式（3-10）と（3-11）を代入することにより

$$\omega = \frac{\hbar}{2m}k^2 + \frac{V_0}{\hbar} \tag{3-17}$$

を得る．ここに，角振動数と波数の関係が現れた．そこで，前章にならって，

（1）$\phi(x,t)$ の t に関する 1 階（偏）微分を作る：

$$\frac{\partial}{\partial t}\phi(x,t) = -i\omega\phi. \tag{3-18}$$

（2）$\phi(x,t)$ の x に関する 2 階（偏）微分を作る：

$$\frac{\partial^2}{\partial x^2}\phi(x,t) = -k^2\phi. \tag{3-19}$$

（3）ついで，この 2 つの式から右辺の ω と k^2 をとりだし，式（3-17）に代入する．すると，

$$i\hbar\frac{\partial}{\partial t}\phi(x,t) = \left[-\frac{\hbar^2}{2m}\frac{\partial^2}{\partial x^2} + V_0\right]\phi(x,t) \tag{3-20}$$

が得られる．これが，シュレディンガー方程式の原型である．

問題 3.3 ♪ 式（3-13）と（3-14）の u_s や u_c でも同じように試みよ．

3.6.2 波束状態（任意の形の波動）の運動方程式

式（3-20）が（3-15）の波動方程式と大きく異なる点の 1 つは，演算子の中には ω や k が含まれていないことである．したがって，この方程式は平面

波以外の関数もその解として持ちうることが容易に予想される．つまり，より一般的な波の運動を記述するのに都合が良い形をしている．それを具体的に見てみよう．式 (3-12) の ϕ を ϕ_p と書こう．理由は

$$\phi_p(x,t) = \exp\left[\frac{i}{\hbar}\left\{px - \frac{p^2}{2m}t\right\}\right]\exp\left[-\frac{i}{\hbar}V_0 t\right] \tag{3-21}$$

と分離できるからである．これは，ポテンシャルの部分 $\exp\left[-\frac{i}{\hbar}V_0 t\right]$ を取り除けば（あるいは単に $V_0 = 0$ とせよ），自由波に対応する．そこで，異なる p を持つ ϕ_p の線形結合（重ね合わせ）

$$\psi(x,t) = \int A(p)\,\phi_p(x,t)\,dp \tag{3-22}$$

を考える．ただし，$A(p)$ は時間 t を含まない任意の関数とする．$A(p)$ を適切に選んで，任意の関数形を作り出すことができる．つまり，さまざまな運動量を持つ波を成分とする純粋でない波を作り出すことができる．特に，平面波のように全空間に広がらない，塊のように見える波を表すことができる．つまり波束である．このような一般の波に対しても

$$i\hbar\frac{\partial}{\partial t}\psi(x,t) = \left[-\frac{\hbar^2}{2m}\frac{\partial^2}{\partial x^2} + V_0\right]\psi(x,t) \tag{3-23}$$

が成り立つ．

問題 3.4　式 (3-23) が成り立つことを示せ．

問題 3.5　♪ 式 (3-22) の $\psi(x,t)$ の形は時間とともに崩れていく．式 (3-22) の右辺を見てその原因を考えてみよ．

3.6.3 シュレディンガー方程式

ここまでは一定値のポテンシャル (V_0) だけを考えてきた．その自然な拡張として，場所によって値を変える一般のポテンシャル $V(x)$ にも式 (3-23) と同様の式が成り立つとする．つまり，

$$i\hbar\frac{\partial}{\partial t}\psi(x,t) = \left[-\frac{\hbar^2}{2m}\frac{\partial^2}{\partial x^2} + V(x)\right]\psi(x,t). \tag{3-24}$$

これをシュレディンガー方程式という．この式は，実験により検証されるべき方程式である．実際，この式は無数の検証に耐えてきており，現在その正しさを疑う人はほとんどいない．ただし，この式にも，もちろん適用限界がある．

たとえば相対論的な効果は一切考慮されていない.

問題 3.6　式 (3-20) に戻って，その右辺を計算すると

$$\left[-\frac{\hbar^2}{2m}\frac{\partial^2}{\partial x^2}+V_0\right]\phi_p(x,t)=\left[\frac{p^2}{2m}+V_0\right]\phi_p(x,t) \tag{3-25}$$

となることを，確かめよ.

量子力学的ハミルトニアン　式 (3-25) の右辺の [ ] の中は II 章で出てきた古典力学のハミルトニアンである (式 (2-6)). そこで (3-24) の右辺の演算子 (大括弧の中) を量子力学的ハミルトニアン

$$\hat{H}=-\frac{\hbar^2}{2m}\frac{\partial^2}{\partial x^2}+V(x) \tag{3-26}$$

と名づけて，式 (3-24) を

$$i\hbar\frac{\partial}{\partial t}\psi(x,t)=\hat{H}\psi(x,t) \tag{3-27}$$

と書く. また，エネルギーを表す $\hat{H}$ が，時間微分 $i\hbar\frac{\partial}{\partial t}$ と関係づけられていることにも注意しておくとよい.

運動量演算子　式 (3-26) の $\hat{H}$ には式 (2-6) の p (運動量) に対応する独立変数が含まれていないことに気づいているだろうか？　量子力学では運動量は微分演算子

$$\hat{p}=\frac{\hbar}{i}\frac{\partial}{\partial x} \tag{3-28}$$

で表される. 実際，純粋の (確定した) 運動量を持つ複素平面波 $\phi_p(x,t)$ に対して，

$$\hat{p}\phi_p(x,t)=\frac{\hbar}{i}\frac{\partial}{\partial x}\phi_p(x,t)=p\phi_p(x,t) \tag{3-29}$$

となる. この式の右辺の p は，演算の結果として与えられる数値 (スカラー) である. 式 (3-28) の運動量と位置の関係は，式 (3-27) におけるエネルギーと時間の関係に似ていることに留意しておくこと.

運動量演算子の 2 乗 $\hat{p}^2$ とは，具体的に次の演算を行うことである. 任意の関数 f に $\hat{p}^2$ を掛けてみる：

$$\hat{p}^2 f = \hat{p}\,(\hat{p}f) = \hat{p}\left(\frac{\hbar}{i}\frac{\partial f}{\partial x}\right) = \frac{\hbar}{i}\frac{\partial}{\partial x}\left(\frac{\hbar}{i}\frac{\partial f}{\partial x}\right) = -\hbar^2\frac{\partial^2}{\partial x^2}f. \qquad (3\text{-}30)$$

したがって，式 (3-28) に対しては

$$\hat{p}^2 = -\hbar^2\frac{\partial^2}{\partial x^2} \qquad (3\text{-}31)$$

である．これを，式 (3-26) に戻すと，

$$\hat{H} = \frac{\hat{p}^2}{2m} + V\,(x) \qquad (3\text{-}32)$$

となって，形式的に古典力学的ハミルトニアンと同じ形をしていることがわかる．

実は，古典力学から量子論に移るには，他にも複数の方法が確立されている．量子論に移る操作を量子化という．ここでは，運動量を量子化することによって，ハミルトニアンが量子化されたわけである．

3.7　波動関数の物理的意味

波動関数は，一般に複素量であって直接観測することはできない（図 1.9 の分子軌道は，巧妙な実験を基に，理論的に再構成したものである）．しかし，量子力学的波動の波の強さ

$$\rho\,(x,t) = |\psi\,(x,t)|^2 \qquad (3\text{-}33)$$

は，現代の標準的な解釈によると，「時刻 t，位置 x に "粒子" を見いだす確率密度」とされている．この解釈は，シュレディンガー理論から自動的に出てくる帰結というわけではなく，実験で検証されるべき解釈である．実際，$\rho\,(x,t)$ は，実験によって観測できる量であり，たとえば図 1.4 や 1.5 などは基本的に $|\psi\,(x,t)|^2$ の時間平均を観測したものに対応する．現在では，精密な実験との比較によって，$\rho\,(x,t)$ が時刻 t，位置 x に粒子を見いだす確率密度であるということは，ほぼ確定されている（たとえば図 1.8 を見よ）（$\rho(x,t)$ は電子など粒子の変形を表現するものではないので注意すること）．

一方，複素量 $\psi\,(x,t)$ は，確率振幅と呼ばれる．

3.5 節の「2 重スリットの実験」を再訪して，波動関数の不思議な役割を強調しておこう．そこで述べたように，電子を 1 個 1 個「同じ条件」で発射させても，到達位置は観測してみなければわからず，そのたびごとに異なる．量

子力学をもってしても，その位置を確定的に予言することはできない．しかし，この実験を非常に多数の電子について繰り返し実験を行い，それらの到着位置の分布を計測してみると，$|\psi(x,t)|^2$ で予測される分布とほぼ同じになる．しかし，$\psi(x,t)$ が従うシュレディンガー方程式は，電子1個のための方程式であって，波としての干渉も考慮されたうえで，$|\psi(x,t)|^2$ は時刻 t，位置 x に存在する確率密度を与えるのである．にもかかわらず，何回も観測しないと，$|\psi(x,t)|^2$ は再現できない．この意味で，確率論における大数の法則に少し似た部分がある[3)]．量子論の確率解釈の真の意味と，$|\psi(x,t)|^2$ によって実現されている "1個の粒子の干渉" がどのようにして起きるのかは，シュレディンガー理論の枠の中では与えられず，それをめぐって複数の解釈が提案されており，現在も謎解きの研究が実験・理論の両面から進められている．

規格化 Δx を空間中の微小体積とすると，$\rho(x,t)\,\Delta x$ は，時刻 t に点 x の周りの Δx に粒子を見いだす確率になる．全空間で粒子を見いだす確率は1だから，

$$\int_{-\infty}^{\infty} \rho(x,t)\,dx = 1 \tag{3-34}$$

となるように ψ を規格化することが多い（もちろん，式（3-34）は時間に依存しない）．式（2-57）を参照せよ．

問題 3.7 式（3-34）から，波動関数の物理的次元は何か示せ．

3.8 ◆フーリエ変換と波動関数に運動量表示

式（3-21）と（3-22）において，$t=0$ とおくと，

$$\psi(x,0) = \int_{-\infty}^{\infty} A(p) \exp\left(\frac{i}{\hbar}px\right) dp \tag{3-35}$$

3) サイコロ1個を6000回振って1の目が出る回数は約1000回，一方，6000個のサイコロを干渉し合わないように同時に振ると1の目が出る個数は約1000個．ともに確率が $\frac{1}{6}$．波動関数の性質は，1個のサイコロの運動を記述するのに，一度に無限個の独立のサイコロ振っていながら，それらのあいだには1つの波としての干渉がある，といっているようなものである．量子力学は，「確率解釈を許す」という以上の不思議議さを湛えている．

が得られる．このときの $A(p)$ は，$\psi(x,0)$ を純粋の波（複素平面波）で分解したときに，どのような大きさの p の成分を多く含むか，という物理的な意味を表す．この $A(p)/(2\pi\hbar)$ を波動関数 $\psi(x)$ の運動量表示という．$|A(p)|^2$ は，この波動関数で表される粒子が運動量 p を持つ確率密度と解釈される．

式（3-35）のような積分変換を，$\psi(x,0)$ は $A(p)$ のフーリエ変換という．逆に，

$$A(p)=\frac{1}{2\pi\hbar}\int_{-\infty}^{\infty}\psi(x,0)\exp\left(-\frac{i}{\hbar}px\right)dx \tag{3-36}$$

をフーリエ逆変換という．フーリエ変換は，理工系のあらゆる学問分野に登場する．

3.9 量子力学的期待値（平均値）

次に進む前に，量子力学における期待値というものを考えておこう．よく知られているように，一般の確率密度分布関数 $P(x)$ があって，ある量 $B(x)$ の期待値（平均値）を計算したいときは，

$$\langle B\rangle=\frac{\int_{-\infty}^{\infty}P(x)B(x)dx}{\int_{-\infty}^{\infty}P(x)dx} \tag{3-37}$$

とすればよい．量子論では，$\rho(x,t)=|\psi(x,t)|^2$ が確率密度関数だから，$B(x)$ が x の普通の関数（スカラーという）ならば，

$$\langle B(t)\rangle=\frac{\int_{-\infty}^{\infty}\psi(x,t)^*\,\psi(x,t)\,B(x)dx}{\int_{-\infty}^{\infty}\psi(x,t)^*\,\psi(x,t)\,dx} \tag{3-38}$$

としておけばよい．しかし，$B(x)$ が x の微分演算子を含むようなものでは，この式では計算できない．

そこで，式（3-28）の運動量演算子と複素平面波 $\phi_p(x,t)$ を例題にとって考えてみよう．つまり，$\psi(x,t)=\phi_p(x,t)$ とせよ．すると，式（3-29）は，

$$p=\langle\hat{p}\rangle=\frac{\int_{-\infty}^{\infty}\psi(x,t)^*\,(\hat{p}\psi(x,t))\,dx}{\int_{-\infty}^{\infty}\psi(x,t)^*\,\psi(x,t)\,dx} \tag{3-39}$$

と同じことである．したがって，一般の物理的演算子 $\hat{B}$ に対して，その期待値は

$$\langle B(t)\rangle=\frac{\int_{-\infty}^{\infty}\psi(x,t)^*\left(\hat{B}\psi(x,t)\right)dx}{\int_{-\infty}^{\infty}\psi(x,t)^*\,\psi(x,t)\,dx} \tag{3-40}$$

としなければならないことがわかる．この式で，$\psi(x,t)^*\left(\hat{B}\psi(x,t)\right)$ は，$\psi(x,t)$ に $\hat{B}$ を施してから，$\psi(x,t)^*$ を乗ずることを意味するものとする．式 (3-40) は，ディラック（Paul Dirac, 1902–1984）に従って

$$\langle B(t)\rangle = \frac{\left\langle \psi(t) \middle| \hat{B} \middle| \psi(t) \right\rangle}{\langle \psi(t) | \psi(t) \rangle} \tag{3-41}$$

と書かれることもある．

3.10 ◆不確定性原理

式 (3-35) を具体的に考えてみよう．$A(p)$ として，$p=0$ の周りで広がっているガウス関数

$$A(p) = \exp\left[-\alpha p^2\right] \tag{3-42}$$

を考えてみよう．すると，波動関数 $\psi(x)$ は

$$\psi(x) \propto \exp\left[-\frac{1}{4\alpha\hbar^2}x^2\right] \tag{3-43}$$

とえられる．$A(p)$ が幅の狭い鋭い形（大きい値の α）をもつならば，$\psi(x)$ の幅は広くなり（$\frac{1}{4\alpha\hbar^2}$ は小さくなり），逆に，$A(p)$ の幅が広いと，$\psi(x)$ の幅は狭くなる．α と $\frac{1}{4\alpha\hbar^2}$ の積は常に一定であるから，$A(p)$ と $\psi(x)$ を同時に幅の狭い関数にすることはできない．つまり，両者が**同時**に一定値より鋭くなることはない（図3.4を参照せよ）．それどころか，一方を幅の狭い鋭い関数にすればするほど，他方は幅の広がった関数になってしまう，という強い主張が導かれる．この事実は，量子力学特有のことではなく，フーリエ変換の理論ではよく知られていることである．

ハイゼンベルク（Werner Heisenberg, 1901–1976）は，次のような一般的な不等式を示した．

$$\Delta x \Delta p \geq \frac{\hbar}{2} \tag{3-44}$$

ここで，

$$\int_{-\infty}^{\infty} \psi^*(x)\, x\psi(x)\, dx = \bar{x} \tag{3-45}$$

として，

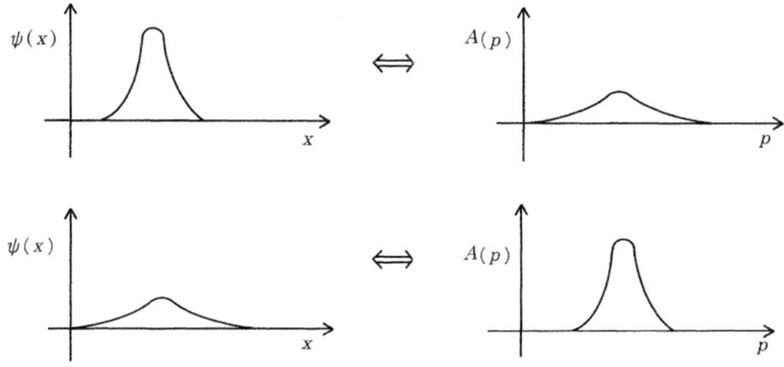

図 **3.4**　位置（x）と運動量（p）の不確定性関係：波動関数が x 空間で幅の狭い分布を持てば，必然的に，p 空間では幅の広い分布になってしまう．その逆も真である．

$$\Delta x = \sqrt{\int_{-\infty}^{\infty} \psi(x)^* (x - \bar{x})^2 \psi(x)\, dx} \tag{3-46}$$

である．これでわかるように，Δx は，$\psi^*(x)\psi(x) = |\psi(x)|^2$ で表される分布関数の平均値 $\bar{x}$ の周りの分散（広がり具合）である．Δp も同様に定義される．式（3-44）は，「粒子の位置と運動量を，同時に確定値として知ることは，原理的に不可能である」と主張しており，発見者にちなんでハイゼンベルクの不確定性原理と呼ばれる．ハイゼンベルクは，不確定性原理を説明するのに，極微の世界では，観測が観測されるものに影響（攪乱）を与えないで測定を行うことができない，ということを精緻な論理で定式化している．たとえば，電子の速度（運動量 p）を測定しようとすると，その行為自体が電子の位置（x）を乱してしまう，というようなことである．式（3-44）のような反比例の関係を，より一般的には不確定性関係というが，たとえばエネルギーと時間のあいだにも不確定性関係がある．不確定性関係の議論については，ここではこの程度にとどめておこう．

3.11　定常状態のシュレンディンガー方程式

前章で定在波を学んだ．原子や分子の世界にも，時間に関わらず同じ状態がずーっと続くことがある．たとえば，水素原子は，外から刺激（摂動という）を加えない限り，水素原子のままであり，時間とともに変化することはない．したがって，シュレディンガー方程式にも，定在波の解が含まれるのは物理的に明らかである．方程式 (3-26) のハミルトニアン $\hat{H}$ は，時間 t の関数になっていないので，シュレディンガー方程式

$$\left[i\hbar\frac{\partial}{\partial t}-\hat{H}\left(x\right)\right]\psi\left(x,t\right)=0 \tag{3-47}$$

の演算子部分は，“時間 t” に関する項と “位置 x” に関する項に分離されている．従って変数分離法（式 (2-41) を見よ）が使える．そこで

$$\psi\left(x,t\right)=\Phi\left(x\right)\chi\left(t\right) \tag{3-48}$$

と置き，前章と同じ手順を踏む．式 (3-48) を (3-47) に代入して

$$i\hbar\frac{1}{\chi\left(t\right)}\frac{d}{dt}\chi\left(t\right)=\frac{\left[\hat{H}\left(x\right)\Phi\left(x\right)\right]}{\Phi\left(x\right)} \tag{3-49}$$

を得る[4]．式 (3-49) において，左辺は t だけの関数，右辺は x だけの関数．したがって，定数でなくてはならない．その定数を

$$\frac{\hat{H}\Phi}{\Phi}=E \tag{3-50}$$

と置く．こうして 2 つの関連しあった方程式

$$\left[-\frac{\hbar^2}{2m}\frac{d^2}{dx^2}+V\left(x\right)\right]\Phi\left(x\right)=E\Phi\left(x\right) \tag{3-51}$$

と

$$i\hbar\frac{d}{dt}\chi\left(t\right)=E\chi\left(t\right) \tag{3-52}$$

が得られる．式 (3-51) を定常状態のシュレディンガー方程式という．孤立系分子の電子状態などは時間とともに変化しない状態であり，そのような問題を扱う場合には，方程式 (3-51) が基礎方程式となる．

こうして分離された 2 つの方程式 (3-51) と (3-52) から，定数 E を消去すると，元の時間に依存したシュレディンガー方程式 (3-47) が戻ってくるのはいうまでもない．

定常状態のシュレディンガー方程式を解くためには，問題にしている実験や物理的状況を反映した境界条件が必要である．たとえば，与えられた境界にお

4) $\hat{H}\Phi$ は数の意味での掛け算（$\hat{H}\times\Phi$）ではない．$\hat{H}$ は微分演算子を含むことを思い出せ．したがって，$\hat{H}\Phi$ を $\Phi\hat{H}$ などとしないこと．

ける Φ の値を与えてやる必要がある．その境界条件によっては，次の章で見るように，エネルギー E は飛び飛びの値だけが許される．式 (3-51) の E をエネルギー固有値，定在波を表す Φ を固有関数という．ここでは，E は外から与えるパラメーターではなく，解として自動的に決まってくる量になっている[5)]．

問題 3.8 式 (3-52) の解は

$$\chi(t) = \chi(0) \exp\left[-\frac{i}{\hbar}Et\right] \tag{3-53}$$

であることを示せ．

3.12 簡単な例題に学ぶ量子論の一般的性質

3.12.1 1 次元井戸型ポテンシャル

シュレディンガー方程式

$$\left[-\frac{\hbar^2}{2m}\frac{d^2}{dx^2} + V(x)\right]\Phi(x) = E\Phi(x) \tag{3-54}$$

に $V(x)$ を与えて問題を解いてみよう．この際，$\Phi(x)$ は与えられた x に対して 1 価関数で滑らかでなければならない（多価では，観測可能量 $\Phi^*(x)\Phi(x)$ が一意的に決まらないし，滑らかでなければ微分ができず，運動量が決められない）．このシュレディンガー方程式は 1 変数 2 階の微分方程式だから，2 個の独立な条件（境界条件）を課さなければ物理的な解にならないことに注意する．

以下，無限の高さの壁に囲まれた幅 L の井戸の型ポテンシャルに閉じ込められた粒子を考えよう．具体的には，

$$V(x) = \begin{cases} 0 & 0 \le x \le L \\ +\infty & \text{それ以外} \end{cases} \tag{3-55}$$

である（図 3.5 参照）．すると，井戸の中では，シュレディンガー方程式は単に

5) 衝突現象を定常状態のシュレディンガー方程式 (3-51) で扱う場合がある．この場合には，E は衝突エネルギーであって，実験で使った値を代入する．

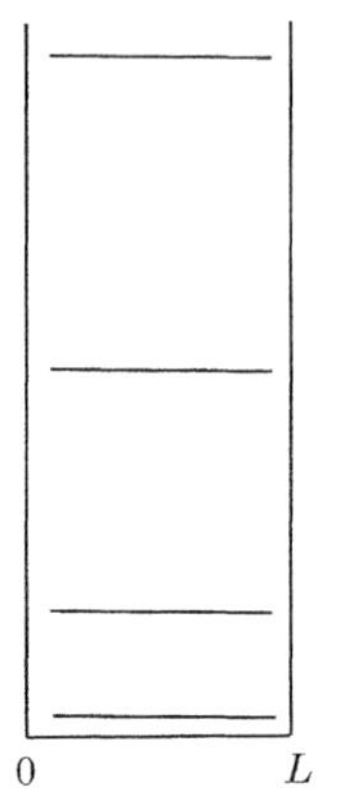

図 **3.5** 井戸型ポテンシャル

$$-\frac{\hbar^2}{2m}\frac{d^2}{dx^2}\Phi(x) = E\Phi(x) \tag{3-56}$$

である．井戸の外側では，粒子は存在しえないから

$$\begin{cases} \Phi(0) = 0 \\ \Phi(L) = 0 \end{cases} \tag{3-57}$$

でなければならない．このようにして，境界条件をつけることで，物理的な解を確定することができる．

問題 3.9 式（3-56）は $a^2 = 2mE/\hbar^2$ とおくと

$$-\frac{d^2}{dx^2}\Phi(x) = a^2\Phi(x) \tag{3-58}$$

と変形できる．この式の一般解が

$$\Phi(x) = A\sin ax + B\cos ax \tag{3-59}$$

であることを確かめよ．

問題 3.10 境界条件 $\Phi(0) = 0$ から，$B = 0$ となることを示せ．

問題 3.11 境界条件 $\Phi(L) = 0$ から，

$$\Phi_n(x) = A\sin\left(\frac{n\pi}{L}x\right) \quad (n = 1, 2, 3, \cdots) \tag{3-60}$$

でなければならないことを示せ．

問題 3.12　対応するエネルギーは

$$E_n = \frac{1}{2m}\left(\frac{n\pi\hbar}{L}\right)^2 \tag{3-61}$$

であることを確かめよ．

問題 3.13　規格化条件 $\int_{-\infty}^{\infty} \Phi_n^*(x)\,\Phi_n(x)\,dx = 1$ から

$$A = \sqrt{\frac{2}{L}} \tag{3-62}$$

となることを示せ．結局，

$$\Phi_n(x) = \sqrt{\frac{2}{L}}\sin\left(\frac{n\pi}{L}x\right) \tag{3-63}$$

である．

問題 3.14　式（3-61）の物理的意味内容を考え，$\frac{n\pi\hbar}{L}(= p_n)$ が井戸の中にいる電子の運動量の絶対値を表すことを示せ．

これらの簡単な問題からも量子力学的状態の一般的性質が知られる：

1. この問題では，最低エネルギー (E_1) は 0 ではない（零点エネルギーという）．
2. 波動関数が激しく振動するほどエネルギーは高くなる．波動関数が広がっている区間の長さ（L）が決まっていれば，その振動の激しさの目安の1つは，$\Phi(x) = 0$ となる点の数で与えられる．この点を節（node）という．波動関数の激しい振動は運動エネルギーが高いことを意味している（運動量が，波動関数 $\Phi_n(x)$ にかかる微分演算子であることを思い出せ．$\Phi_n(x)$ が激しく振動する関数ならば，その微分の 2 乗は平均として大きな値をとる）．
3. L が大きいほど，レベル間隔（$\Delta E_n = E_n - E_{n-1}$）は小さくなる[6)]（逆にいうと，狭い空間に粒子が閉じ込められると，ΔE_n は大きくなる）．

6)　運動量の差 $\Delta p_n = p_n - p_{n-1}$ も小さくなる．ここにも，不確定性原理（3.10 節）の一端が現れている．

4. 同様に，質量 m が大きいほど（あるいは，$\hbar$ を人為的に小さくするほど），ΔE_n は小さくなる（古典力学への回帰）．

問題 3.15

$$\int_{-\infty}^{\infty} \Phi_n(x)\,\Phi_m(x)\,dx = \delta_{nm} \tag{3-64}$$

を示せ．ただし，δ_{nm} は，$m = n$ のときには 1，$m \neq n$ のときには 0 の値をとる．

問題 3.16 幅が L の井戸型ポテンシャルに閉じ込められた質量 m を持つ粒子の，量子力学によるエネルギー固有値は式（3-61）で与えられる．井戸の中ではポテンシャルが 0 だから，E_n は実は運動エネルギーそのものである．これを古典力学の運動エネルギーとみなして，井戸の中の粒子の速度 v と周期（同じ点に回帰するまでの時間）T を求めよ．これに関連して，次の問いに答えよ．

(1) エチレンの π 結合の電子は，大雑把にいって $L = 1.5$ Å の井戸の中に閉じ込められているとみなせる．量子数 $n = 1$ のとき，速度 v と周期を計算せよ．ただし，$m = 1.0 \times 10^{-30}$ kg とせよ．

(2) 同様に，井戸型ポテンシャルを分子振動のモデルと考える．今度は，$L = 0.15$ Å の井戸に，換算質量 $m = 1.0 \times 10^{-26}$ kg の粒子が運動しているとする．上と同じ要領で，速度と周期 T を計算せよ．

(3) 上の (1) と (2) の結果の結果を比較して，どのようなことがいえるか．

問題 3.17 井戸が $-\frac{L}{2} \leq x \leq \frac{L}{2}$ にある場合を解け（練習なので，実直に解くこと）．その結果を式（3-60），（3-61）と比較せよ．

問題 3.18 ベンゼンの 6 個の炭素の上を一様に運動している電子の状態を粗っぽく記述するため，正 6 角形に外接する半径 R の円の中に閉じ込められた運動であると考えることにする．また，円の中は，一様な定数のポテンシャル V_0 によって，支配されているものとする．角度の座標を ϕ（$0 \leq \phi \leq 2\pi$）とする．このときのシュレディンガー方程式を

$$\left(-\frac{\hbar^2}{2mR^2}\frac{d^2}{d\phi^2} + V_0\right)\psi(\phi) = E\psi(\phi)$$

とする．この方程式の解の一般形は何か．また，この物理的状況を適切に表現する境界条件は何か．固有値と固有関数を求めよ．固有関数を規格化せよ．

3.12.2 2次元井戸型ポテンシャル

上の井戸型ポテンシャルの問題を2次元に拡張しよう．シュレディンガー方程式は，

$$\left[-\frac{\hbar^2}{2m_x}\frac{\partial^2}{\partial x^2}-\frac{\hbar^2}{2m_y}\frac{\partial^2}{\partial y^2}+V(x,y)\right]\Phi(x,y)=E\Phi(x,y) \tag{3-65}$$

で，ポテンシャルは，

$$V(x,y)=\begin{cases} 0 & 0\le x\le L_x,\quad 0\le y\le L_y \\ +\infty & \text{それ以外} \end{cases} \tag{3-66}$$

である．井戸の中では，

$$\left[-\frac{\hbar^2}{2m_x}\frac{\partial^2}{\partial x^2}-\frac{\hbar^2}{2m_y}\frac{\partial^2}{\partial y^2}\right]\Phi(x,y)=E\Phi(x,y) \tag{3-67}$$

であるから，変数分離法が使える．したがって，解のなかには

$$\Phi(x,y)=\Phi^x(x)\,\Phi^y(y) \tag{3-68}$$

の形のものが含まれている．また，エネルギーは x 成分と y 成分の和

$$E=E^x+E^y \tag{3-69}$$

である．以下の問題を解いて具体的な解の形を確認せよ．

問題 3.19 2次元井戸型ポテンシャルの問題は1次元の問題に分解できて，

$$\Phi_n^x(x)=\sqrt{\frac{2}{L_x}}\sin\left(\frac{n_x\pi}{L_x}x\right),\quad E_n^x=\frac{1}{2m_x}\left(\frac{n_x\pi\hbar}{L_x}\right)^2, \tag{3-70}$$

$$\Phi_m^y(y)=\sqrt{\frac{2}{L_y}}\sin\left(\frac{n_y\pi}{L_y}y\right),\quad E_m^y=\frac{1}{2m_y}\left(\frac{n_y\pi\hbar}{L_y}\right)^2 \tag{3-71}$$

であることを示せ．

いままでも見てきたように，変数分離型の微分方程式では，演算子が独立変数の項の単純和になっていて，それによって変化が記述される状態のほうは，それぞれの変数に関して独立事象になっている，ということを意味している．したがって，状態を表す（波動）関数は，積の形（式（3-68））で書けるもの

が解として存在しているのである．もちろん，エネルギーは 2 つの独立な成分の和（式 (3-69)）になっているべきものである．

第4章

水素原子

次に，具体的な物質世界の量子論に入ろう．化学結合を概念的に理解する方法の1つは，分子が原子の集合体であることをあからさまに使うことである．つまり，原子の波動関数をビルディングブロックとして分子の波動関数を組み立ててみようというわけである．そのために，この章と次の章で原子を量子力学に基づいて取り扱う．原子のなかでも，1電子系である水素原子は特に重要である．したがって本章では水素原子だけを考える．この章のポイントは，クーロン力で原子核に束縛された電子の3次元空間における波動の形と広がり方を視覚的に把握し，それを量子数で識別することができるようにすることである．

4.1 ボーアの原子模型

シュレディンガーの量子論に入る前に，ボーアの原子模型について調べておこう．この理論は，シュレディンガーの本格的な量子論が現れる直前の水素原子の模型であり，科学史上重要ではあるものの，現在ではそれほど一般的な意味を持たない．しかし，この模型を通じて，原子の世界を支配する長さや時間のおおよそのスケールを知ることができる．原子や分子の世界の大きさの単位を知っておくことは，物質科学を学ぶうえできわめて重要である．

4.1.1 ボーアの仮定

1.6節の水素原子の離散スペクトルと，それを説明する経験式（1-1）を振り返ろう．水素原子には飛び飛びの決まった状態しか許されないことを示す実験事実を解釈するために，1913年にボーアはラザフォード（Ernest Rutherford, 1971-1937）の原子模型を基礎に，以下の仮説を導入して説明しようと試みた．

1. 電子は原子核の周りをクーロン力を受けて古典力学的に周回運動をする．

周回運動とは，円運動だけを意味するものではないが，ここでは円運動だけに限定することにする．

2. この円運動に対し，電子の角運動量 L が $\hbar$ の整数倍になる運動だけが許されるとする．このようにして許された運動の状態を，ボーアは定常状態と呼んだ．
3. 定常状態にある電子は，（周回運動による加速度を持ち続けているにもかかわらず）光を放出することはなく，一定のエネルギーを持ち続ける．
4. エネルギー E_i の定常状態からエネルギー E_j の定常状態へ飛び移る（遷移する）瞬間に，水素原子は

$$E_i - E_j = \hbar\omega = h\nu = hc\frac{1}{\lambda} \tag{4-1}$$

を満たす波長 λ の光を放出（吸収）する（式 (3-2) を見よ）．

4.1.2 ボーア模型の解

議論を少しだけ一般化するため，原子核の電荷を Ze^+ $[Z = 1, 2, 3, \cdots]$ として，He^+, Li^{2+}, $\cdots$ 等の1電子イオンを同時に扱うことにする．これらを水素様原子という[1]．

(1) まず，円周運動においてクーロン引力と遠心力のつりあいから得られる条件は，

$$\frac{Ze^2}{r^2} = m\frac{v^2}{r} \tag{4-2}$$

である．ここで m は電子の質量[2]，r は円運動の半径，v はその速度である．

(2) 次に角運動量に付けられた条件（量子化条件）は，

---

1) 電荷の扱いについて：ここで，電荷素量の扱い方について，念のために注意をしておく．電子の素電荷は $q_e = 1.602189 \times 10^{-19}\mathrm{C}$ である．以下でも見るとおり，電荷は距離 r について

$$\frac{q_e^2}{4\pi\varepsilon_0}\frac{1}{r^2}$$

の形で現れるので，最初から

$$\frac{e^2}{r^2}$$

の形に書き下すことが習慣として行われる．ここで，ε_0 は真空の誘電率である．本書でも，そのように扱うことにする．すると，$e^2 = \frac{q_e^2}{4\pi\varepsilon_0} = 10^{-7}c^2q_e^2 = 2.307114 \times 10^{-28}\mathrm{Nm}^2$ となる．

2) より正確には，電子と原子核の換算質量．

$$L = mvr = n\hbar \qquad (n = 1, 2, 3, \cdots) \tag{4-3}$$

と表現される．この式は

$$L = mvr = pr = \frac{h}{\lambda}r = \frac{h}{2\pi}n \tag{4-4}$$

と変形できる．ここで，式（3-8）を使った．これから

$$2\pi r = n\lambda \tag{4-5}$$

という式を取り出すことができる．これは，円周の長さが物質波の波長の整数倍になっていることを要求している．つまり，電子の物質波が破壊的干渉を起こさず定在波ができるためには，この条件が必要であろう，ということを意味している．

（3）式（4-2）と（4-3）から

$$Ze^2 = mv^2 r = n\hbar v \tag{4-6}$$

が得られ，これを整理すると，電子の速度が特定の離散的な値でなければならないこと，つまり

$$v_n = \frac{Z}{n}\frac{e^2}{\hbar} \tag{4-7}$$

が得られる．

（4）これを式（4-3）に戻すと，許される円運動の半径

$$r_n = \frac{n^2}{Z}\frac{\hbar^2}{me^2} = \frac{n^2}{Z}a_0 \tag{4-8}$$

が決まる．この a_0 をボーア半径という．

（5）v_n と r_n をエネルギー（E）

$$E = \frac{m}{2}v^2 - \frac{Ze^2}{r} = T + V = -\frac{Ze^2}{2r} \qquad \left(= \frac{1}{2}V = -T\right) \tag{4-9}$$

に代入すると，許されるエネルギー

$$E_n = -\frac{Z^2}{n^2}\frac{me^4}{2\hbar^2} \tag{4-10}$$

が得られる．ここまでで，定常状態の大きさやエネルギーが推論されたことになる．

（6）最後に，異なる量子数をもつ状態間で，光を放出あるいは吸収して遷

移する場合を考えよう．エネルギー E_i の状態から E_j の状態に波長 λ の光を放出して遷移する場合，式（4-1）から次の関係

$$E_i - E_j = hc\frac{1}{\lambda} = Z^2\frac{me^4}{2\hbar^2}\left(\frac{1}{j^2} - \frac{1}{i^2}\right) \tag{4-11}$$

が成り立つはずである．ここで，水素原子の場合 $Z = 1$ とおくと

$$\frac{1}{\lambda} = \frac{me^4}{4\pi\hbar^3 c}\left(\frac{1}{j^2} - \frac{1}{i^2}\right) \tag{4-12}$$

となるが，これを式（1-1）と比較すると，リュードベリ定数 R_H は

$$R_H = \frac{me^4}{4\pi\hbar^3 c} \tag{4-13}$$

となるはずのものであることがわかる．驚くべきことに，こうして予測される R_H は，実験式（1-1）中のリュードベリ定数を完全に正しく再現するのである．

（7）この結果を使って，エネルギーはコンパクトに

$$E_n = -\frac{Z^2}{n^2}R_H hc \tag{4-14}$$

と書くことがある．$R_H hc$ をエネルギーの単位として使い，1 リュードベリ（Rydberg）と呼ぶ[3)]．

問題 4.1　電子が原子を 1 周するのに要する時間 T_n は

$$T_n = \frac{n^3}{Z^2}\frac{2\pi\hbar^3}{me^4} \tag{4-15}$$

であることを示せ．

問題 4.2　v_n，r_n，T_n，E_n は n および Z が変化するにつれて，どのような変わりかたをするか？

4.1.3　原子の大きさと時間スケール

電子の質量 $m_e = 9.109534 \times 10^{-31}$ kg，光速 $c = 2.997925 \times 10^8$ m·s^{-1}，さ

3）また，式（4-7）～（4-10）を見ると，$m = 1$，$e = 1$，$\hbar = 1$ となる単位系を選ぶと便利であることがわかる．これを原子単位系という．すると，長さの単位は a_0 で 1 ボーア（Bohr）水素原子のエネルギーは $Z = 1$ で $E_1 = -0.5$ ハートリー（Hartree）となる．

らに $\hbar = 1.05457 \times 10^{-34}$ J·s として．以下の計算を実行して欲しい（答えを部分的に付してあるが，桁数を確認するためのものである）．

問題 4.3 1) $Z = 1$ として次の値を求めよ．単位もつけよ．

$v_1 =$ $r_1 (= a_0) =$

$T_1 =$ $E_1 =$

$R_H =$

（答：$r_1 = 0.5295 \times 10^{-10}$ (m)，$E_1 = -2.1787 \times 10^{-18}$ (J)）

2) 原子分子の世界ではエネルギーの単位として eV（エレクトロンボルト）がよく使われる．ただし，1 J $= 6.241460 \times 10^{18}$ eV[4) なので $E_1 = -13.598$ eV である．

3) 同様に，$Z = 1, n = 500$ の場合について計算せよ．

$v_{500} =$ $r_{500} =$

$T_{500} =$ $E_{500} =$

（答：$r_{500} = 1.32 \times 10^{-5}$ (m)，$E_{500} = -8.72 \times 10^{-24}$ (J)）

4) m_e と v_1 からこの電子の物質波長を計算せよ．また，重さ 200 g，時速 150 km の野球ボールの波長を計算し，両者の桁を比較せよ．

（答：電子 3.33 Å，ボール 7.95×10^{-25} Å）

問題 4.4 ♪ ボーアのモデルをシュレディンガー理論の立場から批判せよ．

問題 4.5 ♪ 式 (4-9) に現れた $V = -2T$ という関係式は，偶然の産物ではない．「座標 r を定数倍 $(r \to r/\eta)$ したとき，$\eta = 1$ の回りでエネルギーが η に関して最小値をとらねばならない」という要請をヒントに，この関係式を考察せよ．

4.2 水素原子：シュレディンガー方程式の解

シュレディンガー方程式は，ボーアの諸仮定を使うことなく正しい水素原子のスペクトルを与える．水素原子に対するシュレディンガー方程式はすでに厳

4) また，$\frac{me^4}{\hbar^2}$ もエネルギーの単位としてよく使われる．ハートリー (Hartree) と呼ばれる．水素原子の 1s は -0.5 Hartree である．

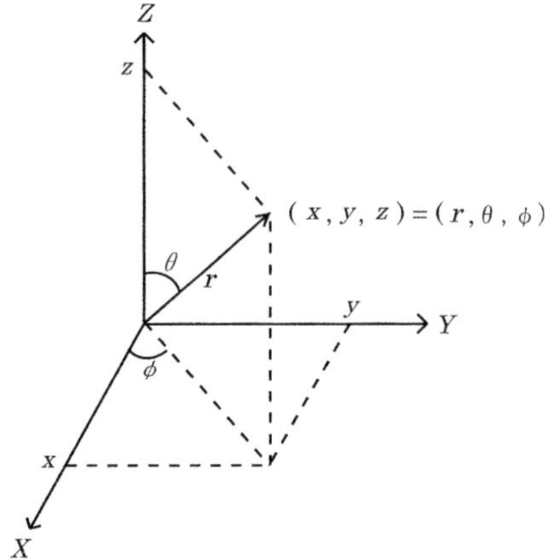

図 **4.1**　3 次元極座標

密に解かれているが，それは数学的技巧を若干必要とする．ここではむしろ，解の関数形から，波動関数の空間的広がりのイメージを定性的に見ていくことにする．

4.2.1　水素原子のシュレディンガー方程式

3 次元デカルト座標系 (x, y, z) で書かれた水素原子の古典力学的ハミルトン (H_c) は，

$$H_c = \frac{1}{2m}\left(p_x^2 + p_y^2 + p_z^2\right) - \frac{Ze^2}{r} \tag{4-16}$$

である．ただし，$r = \left(x^2 + y^2 + z^2\right)^{\frac{1}{2}}$ は原子核と電子のあいだの距離（図 4.1）．m は，本来電子と原子核の換算質量であるが，実質的に電子の質量に近い（確かめよ）．ポテンシャルエネルギー $\frac{-Ze^2}{r}$ は r だけに依存し，座標軸 X, Y, Z の回転に対して変化しない（もちろん，系全体の並進移動に対しても不変である）．この性質を球対称性という．

H_c を量子化するには，まず，運動量を式（3-28）を各次元に適用して

$$\hat{p}_x = \frac{\hbar}{i}\frac{\partial}{\partial x}, \quad \hat{p}_y = \frac{\hbar}{i}\frac{\partial}{\partial y}, \quad \hat{p}_z = \frac{\hbar}{i}\frac{\partial}{\partial z} \tag{4-17}$$

と量子化しておく．式（3-31）を思い出して，式（4-16）に代入すると

$$\hat{H} = -\frac{\hbar^2}{2m}\left(\frac{\partial^2}{\partial x^2} + \frac{\partial^2}{\partial y^2} + \frac{\partial^2}{\partial z^2}\right) - \frac{Ze^2}{r} \tag{4-18}$$

が得られる．したがって，時間に依存しない水素原子の状態を調べるには，

$$\hat{H}\psi(x,y,z) = E\psi(x,y,z) \tag{4-19}$$

を解けばよいということになる．式（4-18）の括弧の中の 2 階微分の演算子をラプラシアン（Laplacian）といい，∇^2 と書く（単に Δ と書くこともある）．ラプラシアンは科学のいたるところで現れる．

4.2.2　3 次元極座標への変換

式（4-18）を精密に解くということは，ここでは行わない．しかし，どのような形（空間的広がり）を持つ解が存在するのか，それに至る道筋を勉強しておこう．一般に式（4-18），（4-19）のような偏微分方程式は，問題にしている物理的内容に応じた座標系を使わないと解くのが著しく困難になり，解も複雑な形になる．この場合利用すべき重要な性質は球対称性であり，球対称の問題に適した座標系は極座標である（図 4.1 を参照）．デカルト座標は，極座標を使って

$$x = r\sin\theta\cos\phi, \quad y = r\sin\theta\sin\phi, \quad z = r\cos\theta \tag{4-20}$$

と表される．ただし

$$0 \le r, \quad 0 \le \theta \le \pi, \quad 0 \le \phi \le 2\pi. \tag{4-21}$$

問題 4.6　式（4-20）の関係を裏返して

$$r^2 = x^2 + y^2 + z^2, \quad \tan\theta = \frac{\sqrt{x^2+y^2}}{z}, \quad \tan\phi = \frac{y}{x} \tag{4-22}$$

を示せ．

ハミルトニアンを極座標系で表現すること　式（4-18）のラプラシアン ∇^2 を極座標で書くと次のようになる

$$\nabla^2 = \frac{1}{r^2}\frac{\partial}{\partial r}\left(r^2\frac{\partial}{\partial r}\right) + \frac{1}{r^2}\left[\frac{1}{\sin\theta}\frac{\partial}{\partial\theta}\left(\sin\theta\frac{\partial}{\partial\theta}\right) + \frac{1}{\sin^2\theta}\frac{\partial^2}{\partial\phi^2}\right]. \tag{4-23}$$

問題 4.7　♪ 式（4-23）を示せ．そのためには，連鎖則

$$\frac{\partial}{\partial x} = \frac{\partial r}{\partial x}\frac{\partial}{\partial r} + \frac{\partial \theta}{\partial x}\frac{\partial}{\partial \theta} + \frac{\partial \phi}{\partial x}\frac{\partial}{\partial \phi} \tag{4-24}$$

を繰り返し使えばよい．ここで，たとえば $\frac{\partial r}{\partial x}$ を計算するには，式（4-22）の最初の等式を使う．

そこで，式（4-23）を（4-19）に代入すると，結局，極座標系で表したシュレディンガー方程式は

$$\left[-\frac{\hbar^2}{2m}\left(\frac{1}{r^2}\frac{\partial}{\partial r}\left(r^2\frac{\partial}{\partial r}\right) + \frac{1}{r^2}\left\{\frac{1}{\sin\theta}\frac{\partial}{\partial\theta}\left(\sin\theta\frac{\partial}{\partial\theta}\right) + \frac{1}{\sin^2\theta}\frac{\partial^2}{\partial\phi^2}\right\}\right) - \frac{Ze^2}{r}\right]\psi(r,\theta,\phi)$$
$$= E\psi(r,\theta,\phi) \tag{4-25}$$

となった．この変数変換により，問題は非常に見通しが良くなるが，解くのはそれでもなおやさしくはない．本書では，最終結果に至るまでのポイントだけを示す．数式の詳細にはこだわる必要はない．おおよその論理の流れが把握できればよい（数式にこだわりたい人は，常微分方程式や特殊関数論の成書で勉強されたい）．

座標変換に伴う微小体積要素の変更　後々，波動関数の規格化積分をする必要が生ずる．その際，座標変換に伴って微小体積要素が変化することに注意しなければならない．(x,y,z) 系で

$$\int_{-\infty}^{\infty}\int_{-\infty}^{\infty}\int_{-\infty}^{\infty}|\psi(x,y,z)|^2 dxdydz = 1 \tag{4-26}$$

が要求されたとする．微小体積要素 $d\tau_c = dxdydz$ は，極座標系では

$$dxdydz = r^2\sin\theta drd\theta d\phi = d\tau_p \tag{4-27}$$

と変更を受ける．その幾何学的意味は，図 4.2 から直接知られる．したがって，規格化は

$$\int_0^{2\pi}\int_0^{\pi}\int_0^{\infty}|\psi(r,\theta,\phi)|^2 r^2\sin\theta drd\theta d\phi = 1 \tag{4-28}$$

と書き直される．

問題 4.8　図 4.2 を使って，$d\tau_p = r^2\sin\theta drd\theta d\phi$ を確めよ．ここで現れた $r^2\sin\theta$ は，(x,y,z) から (r,θ,ϕ) へ移るときの変数変換のヤコビ（Jacobi）の

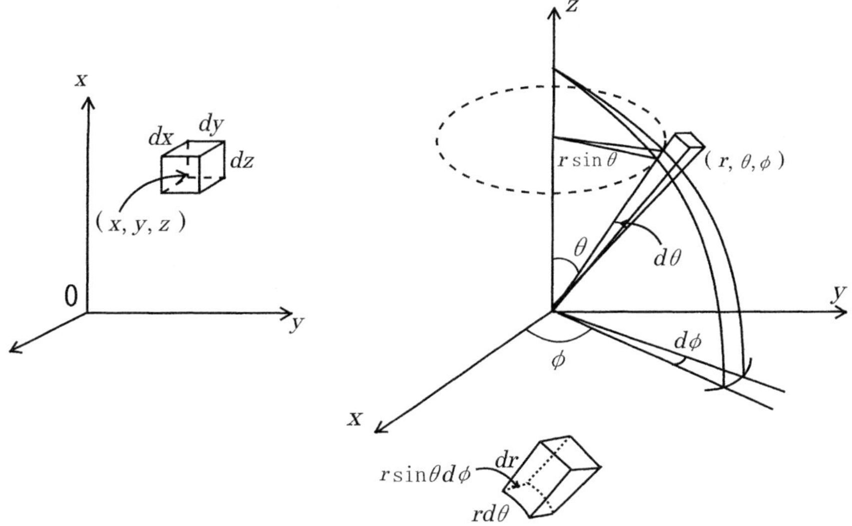

図 **4.2** 極座標系における微小体積の変化

行列式（ヤコビアン）である（解析学で学ぶ）．

問題 4.9 $d\tau_p$ を使って，全立体角が 4π であることを示せ．

4.2.3 ◆付録：直交座標系の変換についての公式

この項は飛ばしてもよい．古い直交座標系 $\{x, y, z\}$ から新しい直交座標系 $\{q_1, q_2, q_3\}$ へ移るときの，線要素，体積要素，およびラプラシアンの変換の公式を，便利なので挙げておく．古い座標は新しい座標の関数として次のように表されていると仮定する：$x = x(q_1, q_2, q_3)$，$y = y(q_1, q_2, q_3)$，$z = z(q_1, q_2, q_3)$．次に x の微小変位を新しい座標系のそれで表現する（y, z も同様）

$$dx = \frac{\partial x}{\partial q_1} dq_1 + \frac{\partial x}{\partial q_2} dq_2 + \frac{\partial x}{\partial q_3} dq_3. \tag{4-29}$$

また，次の量を定義する

$$Q_i^2 = \left(\frac{\partial x}{\partial q_i}\right)^2 + \left(\frac{\partial y}{\partial q_i}\right)^2 + \left(\frac{\partial z}{\partial q_i}\right)^2. \tag{4-30}$$

(1) 線要素

1座標線上の2点間の距離を線要素といい（新しい座標系で）

$$ds_i = Q_i dq_i \tag{4-31}$$

（変化が q_i だけに限られているとき）

(2) 体積要素

$$dV = ds_1 ds_2 ds_3 = Q_1 Q_2 Q_3 dq_1 dq_2 dq_3 \tag{4-32}$$

(3) ラプラシアン（Laplacian）

$$\begin{aligned}\nabla^2 f &= \left(\frac{\partial^2}{\partial x^2} + \frac{\partial^2}{\partial y^2} + \frac{\partial^2}{\partial z^2}\right) f \\ &= \frac{1}{Q_1 Q_2 Q_3}\left\{\frac{\partial}{\partial q_1}\left[\frac{Q_2 Q_3}{Q_1}\frac{\partial f}{\partial q_1}\right] + \frac{\partial}{\partial q_2}\left[\frac{Q_3 Q_1}{Q_2}\frac{\partial f}{\partial q_2}\right] + \frac{\partial}{\partial q_3}\left[\frac{Q_1 Q_2}{Q_3}\frac{\partial f}{\partial q_3}\right]\right\}\end{aligned} \tag{4-33}$$

問題 4.10 ♪ 式（4-20）の座標系について，式（4-30）から

$$Q_r = 1, \qquad Q_\theta = r, \qquad Q_\phi = r\sin\theta \tag{4-34}$$

を確かめよ．さらに

$$d\tau_p = r^2 \sin\theta dr d\theta d\phi \tag{4-35}$$

$$\nabla^2 = \frac{1}{r^2}\frac{\partial}{\partial r}\left(r^2\frac{\partial}{\partial r}\right) + \frac{1}{r^2}\left\{\frac{1}{\sin\theta}\frac{\partial}{\partial\theta}\left(\sin\theta\frac{\partial}{\partial\theta}\right) + \frac{1}{\sin^2\theta}\frac{\partial^2}{\partial\phi^2}\right\} \tag{4-36}$$

となることを確かめよ．

4.2.4 分割されたシュレディンガー方程式：変数分離

式（4-25）の解を見つけよう．この式の両辺に r^2 を掛けると，r だけを含む項と，θ, ϕ だけを含む項に分かれる．さらに θ と ϕ だけを含む項だけを取り出して，$\sin^2\theta$ を掛けると，θ と ϕ の項に分離される（実際に確かめよ）．したがって，シュレディンガー方程式の解のなかには，変数分離形のものが含まれているはずである．それを

$$\psi(r,\theta,\phi) = R(r)\,\Theta(\theta)\,\Phi(\phi) \tag{4-37}$$

と書こう．これを代入して式（4-25）を3つの相互に関連した方程式に分解できる．

(1) r について：

$$\left[-\frac{\hbar^2}{2m}\frac{1}{r^2}\frac{d}{dr}\left(r^2\frac{d}{dr}\right)+\frac{\hbar^2}{2m}\frac{l(l+1)}{r^2}-\frac{Ze^2}{r}\right]R(r)=ER(r). \qquad (4\text{-}38)$$

(2) θ について：(θ, ϕ だけの項を分離したら，$\sin^2\theta$ をかけて，θ と ϕ の項に分離する)

$$\left[-\frac{1}{\sin\theta}\frac{d}{d\theta}\left(\sin\theta\frac{d}{d\theta}\right)+\frac{m_l^2}{\sin^2\theta}\right]\Theta(\theta)=l(l+1)\Theta(\theta). \qquad (4\text{-}39)$$

(3) ϕ について：

$$\frac{d^2}{d\phi^2}\Phi(\phi)=-m_l^2\Phi(\phi). \qquad (4\text{-}40)$$

ここで数 $l(l+1)$ と m_l^2 はシュレディンガー方程式を変数分離する際に導入した定数である．わざわざ定数をこのような形にしたのには，後で述べる理由がある．

変数分離法で直接，式 (4-38)～(4-40) を導く代わりに，次のようにしてみよう．式 (4-40) の m_l^2 を (4-39) に代入して消去する．ついで，式 (4-39) の $l(l+1)$ を (4-38) に代入して，これも消去する．すると，確かに元のシュレディンガー方程式 (4-25) に戻る．

4.2.5 量子数と境界条件

井戸型ポテンシャルのシュレディンガー方程式を解いたときにみたように，式 (4-38)～(4-40) を解く際にも，水素原子の解を求めるための境界条件が必要である．3 個の分離された方程式はそれぞれ 2 階の微分方程式なので，それぞれにつき，2 個の境界条件が必要である．それによって，各座標 (r, θ, ϕ) 上に固有状態が求められ，それらは，それぞれの量子数で番号付けされる．たとえば，座標 r に対しては，電子が原子核から無限に離れていってしまわずに原子に束縛されているという条件と，原子核の位置でのクーロンポテンシャルからくる特異性を消さなければならないという条件から，量子数 n が自然数でなければならない ($n=1,2,3,\cdots$) と要求される．角変数 θ と ϕ については，定義域の端で，波動関数が滑らかに繋がっていなければならないという条件から，$l=0,1,2,\cdots,n$，また $m_l=-l,-l+1,\cdots,-1,0,1,\cdots,l-1,l$ だけが許される．

問題 4.11 式 (4-40) と同じ形の微分方程式が，すでに第 2 章と第 3 章にでてきている．それが何であったか指摘し，比較せよ．

問題 4.12 式（4-40）の一般解は

$$\Phi_{m_l}(\phi) = A\exp(im_l\phi) + B\exp(-im_l\phi) \tag{4-41}$$

で表される（A, B は定数）．これが実際，式（4-40）の解であることを確かめよ．

問題 4.13 条件 $\begin{cases} \Phi_{m_l}(0) = \Phi_{m_l}(2\pi) \\ \Phi'_{m_l}(0) = \Phi'_{m_l}(2\pi) \quad \left[\Phi'_{m_l}(\phi) = \frac{d}{d\phi}\Phi_{m_l}(\phi)\right] \end{cases}$ から m_l が整数でなければならないことを証明せよ．この2つの条件の幾何学的意味は何か．

問題 4.14 式（4-40）の固有関数は，m_l を整数として，

$$\Phi_{m_l}(\phi) = \frac{1}{\sqrt{2\pi}}\exp(im_l\phi) \tag{4-42}$$

であることを示せ．ただし，この解は規格化されている．

量子数には名前がついており，以下のように呼ばれる：

$$\begin{aligned} n &= 1, 2, 3, 4, \cdots && \text{（主量子数）} \\ l &= 0, 1, 2, \cdots, n-1 && \text{（方位量子数）} \\ m_l &= -l, -(l-1), \cdots, 0, \cdots, (l-1), l && \text{（磁気量子数）} \end{aligned} \tag{4-43}$$

3次元の全波動関数は，これらの量子数と関数を使って次の形で表される：

$$\psi_{nlm_l}(r, \theta, \phi) = R_{nl}(r)\,\Theta_{lm_l}(\theta)\,\Phi_{m_l}(\phi). \tag{4-44}$$

R_{nl}, Θ_{lm_l}, Φ_{m_l} の具体的な関数形は 4.2.9 項に与えてある．より詳しく知りたい人はそちらを先に見てもよい．しかし，次の節では原子軌道関数の空間的広がりの幾何学的なイメージを先に把握することにしたい．これがこの章の主目的である．

固有関数　シュレディンガー方程式の解はすでに求められているので，主量子数が3までの固有関数を表 4.1 に示す．

原子軌道の名前づけ 先に進む前に，これらの関数には分光学の歴史的経緯による名前がついているので，それを紹介する．方位量子数 $l = 0, 1, 2, 3, 4, 5, \cdots$ に対して，それらの関数を，$s, p, d, f, g, h, \cdots$ と呼ぶ．これを主量子数と組み合わせて，たとえば，$(n = 2, l = 0)$ の固有関数は $2s$ 関数，$(n = 3, l = 2)$ の固有関数は $3d$ 関数と呼ばれる．

エネルギー固有値 シュレディンガー方程式（4-19）および（4-25）の解としての固有エネルギーは

$$E_n = -\frac{Z^2}{n^2}\frac{me^4}{2\hbar^2} \tag{4-45}$$

と求まっている．これは，まさに，ボーア模型の解（4-10）と同じである．エネルギーは，主量子数にだけ依存する．これは，水素原子に内在する対称性のためであって，水素原子に特有のことである．このようにして，シュレディンガーは，直感的な条件を古典力学に持ち込むことによってではなく，古典力学そのものを乗り越える理論体系を構築することで，水素原子に許される状態を「自然な形」で導くことに成功した．

問題 4.15 $1s$ 状態の固有関数を $\psi_{100} = N\exp(-Ar)$ の形に仮定して，式（4-38）に代入し，エネルギー固有値 E_1 と A を求めよ．

4.2.6 複素数と実数の波動関数

表 4.1 で見たように，波動関数は複素数の形をしている．これらの関数は次のような一般形

$$\psi_{nlm_l}(r,\theta,\phi) = N_{nl}N_{lm_l}\rho^l e^{-\frac{\rho}{2}}L_{n+l}^{2l+1}(\rho)\,P_l^m(\cos\theta)\,e^{im_l\phi} \tag{4-46}$$

をしている（詳しくは 4.2.9 項以下を見よ）．ここで，$\rho = \alpha r$ で定義される．ただし $\alpha = \frac{2}{\hbar}(-2mE)^{\frac{1}{2}}$ とする．関数 $L_{n+l}^{2l+1}(\rho)$ と $P_l^m(\cos\theta)$ は，それぞれラゲールの陪多項式，ルジャンドルの陪多項式と呼ばれるもので，実関数である．したがって，$\psi_{nlm_l}(r,\theta,\phi)$ が複素数値関数となる由来は，指数関数 $e^{im_l\phi}$ だけにある．そこで，$e^{im_l\phi} = \cos m_l\phi + i\sin m_l\phi$ に留意し，ψ_{nlm} と ψ_{nl-m} を使えば，これらの関数は次のようにして簡単に実数化できる．

(a) $m = 0$：ψ_{nl0} はもともと実関数．

(b) $m \neq 0$：

表 **4.1** 水素様原子の主量子数 3 までの固有関数

n	l	m_l	固有関数
1	0	0	$\psi_{100}=\frac{1}{\sqrt{\pi}}\left(\frac{Z}{a_0}\right)^{3/2}e^{-Zr/a_0}$
2	0	0	$\psi_{200}=\frac{1}{4\sqrt{2\pi}}\left(\frac{Z}{a_0}\right)^{3/2}\left(2-\frac{Zr}{a_0}\right)e^{-Zr/2a_0}$
2	1	0	$\psi_{210}=\frac{1}{4\sqrt{2\pi}}\left(\frac{Z}{a_0}\right)^{3/2}\frac{Zr}{a_0}e^{-Zr/2a_0}\cos\theta$
2	1	±1	$\psi_{21\pm1}=\frac{1}{8\sqrt{\pi}}\left(\frac{Z}{a_0}\right)^{3/2}\frac{Zr}{a_0}e^{-Zr/2a_0}\sin\theta e^{\pm i\phi}$
3	0	0	$\psi_{300}=\frac{1}{81\sqrt{3\pi}}\left(\frac{Z}{a_0}\right)^{3/2}\left(27-18\frac{Zr}{a_0}+2\left(\frac{Zr}{a_0}\right)^2\right)e^{-Zr/3a_0}$
3	1	0	$\psi_{310}=\frac{\sqrt{2}}{81\sqrt{\pi}}\left(\frac{Z}{a_0}\right)^{3/2}\left(6-\frac{Zr}{a_0}\right)\frac{Zr}{a_0}e^{-Zr/3a_0}\cos\theta$
3	1	±1	$\psi_{31\pm1}=\frac{1}{81\sqrt{\pi}}\left(\frac{Z}{a_0}\right)^{3/2}\left(6-\frac{Zr}{a_0}\right)\frac{Zr}{a_0}e^{-Zr/3a_0}\sin\theta e^{\pm i\phi}$
3	2	0	$\psi_{320}=\frac{1}{81\sqrt{6\pi}}\left(\frac{Z}{a_0}\right)^{3/2}\left(\frac{Zr}{a_0}\right)^2e^{-Zr/3a_0}\left(3\cos^2\theta-1\right)$
3	2	±1	$\psi_{32\pm1}=\frac{1}{81\sqrt{\pi}}\left(\frac{Z}{a_0}\right)^{3/2}\left(\frac{Zr}{a_0}\right)^2e^{-Zr/3a_0}\sin\theta\cos\theta e^{\pm i\phi}$
3	2	±2	$\psi_{32\pm2}=\frac{1}{162\sqrt{\pi}}\left(\frac{Z}{a_0}\right)^{3/2}\left(\frac{Zr}{a_0}\right)^2e^{-Zr/3a_0}\sin^2\theta e^{\pm2i\phi}$

$$\psi^+_{nlm}=\frac{1}{\sqrt{2}}\left(\psi_{nlm}+\psi_{nl-m}\right), \tag{4-47}$$

$$\psi^-_{nlm}=\frac{1}{\sqrt{2}i}\left(\psi_{nlm}-\psi_{nl-m}\right) \tag{4-48}$$

とする．容易にわかるように

$$\psi^+_{nlm}=\sqrt{2}N_{lm}R_{nl}(r)P_l^m(\cos\theta)\cos(m\phi), \tag{4-49}$$

$$\psi^-_{nlm}=\sqrt{2}N_{lm}R_{nl}(r)P_l^m(\cos\theta)\sin(m\phi). \tag{4-50}$$

方向性軌道 こうして実数化された関数は，元のデカルト座標系で見ると，特定の方向に「向き」を持っている．たとえば，$2p$ 関数を見てみよう．

(1) $l=1, m=0$ の場合：もともと実数であり，

$$\psi_{210}\propto\frac{R_{21}}{r}r\cos\theta=\frac{R_{21}}{r}z. \tag{4-51}$$

(2) $l=1, m=\pm1$ の場合：式 (4-47) および (4-48) に従って，

$$\psi^+_{21}\propto\frac{R_{21}}{r}r\sin\theta\cos\phi=\frac{R_{21}}{r}x, \tag{4-52}$$

$$\psi^-_{21}\propto\frac{R_{21}}{r}r\sin\theta\sin\phi=\frac{R_{21}}{r}y \tag{4-53}$$

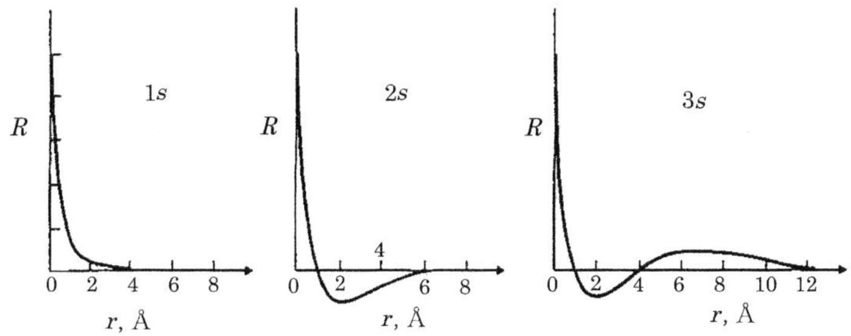

図 **4.3** $1s, 2s, 3s$ 関数の動径方向（r 座標）の関数形

となる．ここで，座標変換（4-20）を使った．

これらの関数は，r だけの関数に（つまり球対称性を持つ関数）に z, x, y を掛けたものであるから，それぞれが，z, x, y に向いた関数形を持つことは明らかである．4.2.7 項に掲げる固有関数の図は，このような実数化されて方向性を持つにことになった固有関数を描いたものである．化学結合を幾何学的に理解するためには，このように可視化しやすい関数を使うのが便利である．

問題 4.16 $l = 2$ を使って，$d_{z^2}\,(m = 0)$, d_{yz}, $d_{xz}\,(m = \pm 1)$, d_{xy}, $d_{x^2-y^2}\,(m = \pm 2)$ を作れ．

問題 4.17 このようにして再構成された ψ^+_{nlm} と ψ^-_{nlm} も，やはり，シュレディンガー方程式の固有関数であることを確認せよ（つまり，$H\psi_{nlm} = E_n\psi_{nlm}$ および $H\psi_{nl-m} = E_n\psi_{nl-m}$ ならば，$H\psi^+_{nlm} = E_n\psi^+_{nlm}$ および $H\psi^-_{nlm} = E_n\psi^-_{nlm}$ が成り立っていることを示せ）．

4.2.7 原子軌道関数の空間的広がりとそのイメージ

この項では，水素原子の固有関数の図形的な把握を行う．水素原子内の3次元空間の定在波の幾何学的イメージを目に焼き付けて欲しい．

$1s, 2s, 3s$ 関数（図 4.3，4.4） まず球対称の s 関数を図示する．表 4.1 の $\psi_{100}(r)$, $\psi_{200}(r)$, $\psi_{300}(r)$ が図 4.3 に描かれている．r 座標に節が順次増えていくのがわかる．これらの関数の 2 乗を 3 次元的に可視化したものが図 4.4 である．乱数を使って，$\psi_{n00}(r)^2$ $(n = 1, 2, 3)$ が大きな値をとるところに点の密度が高くなるように描いてある．

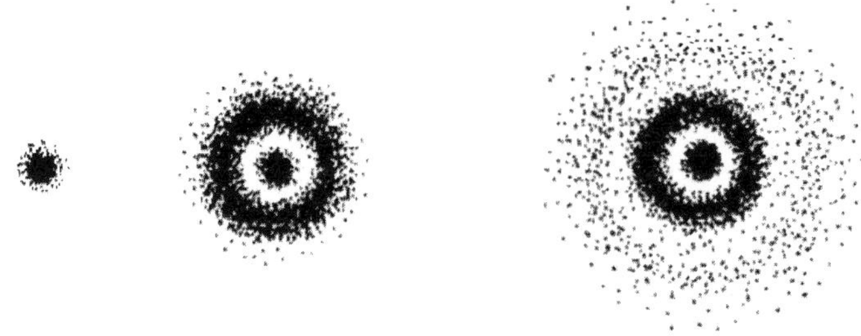

図 **4.4** $1s, 2s, 3s$ 関数の 2 乗の 3 次元空間分布

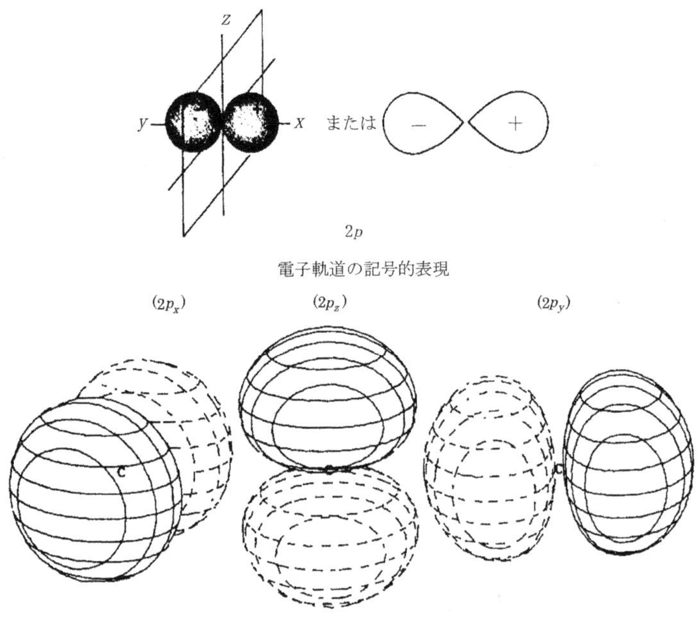

図 **4.5** $2p_x, 2p_y, 2p_z$ 関数の等高面表示：実線は正の値，破線は負の値を表す.

2p, 3p 関数（図 4.5，4.6） 実数化された 3 個の $2p$ 関数を図 4.5 に示す．それぞれの関数で絶対値が同じ値をとる点を結ぶと 3 次元内の曲面ができる．そのうち，正のものを実線で，負の値を破線で描いた．

節面の構造を明らかにするために，$2p_z$ 関数と $3p_z$ 関数を z 軸を含む面で切った断面における値を描いたものが図 4.6 である．$2p_z$ では，xy 平面が節面

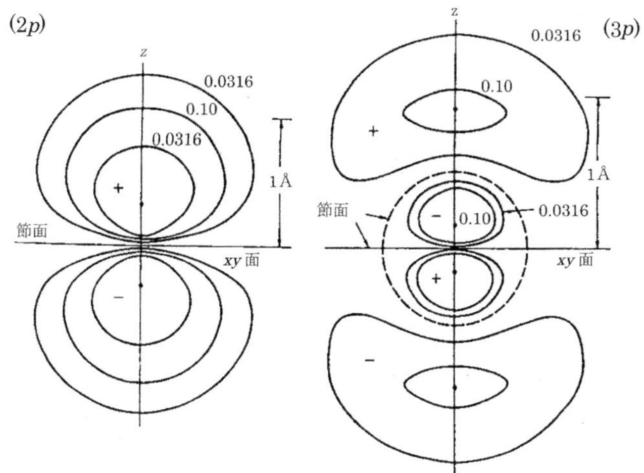

図 **4.6**　$2p_z$ 関数と $3p_z$ 関数を z 軸を含む面で切った断面における値
(Ogryzlo et al., *J. Chem. Educ.*, Vol.40, 256, 1963.)

であり，$3p_z$ 関数ではそれに加えて，1 つの球面が節面になっている．

問題 4.18　$3p_z$ 関数の節面を作っている球面の半径は何か．表 4.1 から求めよ．

3*d* 関数（図 4.7，4.8）　$3d$ 関数には 5 個の独立の関数があり，実数化されたものについて 3 次元内の等高面を描くと，図 4.7 のようになる．図 4.8 は節がどのようになっているか図示したものである．

4.2.8　◆節面と空間の分割

幾何学的直感の鋭い読者は，水素原子の固有関数の節面が，3 次元空間を分割する面になっていることに気がついているであろう．3 次元空間を分割するには無限に広がった面か閉じた曲面があればよい．

まず $1s$ 関数から始めると，これには節面がなく空間は分割されないで繋がっている．つまり，その中で，波動関数は正（または 0）の値をとって連続的に変化する．次に $2s$ 関数では，球面 1 個で空間がその内側と外側に分けられており，それぞれで異符号の値をとっている．$3s$ 関数では球面 2 個を使って空間が 3 つに分割されている（図 4.3，4.4 を参照）．

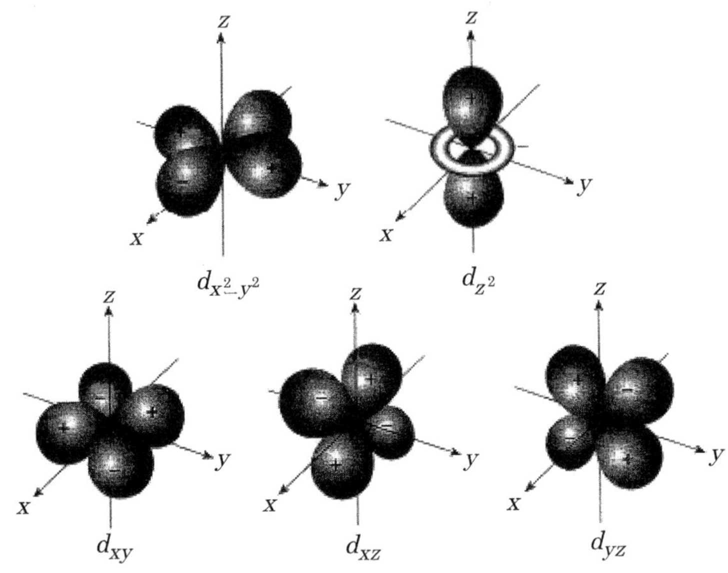

図 **4.7**　5つの独立な $3d$ 関数．$d_{x^2-y^2}$, d_{z^2}, d_{xy}, d_{xz}, d_{yz}

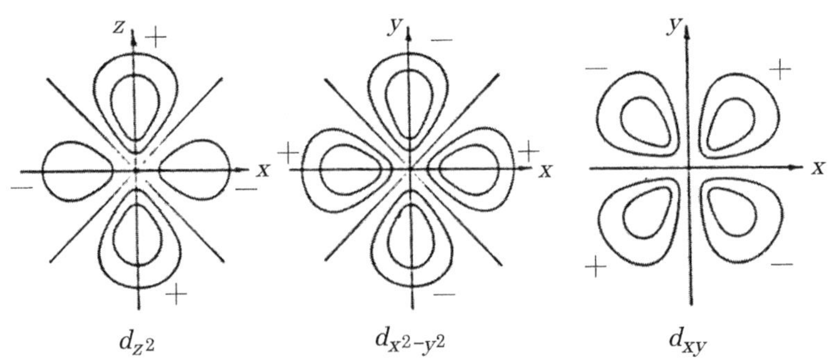

図 **4.8**　$3d$ 関数の節

$2p$ 関数では，無限に広がった平面1個が節面となって，空間を2分割している．たとえば $2p_z$ 関数では，xy 面がそれにあたる．幾何学的に同等な分割のしかたが3個存在するのは明らかである．このようにして，$2p_x$, $2p_y$, $2p_z$ 関数ができている．$3p$ 関数は，上で述べたとおり，平面と球面の組み合わせで，空間が4分割される（図 4.5，4.6）．

$3d$ 関数における分割も面白い．5 つの独立な $3d$ 関数のうち，$d_{x^2-y^2}$，d_{z^2}，d_{xz}，d_{xy}，d_{yz} では互いに直交する 2 枚の平面で，空間が 4 個に分割されている．d_{z^2} における分割は少し説明がいる．図 4.7 と 4.8 を見て欲しい．まず，アイスクリームを入れるシュガーコーン（底のない円錐）を 2 個用意し，それらの頂点を合わせ，稜線が直線で繋がるように配置する（xz 平面で直線 $z = x$ と $z = -x$ を引いた後，それらを z 軸の周りで回転させる）．こうして，空間が 3 個に分割された．

このようにして，より高い量子数をもつ関数の節構造を，シュレディンガー方程式を解かなくても想像することができる（ただし，問題 4.22 に述べる理由によって，$l \neq 0$ の場合，節面の 1 つは必ず原点 $r = 0$ を通らなければならない）．

問題 4.19　d_{z^2} 関数の節面が，$z = \frac{x}{\sqrt{2}}$ と $z = -\frac{x}{\sqrt{2}}$ を含むコーンであることを ψ_{320} の関数形を見て確かめよ．

4.2.9　◆関数 $R_{nl}(r)$ について

この項と次の項では，動径部分 (r) と角動部分 (θ, ϕ) の関数形を少し詳しく見ることにする．ここには，ラゲール（Laguerre）の多項式など多くの特別な関数（特殊関数）がでてくる．こんなものを覚えようと必死になる必要はない．しかし，ルジャンドル（Legendre）多項式は，科学，工学などのさまざまな分野で，ちょくちょく顔をのぞかせることがあるから，この機会に勉強しておくとよい．

$R_{nl}(r)$ のための方程式（4–38）を見返してみよう．この式で特徴的なことは，$\frac{\hbar^2}{2m}\frac{l(l+1)}{r^2}$ が加わっていることである．これは電子が原子核の周りを回転するのに伴って生ずる遠心力からくる項を表している．本来運動エネルギーの部分から出てきたものだが，クーロンエネルギー $-\frac{Ze^2}{r}$ と足し合わせて，r 座標上で働いているポテンシャルエネルギーのようにみなすことができる．図 4.9 は $\frac{\hbar^2}{2m}\frac{l(l+1)}{r^2} - \frac{Ze^2}{r}$ を描いたものである（ただし，図では $z = 1$ としてある）．方位量子数 l が大きくなるにつれて，遠心力が大きくなって，電子は原子核の近くには接近できなくなることが良くわかる（実際，後述するように，$l\,(l+1)\,\hbar^2$ は量子力学的角運動量の 2 乗に相当する）．

具体的には $R_{nl}(r)$ は次の形で与えられる．まず

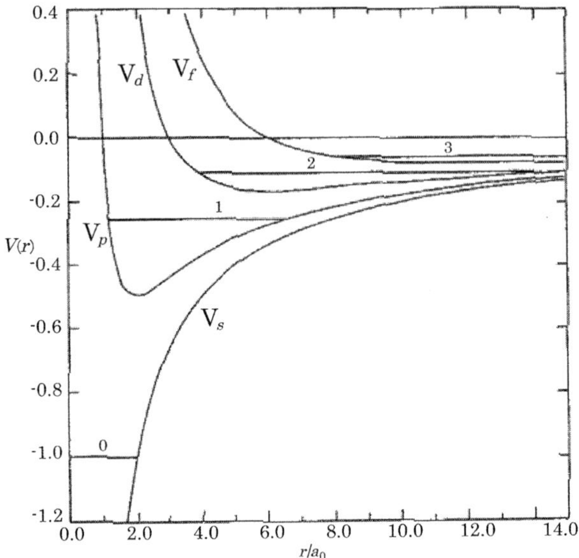

図 **4.9**　関数 $V(r)\frac{\hbar^2}{2m}\frac{l(l+1)}{r^2}-\frac{e^2}{r}$ の r に関するグラフ：$l=0,1,2,3$ の場合が描かれている．それぞれの曲線上の直線は，水素原子の $n=1,2,3,4$ のエネルギー固有値の位置を示している．

$$\alpha=\frac{2}{\hbar}(-2mE)^{\frac{1}{2}} \tag{4-54}$$

として

$$\rho=\alpha r \tag{4-55}$$

と変数変換する．ρ を使って

$$R_{nl}(r)=N_{nl}\rho^l e^{-\rho/2}L_{n+l}^{2l+1}(\rho) \tag{4-56}$$

である．ここで L_{n+l}^{2l+1} はラゲールの陪多項式で

$$L_i^j(\rho)=\frac{d^j}{d\rho^j}\left\{e^\rho\frac{d^i}{d\rho^i}\left(\rho^i e^{-\rho}\right)\right\} \tag{4-57}$$

で定義される．また，N_{nl} は規格化因子で

$$\int_0^\infty R_{nr}(r)^2 r^2 dr=1 \tag{4-58}$$

が要求されることから

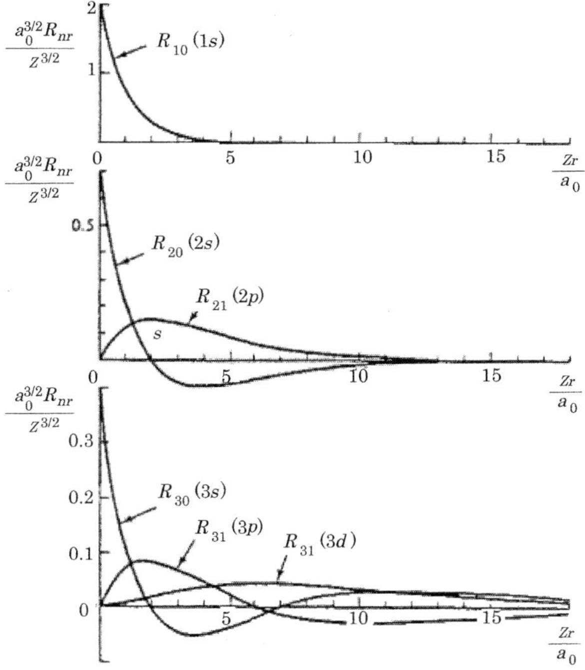

図 **4.10**　$R_{nl}(r)$ のグラフ（Leighton, *Principles of Modern Physics*, McGraw Hill, 1959.）

$$N_{nl} = \left\{ \frac{\alpha^3 (n-l-1)!}{2n\left[(n+l)!\right]^3} \right\}^{\frac{1}{2}} \tag{4-59}$$

となる．

以下に，L_{n+l}^{2l+1} のいくつかを書いておく．

$$n=1:\ L_1^1 = -1\ \ (l=0)$$

$$n=2:\ L_2^1 = 2\rho - 4\ (l=0);\ L_3^3 = -6\ \ (l=1)$$

$$n=3:\ L_3^1 = -18 + 18\rho - 3\rho^2\ \ (l=0);\ L_4^3 = -6\ \ (l=1);\ L_5^5 = -1\ \ (l=2)$$

図 4.10 に $n=3$ までの $R_{nr}(r)$ を掲げた．

電子密度の動径分布

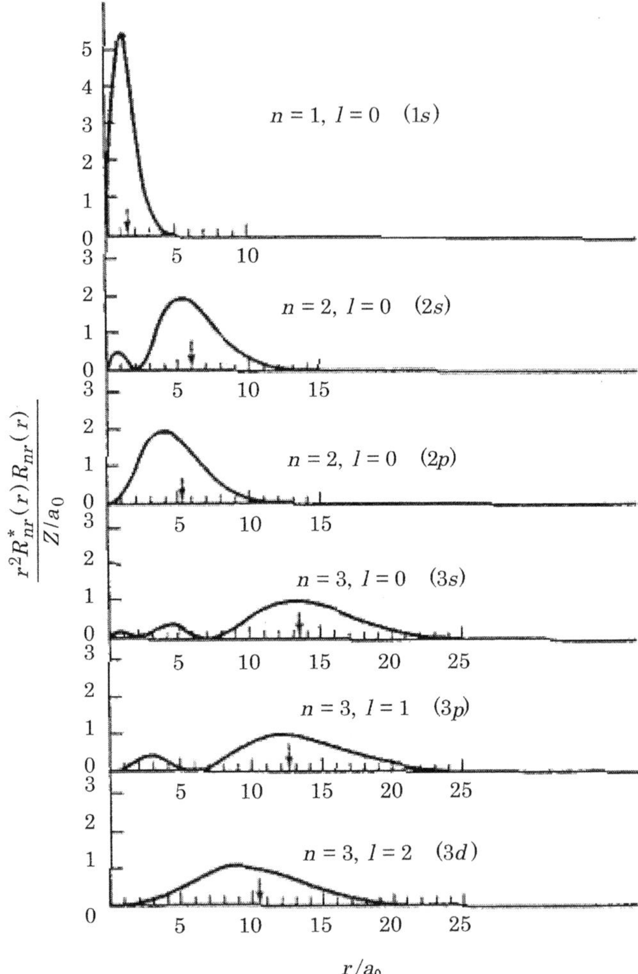

図 **4.11**　r の関数としての $|R_{nl}(r)|^2 r^2$（Eisberg, *Fundamentals of Modern Physics*, John Wiley & Sons Inc, 1961.）

$$\int_0^{\pi} \sin\theta d\theta \int_0^{2\pi} d\phi \psi^*_{nlm_l}(r,\theta,\phi)\,\psi_{nlm_l}(r,\theta,\phi)\,r^2 dr = |R_{nl}(r)|^2 r^2 dr \tag{4-60}$$

図 4.11 は $|R_{nl}(r)|^2 r^2$ をプロットしたグラフであるが，これは電子が半径 r

と $r+dr$ の区間に見いだされる確率を表す．図中の矢印は，各状態における r 座標上での存在確率の平均値を表わしている．たとえば $n=3$ で比べてみると，l が大きくなるほど矢印は内側に（小さい r の方向に）シフトしている．こうして，l が大きくなることによって大きくなった運動エネルギーを，位置エネルギーが小さくなることでそれを補っている形になっている．

問題 4.20　式（4-60）で r^2 が掛かっているが，その幾何学的な意味を述べよ．

問題 4.21　上の図で $1s$ 関数の電子密度が最大値を与える r は何か？　ボーアの理論と比べよ．

問題 4.22　♪ すべての関数 $R_{nl}(r)$ には指数関数が含まれているために，$r \to \infty$ で 0 に近づく．次に，表 4.1 を見直して欲しい．$r \to 0$ の極限で $R_{nl}(r)$ は r^l のように振る舞っているのに気づくであろう．なぜそうなのか，式（4-38）に戻って解析せよ．この解析の途中で，式（4-38）の中の $l(l+1)$ という奇妙な関数形が実は不思議ではないことがわかるだろう．

4.2.10　◆関数 $\Theta_{lm_l}(\theta)$ と $\Phi_{m_l}(\phi)$ について

ここで出てくる関数は，球対称性や量子力学的角運動量に直接関係するものである．積

$$Y_{lm_l}(\theta,\phi) = \Theta_{lm_l}(\theta)\,\Phi_{m_l}(\phi) \tag{4-61}$$

を球面調和関数（Spherical harmonics）と呼ぶ．$Y_{lm_l}(\theta,\phi)$ は，式（4-39）と（4-40）から m_l を消去した式

$$\left[-\frac{1}{\sin\theta}\frac{\partial}{\partial\theta}\left(\sin\theta\frac{\partial}{\partial\theta}\right) - \frac{1}{\sin^2\theta}\frac{\partial^2}{\partial\phi^2}\right] Y_{lm_l}(\theta,\phi) = l\,(l+1)\,Y_{lm_l}(\theta,\phi) \tag{4-62}$$

の固有関数であって，固有値は $l\,(l+1)$ である．一方，$\Theta_{lm_l}(\theta)$ の正体は

$$\Theta_{lm_l}(\theta) = N_{lm_l} P_l^{m_l}(\cos\theta) \tag{4-63}$$

である．$P_l^m(x)$ はルジャンドルの陪多項式で

$$P_l^m(x) = \left(1-x^2\right)^{\frac{|m|}{2}} \frac{d^{|m|}}{dx^{|m|}} \left\{\frac{1}{2^l l!}\frac{d^l}{dx^l}\left(x^2-1\right)^l\right\} \tag{4-64}$$

であり，N_{lm_l} は規格化因子で，

$$\int_0^\pi \Theta_{lm_l}(\theta)^2 \sin\theta d\theta = 1 \tag{4-65}$$

を満たすべく

$$N_{lm_l} = (-1)^{(m_l+|m_l|)2}\left[\frac{2l+1}{2}\frac{(l-|m_l|)!}{(l+|m_l|)!}\right]^{\frac{1}{2}} \tag{4-66}$$

となる．

以下に，$P_l^m(\cos\theta)$ のいくつかを書いておく：

$$P_0^0(x) = 1$$

$$P_1^0 = \cos\theta, \quad P_1^1 = \sin\theta$$

$$P_2^0 = \frac{1}{2}\left(3\cos^2\theta - 1\right), \quad P_2^1 = 3\sin\theta\cos\theta, \quad P_2^2 = 3\sin^2\theta \tag{4-67}$$

$$P_3^0 = \frac{1}{2}\left(5\cos^3\theta - 3\cos\theta\right), \quad P_3^1 = \frac{3}{2}\sin\theta\left(\cos^2\theta - 1\right),$$

$$P_3^2 = 15\sin^2\theta\cos\theta, \quad P_3^3 = \sin^3\theta$$

$\Phi_m(\phi)$ については，問題 4.12，4.13，4.14 ですでに考えた．結果は

$$\Phi_{m_l}(\phi) = \frac{1}{\sqrt{2\pi}}e^{im_l\phi} \tag{4-68}$$

および

$$\int_0^{2\pi} \Phi_{m_l}^*(\phi)\,\Phi_{m_l}(\phi)\,d\phi = 1. \tag{4-69}$$

だった．

波動関数の規格直交性　以上をまとめると，波動関数 $\psi_{nlm_l}(r,\theta,\phi) = R_{nl}(r)$ $Y_{lm_l}(\theta,\phi)$ は次の規格直交性

$$\int_0^{2\pi}\int_0^{\pi}\int_0^{\infty} \psi_{nlm}^*(r,\theta,\phi)\,\psi_{n'l'm'}(r,\theta,\phi)\,r^2 dr \sin\theta d\theta d\phi = \delta_{nn'}\delta_{ll'}\delta_{mm'} \tag{4-70}$$

を満たすことがわかる．ただし，δ_{ij} はクロネッカー（Kronecker）のデルタ関数で，$i=j$ ならば 1，そうでなければ 0 をとる関数である．式（4-70）からわかるように，1 つでも量子数が違うと，それらの波動関数は異なる状態を表していて，直交する．

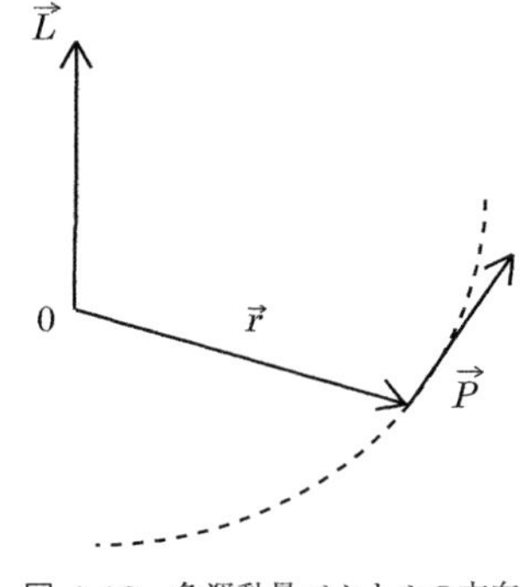

図 **4.12**　角運動量ベクトルの方向

4.3　角運動量，スピン，磁気モーメント

4.3.1　◆電子の公転運動

古典力学の角運動量は

$$\vec{L} = \vec{r} \times \vec{p} \tag{4-71}$$

（× は外積を表す）である（図 4.12 参照）．量子力学的角通動量演算子 $\hat{L}$ は，式（4-71）の $\vec{p}$ を式（4-17）で置き換えればよい．つまり

$$\hat{L} = \vec{r} \times \frac{\hbar}{i}\vec{\nabla} \tag{4-72}$$

とする．その各成分は

$$\hat{L}_x = \frac{\hbar}{i}\left(y\frac{\partial}{\partial z} - z\frac{\partial}{\partial y}\right) \tag{4-73}$$

（古典力学では $L_x = yp_z - zp_y$）などと表される．

問題 4.23　$\hat{L}_y$ と $\hat{L}_z$ も同様に書き下せ．

$\hat{L}$ の 2 乗の演算子は，極座標で表すと

$$\hat{L}^2 = \hat{L}_x^2 + \hat{L}_y^2 + \hat{L}_z^2 = -\hbar^2\left[\frac{1}{\sin\theta}\frac{\partial}{\partial\theta}\left(\sin\frac{\partial}{\partial\theta}\right) + \frac{1}{\sin^2\theta}\frac{\partial^2}{\partial\phi^2}\right] \tag{4-74}$$

である．

問題 4.24 ♪ 問題 4.7 と同じ要領で，式 (4-74) を確かめよ．

式 (4-74) の角括弧の中の演算子は，式 (4-23) のラプラシアンの中に現れていたものと同じである．その部分を抜き出した式 (4-62) の演算子は，したがって，$\hat{L}^2$ そのものであったことがわかる．この関係を見やすく書いておくと，式 (4-23) は

$$\nabla^2 = \frac{1}{r^2}\frac{\partial}{\partial r}\left(r^2\frac{\partial}{\partial r}\right) - \frac{1}{r^2\hbar^2}\hat{L}^2 \tag{4-75}$$

であることがわかる．つまり，ラプラシアンは角運動量演算子の2乗を含んでいたのだ．逆にいうと，量子数 l と m_l は，状態が持つ角運動量の大きさを指定していたのである．

問題 4.25 ♪ 古典力学で，運動量エネルギー $\frac{1}{2m}\left(p_x^2+p_y^2+p_z^2\right)$ を極座標で表し，式 (4-75) と比較せよ．

この観点から，水素原子の波動関数の角度部分 $Y_{lm_l}(\theta,\phi)$ を見直すと，式 (4-62) は実は

$$\hat{L}^2 Y_{lm_l}(\theta,\phi) = l(l+1)\hbar^2 Y_{lm_l}(\theta,\phi) \tag{4-76}$$

であったことがわかる．さらに，$\hat{L}_z$ を極座標で書くと

$$\hat{L}_z = \frac{\hbar}{i}\frac{\partial}{\partial\phi} \tag{4-77}$$

となるが，式 (4-68) から明らかなように

$$\hat{L}_z Y_{lm_l}(\theta,\phi) = m_l\hbar Y_{lm_l}(\theta,\phi) \tag{4-78}$$

でもある．つまり，$Y_{lm_l}(\theta,\phi)$ は，角運動量の2乗とそのうちの1つだけの成分（ここでは，z 方向の成分）の固有値を与える固有関数であった[5]．

以上をまとめておくと，

(i) 軌道角運動量[6]の2乗の大きさは

5) しかし，$\hat{L}_x$ と $\hat{L}_y$ の固有関数にはなっていないから注意すること．

6) この直後に出てくるスピン角運動量と区別するために，軌道角運動量 (orbital angular momentum) ということにする．

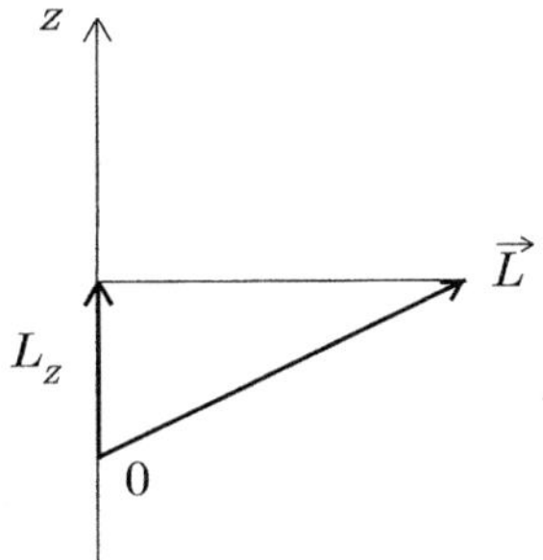

図 **4.13** 角運動量ベクトルと z 軸への射影

$$l\,(l+1)\,\hbar^2, \qquad (l=0,1,2,\cdots) \tag{4-79}$$

(ii) 軌道角運動量の z 軸への射影は

$$m_l\hbar, \qquad (m_l=-l,-(l-1),\cdots,l-1,l) \tag{4-80}$$

(iii) 固有関数は，球面調和関数 $Y_{lm_l}(\theta,\phi)$ である．

4.3.2 ◆電子スピン

電子には，次に述べる非常に重要な性質がある．電子を一様磁場の中を通過させると，その速度に比例して磁場に垂直な方向の力（ローレンツ力）がかかることはよく知られている．しかし，これ以外に，電子の速度とは無関係に，磁場に平行に力が働くことが実験的にわかっている．つまり電子は磁気モーメントをもっている．しかも，磁場方向に力が働く場合と，逆方向に働く場合が，1 対 1 の割合で生ずる．これを説明するために，電子は (x,y,z) で記述される空間変数以外に，スピンと呼ばれる内在的な自由度（この“内部変数”を ω と書くことにする）を持っていて，これが 2 種類の磁気モーメントを生み出していると便宜的[7]に考えられてれいる．スピンには角運動量（スピン角運動量）が伴っており，これを

$$\vec{s}=(s_x,s_y,s_z) \tag{4-81}$$

7) 本来，この性質はディラックによる相対論的量子力学によって記述されるべきものである．

と書くことにする．上に述べたように，電子のスピンが取りうる状態は2つしかないので，これらの状態を表現するのに

$$\alpha(\omega), \quad \beta(\omega) \tag{4-82}$$

と書くことに約束しておく．

そこで，軌道角運動量の式（4-76）および（4-78）のアナロジーから

$$\hat{s}^2\alpha(\omega) = s(s+1)\hbar^2\alpha(\omega) \tag{4-83}$$

$$\hat{s}^2\beta(\omega) = s(s+1)\hbar^2\beta(\omega) \tag{4-84}$$

が成り立ち，また，z 成分についても

$$\hat{s}_z\alpha(\omega) = m_s\hbar\alpha(\omega) \tag{4-85}$$

$$\hat{s}_z\beta(\omega) = -m_s\hbar\beta(\omega) \tag{4-86}$$

となることを要請する．さらに $-m_s+1=m_s$（$m_l=-l,-(l-1),\cdots,l-1,l$ に対応），および，$m_s=s$（m_l の最大値は l に対応）から，

$$m_s = s = \frac{1}{2} \tag{4-87}$$

だけが許されることがわかる．1.5節で述べた，スピン量子数 $\frac{1}{2}$ とはこの意味である[8)]．

以上をまとめると

$$\hat{s}^2\alpha = \frac{1}{2}\left(\frac{1}{2}+1\right)\hbar^2\alpha, \quad \hat{s}^2\beta = \frac{1}{2}\left(\frac{1}{2}+1\right)\hbar^2\beta \tag{4-88}$$

$$\hat{s}_z\alpha = \frac{1}{2}\hbar\alpha, \quad \hat{s}_z\beta = -\frac{1}{2}\hbar\beta \tag{4-89}$$

この α で記述される状態を α-スピン，または，up-spin と呼び，β に対して，β-スピン，または，down-spin と呼ぶ．α と β は互いに異なった量子力学的状態なので，次のように直交規格性を要求する．すなわち

$$\int \alpha^2(\omega)\,d\omega = \int \beta(\omega)^2\,d\omega = 1 \tag{4-90}$$

および

8) 量子数としては $m_s=s=\frac{1}{2}$ であるが，角運動量を議論するときには，$\hbar$ を掛けておくこと．$\hbar$ は角運動量や作用の次元を持つ．

$$\int \alpha(\omega)\beta(\omega)d\omega = 0. \tag{4-91}$$

4.3.3 電子スピンの磁気モーメント

古典電磁気学によると，質量 m，電荷 e を持ち，角運動量 $\vec{L}$ で回転運動する荷電粒子は，

$$\vec{\mu} = \frac{e}{2mc}\vec{L} \tag{4-92}$$

の磁気モーメントを持つ．そして，磁場（$\vec{H}$）とは $\vec{\mu}\cdot\vec{H}$ の大きさの相互作用を持つ．電子スピンも，（電子が空間運動していなくても）磁気モーメントを持つ．その大きさは，

$$\vec{\mu} = g_s\frac{e}{2mc}\vec{s} \tag{4-93}$$

で与えられる．たとえば，z 方向の磁気モーメントは

$$\mu_z = g_s\frac{e}{2mc}\frac{1}{2}\hbar \tag{4-94}$$

である．ランデ（Lande）の g 因子と呼ばれる g_s は，ほぼ 2.0 をとることがわかっている．物質が磁場に反応する仕方やその原因は複数あるが，電子スピン磁気モーメントは最も重要な要素である．

陽子や中性子も $\frac{1}{2}$ のスピンを持ち，

$$\vec{\mu} = g\frac{e}{2Mc}\vec{s} \tag{4-95}$$

の磁気モーメントを持つ．ここで，g は，陽子で $g \simeq 5.59$，中性子で $g \simeq -3.83$ と測定されている．M は，陽子と中性子の質量であるが，このために，陽子と中性子の磁気モーメントは電子スピンのそれに比べて桁違いに小さな値になっている．しかし，分子の中における原子核の相対位置を知るうえで，原子核による磁気モーメントは決定的な役割を果たす．その情報を利用する核磁気共鳴分光法は物質科学にとって不可欠な実験手法となっている．

第**5**章

多電子原子の電子配置

この章では，ヘリウム原子から始まる複数の電子を持つ原子の電子状態を考える．今後，シュレディンガー方程式が解析的に解けるというようなことは，基本的には，もうないといってよい．しかし，逆に，厳密には解けないものの中身を，いかにして理解するか，というアイディアや概念が楽しい世界に入っていく．

5.1 多電子原子のハミルトニアン

炭素原子や酸素原子のように多数個電子を持つ一般の原子を考える．そのシュレディンガー方程式は，N 個の電子を持つ原子に対して

$$\left[\sum_{i}^{N}\left(-\frac{\hbar^2}{2m}\nabla_i^2-\frac{Ze^2}{r_i}\right)+\sum_{i>j}\frac{e^2}{r_{ij}}\right]\Psi\left(\vec{r}_1,\,\vec{r}_2,\cdots\right)=E\Psi\left(\vec{r}_1,\,\vec{r}_2,\,\cdots,\vec{r}_N\right) \tag{5-1}$$

である．ただし，Z は核の電荷，$\vec{r_i}$ は i 番目の電子の座標，r_i は原子核からの距離である．式（5-1）の左辺の大括弧の中の各演算子は，第 1 項が電子の運動エネルギー，第 2 項は電子と原子核のあいだのクーロン引力エネルギー，第 3 項は電子間のクーロン反発エネルギーである．この反発エネルギーの項があるために，シュレディンガー方程式が解析的に解けなくなっている．

問題 5.1　式（5-1）から左辺第 3 項の電子間のクーロン反発エネルギーを取り除いてできるシュレディンガー方程式を書き，その解析解を求めよ．

5.2 平均場の考え方と原子軌道

式（5-1）が厳密に解けないからといって手をこまねいているわけにはいか

ない．多電子原子の本質的な部分を抜き取ってくる作業をしたい．そこで，物質科学の中で広く登場する平均場という概念を紹介しよう．問題の電子反発の項を近似的に変換する．いま，電子 i に注目する．位置 $\vec{r}_i$ にあるこの電子が，他の電子から受けるクーロン場の総和は，Ψ があらかじめわかっていれば

$$V_{eff}(\vec{r}_i) = \sum_{j \neq i} \int d\vec{r}_1 \cdots d\vec{r}_{i-1} d\vec{r}_{i+1} \cdots d\vec{r}_N \frac{e^2}{r_{ij}} \left|\Psi\left(\vec{r}_1, \vec{r}_2, \cdots, \vec{r}_N\right)\right|^2 \quad (5\text{-}2)$$

になっているはずである．これを電子 i に働くポテンシャル関数と考えてみればよい．すると，見かけ上

$$\left[-\frac{\hbar^2}{2m}\nabla_i^2 - \frac{Ze^2}{r_i} + V_{eff}(\vec{r}_i)\right]\phi_i(\vec{r}_i) = \varepsilon_i \phi_i(\vec{r}_i) \quad (5\text{-}3)$$

という1電子問題に分解されたように見える（実際には，Ψ がわかっていないので V_{eff} を作ることができるわけではない）．しかし，何らかのアイディアを導入して，Ψ を推定することはできるだろう．たとえば，せっかく1電子の波動関数がわかりそうなのだから，

$$\Psi\left(\vec{r}_1, \vec{r}_2, \cdots, \vec{r}_N\right) \simeq \phi_1(\vec{r}_1) \cdots \phi_i(\vec{r}_i) \cdots \phi_N(\vec{r}_N) \quad (5\text{-}4)$$

と積で表したらどうだろうか．これは，この方法の創始者にちなんでハートリー（Hartree）積とよばれている．ここで現れた1電子関数を原子軌道関数（atomic orbital）という．また，ε_i を原子軌道エネルギーという．水素原子の場合 $V_{eff}(\vec{r}) = 0$ であり，軌道エネルギーは式（4-45）のエネルギー E_n そのものである．

さて，こうしてできる平均場 $V_{eff}(\vec{r}_i)$ も中心対称性を持つと仮定しよう．すると，V_{eff} と核からの引力を受けている電子は，水素原子の場合と同様に，量子数 $(n,\ l,\ m_l,\ m_s)$ を持って独立運動をしているかのように期待してもよい．このようにして，他の電子が作る平均場の中を，電子が互いに独立であるかのように運動するという描像（近似）を考えることができる．これを，独立粒子模型という．

5.3　軌道のエネルギー準位

水素原子では，エネルギーは主量子数 n だけに依存した（式（4-45））．多電子系では，n の他に方位量子数 l にも依存する．4.3節で述べたように，l は軌道角運動量に直接関係する量である．エネルギーが l にも依存する物理的根

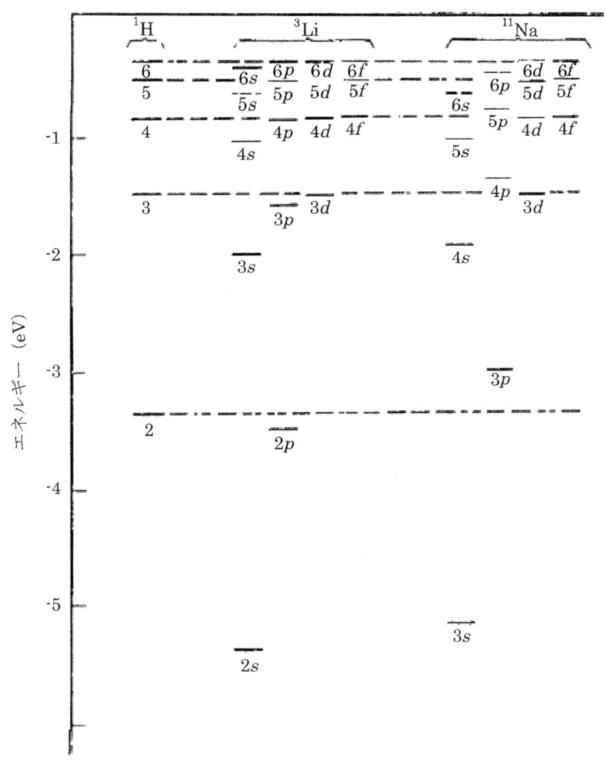

図 **5.1** 水素原子，リチウム原子，ナトリウム原子の原子軌道のエネルギー準位：水素原子の $n=1$ のレベルは省略されている．

拠は次のとおりである．まず，4.2.9 項の「$R_{nl}(r)$ について」の項と図 4.9 を見よ．l が大きいとその電子には $\frac{\hbar^2}{2m}\frac{l(l+1)}{r^2}$ の遠心力ポテンシャルが働き，電子は外側に振られて核の極く近い領域には入ってこれなくなる．実際，図 4.10 の $R_{nl}(r)$ の図形にはそのことが直接反映されている．すると，大きな l を持つ外側の電子は，小さな l をもつ内側の電子によって原子核からのクーロン引力場が結果的に遮蔽される可能性が大きくなって，その分だけエネルギーが高くなると予想される（しかし，外側を運動する電子の運動エネルギーは相対的に低くなってくることが予想されるため，より程度の高い議論をするためには，位置エネルギーだけの議論では本来は不充分である）．

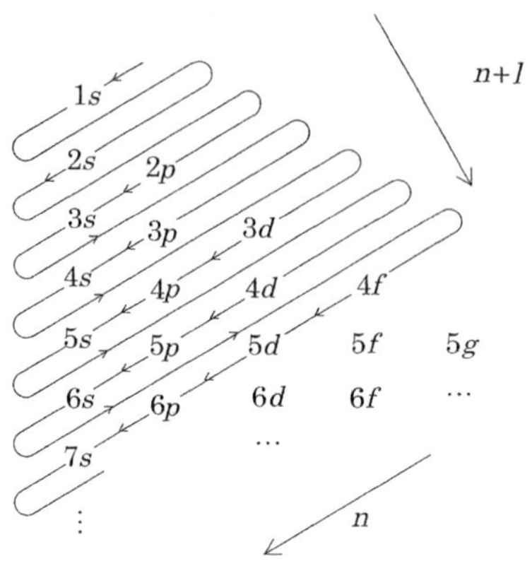

図 5.2 マーデルングの規則

図 5.1 には，H, Li, Na を例として，原子軌道エネルギーの順位が示してある．また，原子が大きくなるにつれ，原子軌道のエネルギーがどのように変わっていくかが概念的な図で示してある．たとえば，リチウム原子の中で，$2s$ と $2p$ では随分エネルギーが違うことがわかる．また，$2s$ や $2p$ という記号は，軌道の形（角運動量，対称性）や順番（節の数）を表わすものであって，たとえば，Li の $3s$ と Na の $3s$ は別物であることも図から確認して欲しい．

原子軌道のエネルギーは，おおよそ図 5.2 のような順序で高くなることが知られている．マーデルング（Madelung）の規則と呼ばれている（この規則には，例外も多く，特に $4s$ と $3d$ のあいだの順序については気をつける必要がある）．

こうして作られる原子軌道関数に電子を入れていかなければならないが，この際次の原理とルールがきわめて重要である．

5.3.1 パウリの排他原理

ここまでは電子のスピンを考えてこなかったが，ここからは必要である．スピンは，$\frac{1}{2}$ と $-\frac{1}{2}$ の量子数 m_s をもつ．したがって，1 電子の量子状態を指定するには，4 個の量子数 $(n,\ l,\ m_l,\ m_s)$ が必要である．たとえば，同じ $1s$ 軌道でも，α スピンと β スピンの 2 種類の状態がある．それらは 1 個の電子だけでいる限り，磁場をかけなければ区別できないが，複数の電子が存在する場合には重要な効果を持つ．その 1 つが，パウリ（Pauli）の排他原理で，「スピン自由度まで含めた原子軌道（$n,\ l,\ m_l,\ m_s$ で指定される）には 1 個だけの電子を収容（配置）できる」と表現される．

逆にいえば，$1s$, $2s$, $2p_x$, $2p_y$, $2p_z$, $\cdots$ には，α スピンと β スピンの 2 個までの電子を配置することが可能である．

電子の交換に対する反対称性 パウリの排他原理について，少しだけ説明を付け加える．例として，2 電子系の He 原子をとりあげよう．この原子のハミルトニアンは

$$H(\vec{r}_1, \vec{r}_2) = -\frac{\hbar^2}{2m}\nabla_1^2 - \frac{\hbar^2}{2m}\nabla_2^2 - \frac{Ze^2}{|\vec{r}_1|} - \frac{Ze^2}{|\vec{r}_2|} + \frac{e^2}{|\vec{r}_1 - \vec{r}_2|} \tag{5-5}$$

であるが，ただちに気がつくように，

$$H(\vec{r}_1, \vec{r}_2) = H(\vec{r}_2, \vec{r}_1) \tag{5-6}$$

である．これは，電子の名前を付け替えても，エネルギーに変化はないということ，つまり電子の相互の置換に対して対称であるといっている．電子はこの意味で区別できないのである．しかし，たとえハミルトニアンにはスピンは含まれていなくても，波動関数の方には電子の属性を表す意味で，明確に含ませておかなければならない．そうすると，シュレディンガー方程式は（式 (5-1) ではなくて）

$$H(\vec{r}_1, \vec{r}_2)\Phi(\vec{r}_1\omega_1, \vec{r}_2\omega_2) = E\Phi(\vec{r}_1\omega_1, \vec{r}_2\omega_2) \tag{5-7}$$

と書くべきであった．

$H(\vec{r}_1, \vec{r}_2)$ が $\vec{r}_i$ の交換に対して対称なので，もし $\mathbf{\Phi}(\vec{r}_1\omega_1, \vec{r}_2\omega_2)$ が H の固有関数ならば，$\mathbf{\Phi}(\vec{r}_2\omega_2, \vec{r}_1\omega_1)$ もそうでなければならない．したがって

$$H(\vec{r}_1, \vec{r}_2)\Phi(\vec{r}_1\omega_1, \vec{r}_2\omega_2) = E\Phi(\vec{r}_1\omega_1, \vec{r}_2\omega_2) \tag{5-8}$$

$$H(\vec{r}_1, \vec{r}_2)\Phi(\vec{r}_2\omega_2, \vec{r}_1\omega_1) = E\Phi(\vec{r}_2\omega_2, \vec{r}_1\omega_1). \tag{5-9}$$

しかし，これらの固有関数は，たかだか定数しか違わないはずであろう．つまり

$$\Phi(\vec{r}_2\omega_2, \vec{r}_1\omega_1) = C\Phi(\vec{r}_1\omega_1, \vec{r}_2\omega_2). \tag{5-10}$$

この操作をもう 1 回行うと，

$$\Phi(\vec{r}_1\omega_1, \vec{r}_2\omega_2) = C^2\Phi(\vec{r}_1\omega_1, \vec{r}_2\omega_2) \tag{5-11}$$

となる．したがって $C^2=1$，つまり C は -1 か 1 しか許されない[1]．まとめると

$$C=\begin{cases} 1\text{の場合} & \Phi(\vec{r}_2\omega_2,\vec{r}_1\omega_1)=\Phi(\vec{r}_1\omega_1,\vec{r}_2\omega_2) \\ -1\text{の場合} & \Phi(\vec{r}_2\omega_2,\vec{r}_1\omega_1)=-\Phi(\vec{r}_1\omega_1,\vec{r}_2\omega_2) \end{cases} \tag{5-13}$$

の2種類の可能性があることがわかる．前者を満たす粒子をボース粒子（Boson），後者のそれをフェルミ粒子（Fermion）という．**電子はフェルミ粒子である．**与えられた粒子がボース粒子フェルミ粒子かは，シュレディンガー方程式の理論的枠組みの中では決めることはできないが，実験と比較することで明らかにすることができる．

排他原理 パウリの排他原理は，「電子は互いに区別ができないフェルミ粒子である」という量子力学の内在的な対称性から導かれる1つの結果である．フェルミ粒子に対しては，スピン座標（ω）まで含めた電子の座標をまとめて $\vec{q}=(x,y,z,\omega)$ と書くと，上で見たように，

$$\Phi(\vec{q}_1,\vec{q}_2)=-\Phi(\vec{q}_2,\vec{q}_1) \tag{5-14}$$

となる．電子がいくつあっても，任意の2個を選んで交換させると，波動関数に負号が付く（これを「電子の置換に対して反対称である」という）．座標だけではなく，n_1 と n_2 を量子状態を指定する量子数を表すものとして，波動関数 $\Phi(n_1,n_2)$ を考えることができる．たとえば n_1 は $1s$ 軌道に α-スピンが配置されることを指定するものとする（$1s\alpha$ と書く）．すると同様に，

$$\Phi(n_2,n_1)=-\Phi(n_1,n_2) \tag{5-15}$$

が成り立つ．この条件のもとで，2つのフェルミ粒子が同じ状態をとると仮定する．たとえば，$n_1=n_2=n$ とする．すると，

$$\Phi(n,n)=-\Phi(n,n)=0 \tag{5-16}$$

であって，この可能性がないことを主張する．つまり，同じ「状態」に電子が2個以上配置されることはないのだ．

---

1) ここで，

$$|\Phi(\vec{r}_2\omega_2,\vec{r}_1\omega_1)|^2=|\Phi(\vec{r}_1\omega_1,\vec{r}_2\omega_2)|^2 \tag{5-12}$$

という物理的要請を使っても同じことである．

問題 5.2 式（5-14）で，$\vec{q}_1 = \vec{q}_2$ が偶然起きたとする．このとき，波動関数には何が起きるか？　もう一度確認せよ．

原子や分子の中で電子が増えると，同じ軌道に電子が入れないから次々と異なった状態が作られる．物質世界の質的豊かさの一部は，この原理に負っている．

5.3.2 フントの規則

さて，各々の原子のエネルギーが一番低い状態（基底状態）を作るには，低いエネルギーを持つ原子軌道から順次パウリの原理に従いながら電子を配置していけばよい．例として，図 5.3 を見よ．He では $1s$ 軌道に 2 個 $[1s^2]$，Li では $1s$ に 2 個，$2s$ に 1 個電子が存在している $[1s^2 2s]$．このような電子の軌道への入り具合を電子配置という．こうしてホウ素 B$[1s^2 2s^2 2p]$ までは順調に基底状態を求めていくことができる．

問題は炭素原子から始まる．$2p$ 軌道は 3 個 $(2p_x, 2p_y, 2p_z)$ あって，どれも同じエネルギーを持っているからだ．つまり，3 個の $2p$ 軌道に 2 個の電子の詰め方に基本的に図 5.4 に示したように 3 通りのパターンがある．どの詰め方が低いエネルギーを持つのだろう？

ここで，次に述べるフント（Hund）の規則が重要な役割を果たす．それは，「同じエネルギーの軌道が複数個用意されているとき，電子はスピンを同じ方向に揃えるようにして軌道に入る」と主張するものである．この規則は，構成原理と呼ばれることもある．この規則によれば，炭素では $2p_x$ に 2 個入るのではなく，$2p_x$ と $2p_y$ に 1 個ずつスピンが上向きで入る（図 5.4（c）の場合）．もちろん，x, y, z の向きの選び方はどのようにとっても構わない．以下，窒素原子 N からネオン原子 Ne まで同様に考えればよい．

フントの規則の説明　フントの規則は，要するに電子は互いに離れ合っていた方が安定であるということの 1 つの表現であり，パウリの原理と密接な関係がある．上の炭素原子を例にとって説明する．①たとえば，$2p_x$ に 2 個入る場合（図 5.4（a））より，$2p_x$ と $2p_y$ に 1 個ずつ電子を詰めた方（図 5.4（b）と（c））が，互いに空間的に離れているからエネルギーが低い．これはほとんど自明である．問題は，なぜスピンが揃っている方（図 5.4（c））がより安定かということである．②いま，$2p_x$ と $2p_y$ に 1 個ずつ α スピンが入っていたと

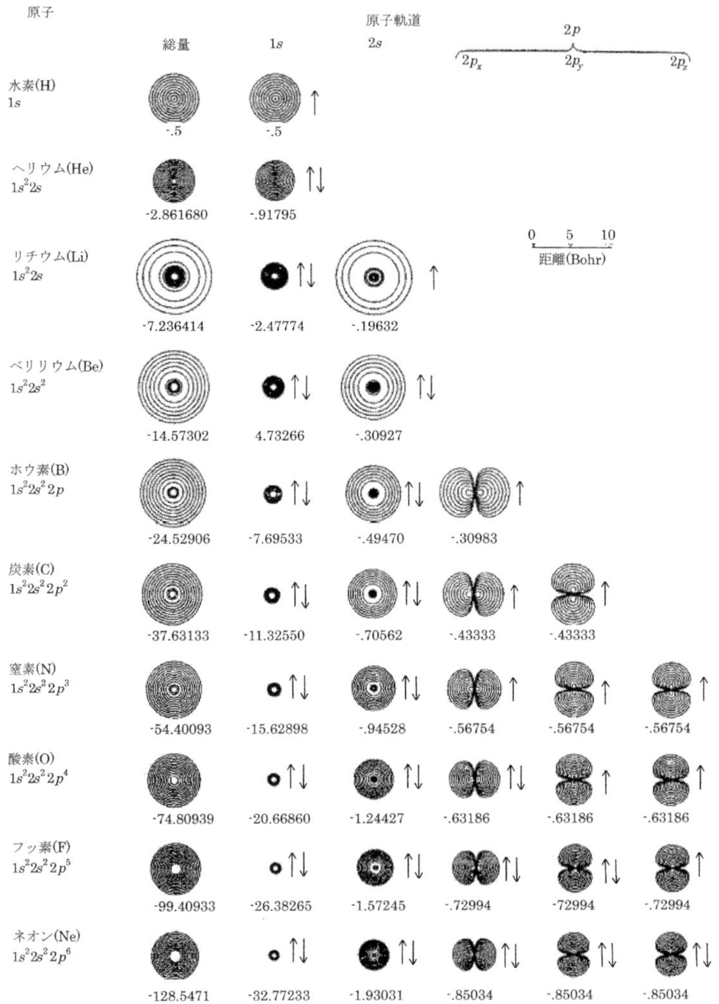

図 5.3　量子力学計算による原子軌道関数の絶対値の2乗と，原子軌道エネルギー（単位は Hartree）：矢印は，各軌道に配置されている電子のスピンを表わす（Wahl, *Scientific American*, 1970, April）．

する．$2p_x$ と $2p_y$ は空間的には $90°$ ずれた方向に広がっているように見えるが，その中に入っている電子は，場所によっては接近することができる．極端な場合として，これらの電子が同じ点 $\vec{r}$ に偶然きたとしよう．しかし，パウ

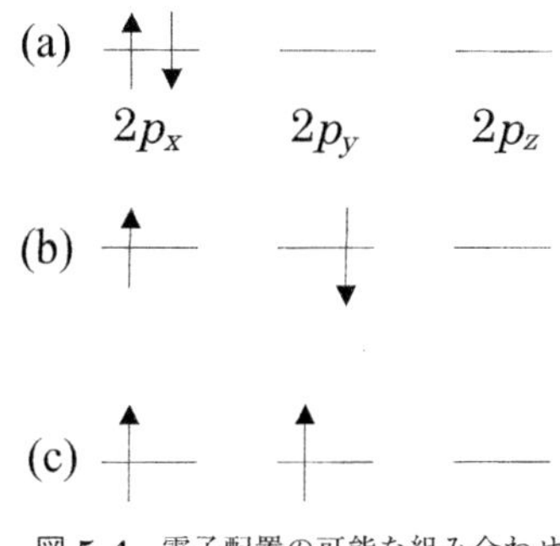

図 **5.4** 電子配置の可能な組み合わせ

リの排他原理により，スピン座標も空間座標も同じ点に2個の電子がくると，波動関数は自動的に0になってしまう．つまり，こういうことは起きないということである．この様にして，同種スピンの2電子が接近できないためにできる穴のような状態をフェルミホールという．しかし，2個の電子がαスピンとβスピンの組み合わせだとすると，このような接近が許されてしまう．当然この場合には，クーロン反発エネルギーが高くなってしまう．結局，同じスピンどうしのほうが相対的には安定である，ということになる．(しかし，一方，同種スピンの2電子はフェルミホールで互いに避けあう運動を強いられるために，運動エネルギーが高くなる．また，スピンが平行と反平行の場合では，電子軌道の広がりや形も若干異ってくるために，精密な議論をするためには，フェルミホールの有無だけでは充分とはいえない．)

Neまでの電子配置　H, He, Liの電子配置は上に示したとおりである．Beの電子配置は$1s^2 2s^2$であって，$2s$と$2p$のあいだには少なからぬエネルギー差があるので，Beは，Heや希ガス原子のように閉じた安定な状態を持っていることが予想される．実際，Be原子は化学活性が高くない．

Cの電子配置をフントの規則に則って$1s^2 2s^2 2p_x^{\uparrow} 2p_y^{\uparrow}$と表すことにしよう．$2p_x^{\uparrow}$は$2p_x$軌道に$\alpha$スピンの電子が入っていることを意味するものと約束する．同様に，$2p_x^{\downarrow}$は$2p_x$軌道にβスピンが入っていることを，$2p_x^{\uparrow\downarrow}$は$\alpha$スピンと$\beta$スピンの2個の電子が占有していることを表すものとする．すると，BからNeまでの電子配置は（図5.3を見よ）

B：$1s^2 2s^2 2p_x^{\uparrow}$

C：$1s^2 2s^2 2p_x^{\uparrow} 2p_y^{\uparrow}$

表 **5.1** 殻構造と電子占有可能数

n	1 2 3 4 $\cdots$
殻	K L M N $\cdots$
可能な電子数	2 8 * * ← 計算せよ

N：$1s^2 2s^2 2p_x^{\uparrow} 2p_y^{\uparrow} 2p_z^{\uparrow}$

O：$1s^2 2s^2 2p_x^{\uparrow\downarrow} 2p_y^{\uparrow} 2p_z^{\uparrow}$

F：$1s^2 2s^2 2p_x^{\uparrow\downarrow} 2p_y^{\uparrow\downarrow} 2p_z^{\uparrow}$

Ne：$1s^2 2s^2 2p_x^{\uparrow\downarrow} 2p_y^{\uparrow\downarrow} 2p_z^{\uparrow\downarrow}$

となって，主量子数2までの殻の構造が完成する（殻については後述）．このようにして電子配置を作っていく方法は分子にも適用されるので，よく理解しておいて欲しい．

問題 5.3 ネオン原子より大きい原子について順次電子配置を決めよ．

スピンによる原子の磁性 4.3節で触れたように，電子スピンは強い磁気モーメントを与える．つまり，電子は磁性を持ち，永久磁石のように振る舞う．しかし，αスピンとβスピンでは，逆向きで同じ大きさのモーメントを持つから，それらが，同じ原子軌道に入ると，その効果は打ち消されてしまう．スピン磁気モーメントだけから見た原子の磁性は，N原子が最大であり，次いでCとO，さらに小さくなってH, Li, B, Fが続き，He, Be, Neでは磁性がないということになる．

原子の殻構造 このようにして，電子を配置していくと，与えられた主量子数に対しては，収容できる電子数に限度あることがわかる．主量子数nに対して殻という言葉が使われることがあって，殻に電子が入っていく電子配置の仕組みを殻構造と呼ぶことがある．

問題 5.4 量子数nの状態数は，式（4-43）およびαスピンとβスピンの存在を考慮して

$$2 \times \sum_{l=0}^{n-1} (2l+1) = 2n^2 \tag{5-17}$$

と導かれること確認せよ．これに基づいて表5.1を完成させよ．

表 5.2 原子の電子配置

Z	原子	電子配置	Z	原子	電子配置	Z	原子	電子配置
1	H	$1s$	36	Kr	$[\mathrm{Ar}]3d^{10}4s^24p^6$	71	Lu	$[\mathrm{Xe}]4f^{14}5d6s^2$
2	He	$1s^2$	37	Rb	$[\mathrm{Kr}]5s$	72	Hf	$[\mathrm{Xe}]4f^{14}5d^26s^2$
3	Li	$1s^22s$	38	Sr	$[\mathrm{Kr}]5s^2$	73	Ta	$[\mathrm{Xe}]4f^{14}5d^36s^2$
4	Be	$1s^22s^2$	39	Y	$[\mathrm{Kr}]4d5s^2$	74	W	$[\mathrm{Xe}]4f^{14}5d^46s^2$
5	B	$1s^22s^22p$	40	Zr	$[\mathrm{Kr}]4d^25s^2$	75	Re	$[\mathrm{Xe}]4f^{14}5d^56s^2$
6	C	$1s^22s^22p^2$	41	Nb	$[\mathrm{Kr}]4d^45s^{\star}$	76	Os	$[\mathrm{Xe}]4f^{14}5d^66s^2$
7	N	$1s^22s^22p^3$	42	Mo	$[\mathrm{Kr}]4d^55s^{\star}$	77	Ir	$[\mathrm{Xe}]4f^{14}5d^76s^2$
8	O	$1s^22s^22p^4$	43	Tc	$[\mathrm{Kr}]4d^55s^2$	78	Pt	$[\mathrm{Xe}]4f^{14}5d^96s^{\star}$
9	F	$1s^22s^22p^5$	44	Ru	$[\mathrm{Kr}]4d^75s^{\star}$	79	Au	$[\mathrm{Xe}]4f^{14}5d^{10}6s^{\star}$
10	Ne	$1s^22s^22p^6$	45	Rh	$[\mathrm{Kr}]4d^75s^{\star}$	80	Hg	$[\mathrm{Xe}]4f^{14}5d^{10}6s^2$
11	Na	$[\mathrm{Ne}]3s$	46	Pd	$[\mathrm{Kr}]4d^{10}\ \star$	81	Tl	$[\mathrm{Xe}]4f^{14}5d^{10}6s^26p$
12	Mg	$[\mathrm{Ne}]3s^2$	47	Ag	$[\mathrm{Kr}]4d^{10}5s^{\star}$	82	Pb	$[\mathrm{Xe}]4f^{14}5d^{10}6s^26p^2$
13	Al	$[\mathrm{Ne}]3s^23p$	48	Cd	$[\mathrm{Kr}]4d^{10}5s^2$	83	Bi	$[\mathrm{Xe}]4f^{14}5d^{10}6s^26p^3$
14	Si	$[\mathrm{Ne}]3s^23p^2$	49	In	$[\mathrm{Kr}]4d^{10}5s^25p$	84	Po	$[\mathrm{Xe}]4f^{14}5d^{10}6s^26p^4$
15	P	$[\mathrm{Ne}]3s^23p^3$	50	Sn	$[\mathrm{Kr}]4d^{10}5s^25p^2$	85	At	$[\mathrm{Xe}]4f^{14}5d^{10}6s^26p^5$
16	S	$[\mathrm{Ne}]3s^23p^4$	51	Sb	$[\mathrm{Kr}]4d^{10}5s^25p^3$	86	Rn	$[\mathrm{Xe}]4f^{14}5d^{10}6s^26p^6$
17	Cl	$[\mathrm{Ne}]3s^23p^5$	52	Te	$[\mathrm{Kr}]4d^{10}5s^25p^4$	87	Fr	$[\mathrm{Rn}]7s$
18	Ar	$[\mathrm{Ne}]3s^23p^6$	53	I	$[\mathrm{Kr}]4d^{10}5s^25p^5$	88	Ra	$[\mathrm{Rn}]7s^2$
19	K	$[\mathrm{Ar}]4s$	54	Xe	$[\mathrm{Kr}]4d^{10}5s^25p^{65}$	89	Ac	$[\mathrm{Rn}]6d7s^2\ \star$
20	Ca	$[\mathrm{Ar}]4s^2$	55	Cs	$[\mathrm{Xe}]6s$	90	Th	$[\mathrm{Rn}]6d^27s^2\ \star$
21	Sc	$[\mathrm{Ar}]3d4s^2$	56	Ba	$[\mathrm{Xe}]6s^2$	91	Pa	$[\mathrm{Rn}]5f^26d7s^2\ \star$
22	Ti	$[\mathrm{Ar}]3d^24s^2$	57	La	$[\mathrm{Xe}]5d6s^2\ \star$	92	U	$[\mathrm{Rn}]5f^36d7s^2\ \star$
23	V	$[\mathrm{Ar}]3d^34s^2$	58	Ce	$[\mathrm{Xe}]4f5d6s^2\ \star$(or $4f^26s^2$)	93	Np	$[\mathrm{Rn}]5f^46d7s^2\ \star$
24	Cr	$[\mathrm{Ar}]3d^54s^{\star}$	59	Pr	$[\mathrm{Xe}]4f^36s^2$	94	Pu	$[\mathrm{Rn}]5f^67s^2$
25	Mn	$[\mathrm{Ar}]3d^54s^2$	60	Nd	$[\mathrm{Xe}]4f^46s^2$	95	Am	$[\mathrm{Rn}]5f^77s^2$
26	Fe	$[\mathrm{Ar}]3d^64s^2$	61	Pm	$[\mathrm{Xe}]4f^56s^2$	96	Cm	$[\mathrm{Rn}]5f^76d7s^2\ \star$
27	Co	$[\mathrm{Ar}]3d^74s^2$	62	Sm	$[\mathrm{Xe}]4f^66s^2$	97	Bk	$[\mathrm{Rn}]5f^86d7s^2\ \star$(or $5f^97^2$)
28	Ni	$[\mathrm{Ar}]3d^84s^2$(or $3d^94s^{\star}$)	63	Eu	$[\mathrm{Xe}]4f^76s^2$	98	Cf	$[\mathrm{Rn}]5f^96d7s^2\ \star$(or $5f^{10}7^2$)
29	Cu	$[\mathrm{Ar}]3d^{10}4s^{\star}$	64	Gd	$[\mathrm{Xe}]4f^75d6s^2\ \star$	99	Es	$[\mathrm{Rn}]5f^{10}6d7s^2\ \star$(or $5f^{11}7^2$)
30	Zn	$[\mathrm{Ar}]3d^{10}4s^2$	65	Tb	$[\mathrm{Xe}]4f^85d6s^2\ \star$(or $4f^96s^2$)	100	Fm	$[\mathrm{Rn}]5f^{11}6d7s^2\ \star$(or $5f^{12}7^2$)
31	Ga	$[\mathrm{Ar}]3d^{10}4s^24p$	66	Dy	$[\mathrm{Xe}]4f^{10}6s^2$	101	Md	$[\mathrm{Rn}]5f^{12}6d7s^2\ \star$(or $5f^{13}7^2$)
32	Ge	$[\mathrm{Ar}]3d^{10}4s^24p^2$	67	Ho	$[\mathrm{Xe}]4f^{11}6s^2$	102	No	$[\mathrm{Rn}]5f^{13}6d7s^2\ \star$(or $5f^{14}7^2$)
33	As	$[\mathrm{Ar}]3d^{10}4s^24p^3$	68	Er	$[\mathrm{Xe}]4f^{12}6s^2$	103	Lw	$[\mathrm{Rn}]5f^{14}6d7s^2$
34	Se	$[\mathrm{Ar}]3d^{10}4s^24p^4$	69	Tm	$[\mathrm{Xe}]4f^{13}6s^2$	104		$[\mathrm{Rn}]5f^{14}6d^27s^2$
35	Cl	$[\mathrm{Ar}]3d^{10}4s^24p^5$	70	Yb	$[\mathrm{Xe}]4f^{14}6s^2$	105		$[\mathrm{Rn}]5f^{14}6d^37s^2$
						106		$[\mathrm{Rn}]5f^{14}6d^47s^2$

1	2	3	4	5	6	7	8	9	10	11	12	13	14	15	16	17	18
典型元素		遷移元素									典型元素						
1 **H** Hydrogen 1.00794	s-block												p-block				2 **He** Helium 4.002602
3 Li Lithium 6.941	4 Be Beryllium 9.012182											5 B Boron 10.811	6 C Carbon 12.0107	7 **N** Nitrogen 14.0067	8 **O** Oxygen 15.9994	9 **F** Fluorine 18.9984032	10 **Ne** Neon 20.1797
11 Na Sodium 22.98976928	12 Mg Magnesium 24.3050						d-block					13 Al Aluminium 26.9815386	14 Si Silicon 28.0855	15 P Phosphorus 30.973762	16 S Sulfur 32.065	17 **Cl** Chlorine 35.453	18 **Ar** Argon 39.948
19 K Potassium 39.0983	20 Ca Calcium 40.078	21 Sc Scandium 44.955912	22 Ti Titanium 47.867	23 V Vanadium 50.9415	24 Cr Chromium 51.9961	25 Mn Manganese 54.938045	26 Fe Iron 55.845	27 Co Cobalt 58.933195	28 Ni Nickel 58.6934	29 Cu Copper 63.546	30 Zn Zinc 65.409	31 Ga Gallium 69.723	32 Ge Germanium 72.64	33 As Arsenic 74.92160	34 Se Selenium 78.96	35 Br Bromine 79.904	36 **Kr** Krypton 83.798
37 Rb Rubidium 85.4678	38 Sr Strontium 87.62	39 Y Yttrium 88.90585	40 Zr Zirconium 91.224	41 Nb Niobium 92.90638	42 Mo Molybdenum 95.94	43 *Tc* Technetium (99)	44 Ru Ruthenium 101.07	45 Rh Rhodium 102.90550	46 Pd Palladium 106.42	47 Ag Silver 107.8682	48 Cd Cadmium 112.411	49 In Indium 114.818	50 Sn Tin 118.710	51 Sb Antimony 121.760	52 Te Tellurium 127.60	53 I Iodine 126.90447	54 **Xe** Xenon 131.293
55 Cs Caesium 132.9054519	56 Ba Barium 137.327	ランタノイド	72 Hf Hafnium 178.49	73 Ta Tantalum 180.94788	74 W Tungsten 183.84	75 Re Rhenium 186.207	76 Os Osmium 190.23	77 Ir Iridium 192.217	78 Pt Platinum 195.084	79 Au Gold 196.966569	80 Hg Mercury 200.59	81 Tl Thallium 204.3833	82 Pb Lead 207.2	83 *Bi* Bismuth 208.98040	84 *Po* Polonium (210)	85 *At* Astatine (210)	86 *Rn* Radon (222)
87 *Fr* Francium (223)	88 *Ra* Radium (226)	アクチノイド	104 *Rf* Rutherfordium (267)	105 *Db* Dubnium (268)	106 *Sg* Seaborgium (271)	107 *Bh* Bohrium (272)	108 *Hs* Hassium (277)	109 *Mt* Meitnerium (276)	110 *Ds* Darmstadtium (281)	111 *Rg* Roentgenium (280)							

f-block

ランタノイド	57 La Lanthanum 138.90547	58 Ce Cerium 140.116	59 Pr Praseodymium 140.90765	60 Nd Neodymium 144.242	61 *Pm* Promethium (145)	62 Sm Samarium 150.36	63 Eu Europium 151.964	64 Gd Gadolinium 157.25	65 Tb Terbium 158.92535	66 Dy Dysprosium 162.500	67 Ho Holmium 164.93032	68 Er Erbium 167.259	69 Tm Thulium 168.93421	70 Yb Ytterbium 173.04	71 Lu Lutetium 174.967
アクチノイド	89 *Ac* Acitinium (227)	90 *Th* Thorium 232.03806	91 *Pa* Protactinium 231.03588	92 *U* Uranium 238.02891	93 *Np* Neptunium (237)	94 *Pu* Plutonium (239)	95 *Am* Americium (243)	96 *Cm* Curium (247)	97 *Bk* Berkelium (247)	98 *Cf* Calfornium (252)	99 *Es* Einsteinium (252)	100 *Fm* Fermium (257)	101 *Md* Mendelevium (258)	102 *No* Nobelium (259)	103 *Lr* Lawrencium (262)

図 **5.5**　周期表（東京大学教養部化学部会編『化学の基礎 77 講』東京大学出版会，2003 年）

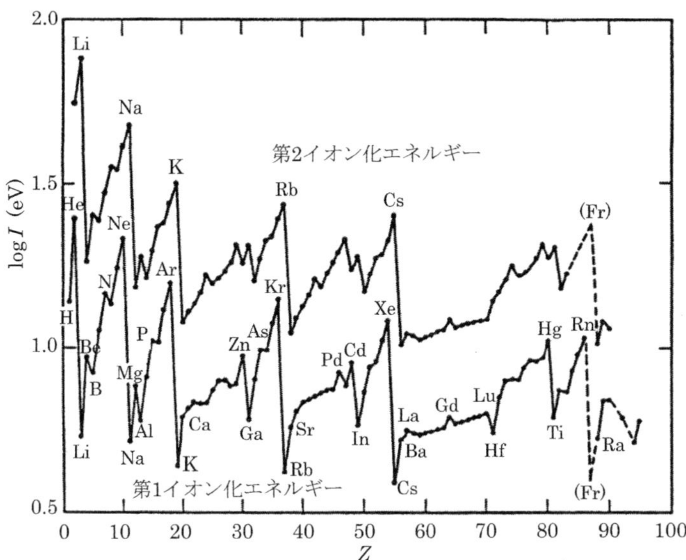

図 **5.6**　イオン化エネルギーの系列：横軸は原子番号．下の折れ線が第1イオン化エネルギー，上は第2イオン化エネルギー．

5.3.3　原子の性質と周期律

原子番号 106 までの原子について，それぞれの基底状態の電子配置を示したものが表 5.2 である．この電子配置の規則性に従って，原子はさまざまな物性について一定の周期性を示す．図 5.5 に周期表があるので，電子配置の表を参照しながら眺めてみてほしい．また，周期性を示す典型的な例として，イオン化エネルギー（イオン化ポテンシャルともいう）の図 5.6 を引用した．イオン化エネルギーは，原子から電子を 1 個取り除くのに必要最小限のエネルギーである．第 1 イオン化エネルギーはそのうちで最小の値をいい，第 2 イオン化エネルギーは，次（2 回目）のイオン化に関してイオン化エネルギーが最小のものをいう．

問題 5.5　イオン化エネルギー以外の物性についても周期性を調べよ．

問題 5.6　図 5.3 で，各原子軌道の下に書いてある数字はその軌道のエネルギーである（Hartree 単位が使ってある）．それぞれの原子の一番高い軌道エネルギーを原子番号に対してプロットしてみよ．その図から，この軌道エネルギーがどのような物性と関係しているか見つけよ．

問題 5.7 原子軌道関数とイオン化エネルギーに関する次の問いに答えよ．

1) ヘリウム原子の原子軌道のエネルギーは，-0.918 Hartree である．一方，全エネルギーは -2.862 Hartree である．軌道エネルギーを電子の個数分だけ足しても，全エネルギーにはならない．その差は，主に何に由来するか，原子軌道の物理的意味に基づいて説明せよ．
2) 上の解答を利用して，ヘリウム原子の第2イオン化エネルギーの値を推定せよ．
3) 水素原子の軌道エネルギーは -0.5 Hartree である．ボーアの原子模型を使って，ヘリウム原子の第2イオン化エネルギーの値を計算せよ．

第 **6** 章

分子における原子核と電子の運動，およびその分離

いよいよ待ちに待った分子の世界に入る．この章と次の章では，そもそも化学結合とは何かを知るために，分子の電子状態が化学結合の生成に伴ってどのように変化するかを調べる．また，分子運動（化学反応や分子振動）の基礎となるポテンシャルエネルギー曲面の概念を説明する．

6.1 分子の構成とハミルトニアン

N 個の電子を持つ 2 原子分子を考える．原子核の座標を $\vec{R}_a$，$\vec{R}_b$，とし，電子のそれを $\vec{r}_i\,(i=1,2,\cdots,N)$ とする．同様に，原子核の質量を M_a, M_b, 電子のそれを m，また，電荷をそれぞれ，Z_ae, Z_be, $-e$ とする．この系でのハミルトニアン $H\left(\vec{R}_a,\vec{R}_b,\vec{r}_1,\vec{r}_2,\cdots,\vec{r}_N\right)$ は

$$H=\frac{\vec{P}_a^2}{2M_a}+\frac{\vec{P}_b^2}{2M_b}+\sum_{i=1}^{N}\frac{\vec{p}_i^{\,2}}{2m}+\frac{Z_aZ_be^2}{\left|\vec{R}_a-\vec{R}_b\right|}+\sum_{i<j}\frac{e^2}{|\vec{r}_i-\vec{r}_j|}-\sum_{c}^{a,b}\sum_{i=1}^{N}\frac{Z_ce^2}{\left|\vec{r}_i-\vec{R}_c\right|} \tag{6-1}$$

である．ここで，たとえば

$$\vec{P}_a^2=-\hbar^2\left(\frac{\partial^2}{\partial X_a^2}+\frac{\partial^2}{\partial Y_a^2}+\frac{\partial^2}{\partial Z_a^2}\right) \tag{6-2}$$

を確認しておく．

問題 6.1 2 原子分子以外の多原子分子について，ハミルトニアンを式 (6-1) と同様に（一般的に）書き下せ．

問題 6.2 式 (6-1) のハミルトニアンのポテンシャル関数の部分（右辺第 4 項以降の項）は，分子全体の座標の平行移動と回転に対して変わらないことを証明せよ．

このような事情から，分子のエネルギーは①分子全体の重心が運動する際の並進エネルギー，②分子が内部で持っている（化学結合，分子振動，回転に関与する）エネルギーに分離できる．今後は後者だけを考える．

問題 6.3 ♪ 上で見たように，分子のハミルトニアンのポテンシャル部分は，回転に対しても不変なのに，分子回転のエネルギーは，並進エネルギーとは異なって，一般には分離できない．理由を考えよ．

6.2 原子核と電子の運動の時間スケール

ここで改めて，2.1.3 項の 2 原子分子の表 2.1 を見返してほしい．これらの数値は 2 原子分子の振動スペクトルの実験データから再構成したものである．この表で読者が計算したとおり，分子の振動の周期は，水素分子のよう例外的に短いものを除くと，$10^{-13} \sim 10^{-14}$ 秒のオーダーである．ここでは述べないが，分子の回転運動の周期は振動の 2 桁程度長い．一方，水素原子の $1s$ 軌道の電子の運動の周期は，ボーア模型によると，約 1.52×10^{-16} であった．電子の質量が原子核のそれに比べて圧倒的に小さいことから，「分子振動の速度は電子の運動速度に比べて圧倒的に遅い（回転はもっと遅い）」と結論することができる．

6.3 化学結合と原子核の質量

次に，水素分子とその同位体置換体の分光学的データに関する表 6.1 を見て欲しい．ここで，μ は換算質量 $\left(\mu = \frac{M_a M_b}{M_a + M_b}\right)$，$R_e$ は平衡核間距離，D_0 は結合解離エネルギー，K は力の定数，T は振動の周期である．H-H, H-D, D-D で異なっているのは，原子核の質量だけである．電子数，電荷はまったく同じである．この表から，3 者で大きく異なる量は，質量と振動周期である．一方，①結合長（分子の形），②結合のエネルギーの深さ（D_0），③結合のバネの強さ（力の定数 K）は，ほとんど 3 者で共通の値である．これは，化学結合の本質や様態が，ほとんど原子核の質量に依存せず，電荷だけで決まってい

表 6.1 水素分子の同位体置換体の諸性質

	換算質量 μ(amu)	結合長 R_e (Å)	結合エネルギー D_0 (eV)	力の定数 K (dyne/cm)	振動周期 T (s)
H-H	0.5039	0.7412	4.477	5.757×10^5	7.575×10^{-15}
H-D	0.6717	0.7412	4.513	5.760×10^5	8.744×10^{-15}
D-D	1.0071	0.7412	4.555	5.773×10^5	1.068×10^{-14}

ることを意味している[1)].

6.4 ボルン・オッペンハイマー近似：固定核の近似あるいは断熱近似

以上から，分子内の原子核と電子の比較において，電子は軽く，速い運動を行い，核は圧倒的に重く，遅い運動をすることがわかる．しかも，化学結合は，核の質量に対する依存性がきわめて小さく，したがって，核の運動は化学結合の静的な生成過程には直接関与しないことがわかった．このように，時間スケールの大きく異なる粒子群が1つの系を構成している場合には，最初の近似として，遅い粒子（原子核）の運動を止め，速い方の粒子（電子）の運動だけを先に考慮するということが行われる．これを，ボルン・オッペンハイマー（Born-Oppenheimer）近似という．

具体的には，核の位置をそれぞれの場所で固定して電子の分布がどのようになるかを見る．こうすると，核の位置（まとめて $\vec{R}$ と書く）は，パラメータとしての役割を果すことになる．それに対応してシュレディンガー方程式は次のように書ける

$$\left[\sum_{i=1}^{N}\frac{\vec{p}_i^{\,2}}{2m}+\sum_{i,j}\frac{e^2}{|\vec{r}_i-\vec{r}_j|}-\sum_{i}^{N}\sum_{c}\frac{Z_ce^2}{\left|\vec{r}_i-\vec{R}_c\right|}+\sum_{c<d}\frac{Z_cZ_de^2}{\left|\vec{R}_c-\vec{R}_d\right|}\right]\Psi\left(\vec{r}_1,\vec{r}_2,....,\vec{r}_N;\vec{R}\right)$$
$$=E\left(\vec{R}\right)\Psi\left(\vec{r}_1,\vec{r}_2,....\vec{r}_N;\vec{R}\right). \tag{6-3}$$

この式のハミルトニアンを式（6-1）のそれと比べよ．式（6-3）では，原子核の運動は止まっているので，核の運動エネルギーの項がなくなっている．また，式（6-1）では独立変数であった原子核の座標 $\vec{R}_a$ 等が定数に変わっていることに注意する．また，当面電子スピンを無視する．

1) ただし，電子の質量は，化学結合に大きな影響を及ぼす．たとえば，水素分子イオンで，電子を質量が約200倍のミューオンに代えると，結合の長さと深さは H_2^+ の 1.06 Å，2.79 eV から，それぞれ，0.0051 Å，577 eV へと劇的に変わる．

式（6-1）によって，核配置 $\vec{R}$ の関数として電子エネルギー $E(\vec{R})$ が与えられる．式（6-1）の全ハミルトニアン（これを $\hat{\mathrm{H}}_{\mathrm{total}}$ とする）と式（6-3）のそれ（これを電子ハミルトニアンといい，$\hat{\mathrm{H}}_{\mathrm{el}}$ とする）を比べると，

$$\begin{aligned}\hat{\mathrm{H}}_{\mathrm{total}} &= \frac{\vec{P}_a^2}{2M_a} + \frac{\vec{P}_b^2}{2M_b} + \hat{\mathrm{H}}_{\mathrm{el}} \\ &\to \frac{\vec{P}_a^2}{2M_a} + \frac{\vec{P}_b^2}{2M_b} + E\left(R\right) \qquad (6\text{-}4)\end{aligned}$$

と変形できそうな気がするから，この電子エネルギー $E(\vec{R})$ は，原子核の位置エネルギーとして作用しそうな直感が働く．実際，ほとんどの場合には，この直感は正しい[2)]．すなわち，原子核は，$E(\vec{R})$ を位置エネルギーとして感じながら運動する．したがって，以下に示すように，$E(\vec{R})$ は化学反応におけるポテンシャル障壁や生成熱の大きさ，分子の形（安定構造）等の重要な情報を与えることになる．

6.5 ポテンシャルエネルギー曲面：原子核に働く位置エネルギー

$E(\vec{R})$ の $\vec{R}$ の関数としてのグラフをポテンシャルエネルギー曲面という．以下に例を示す．

6.5.1 2原子分子

Li-Li 図6.1は，Li原子2個を接近させて分子 Li_2 を形成する場合のポテンシャルエネルギー曲線である．R（核間距離）が約5.05 Bohrs (2.67 Å) で平衡核間距離（R_e）をもち，そこでのエネルギーが最小値（$-D_e$）で，その値は約 -1.0 eV であるといっている（結合エネルギーの実験値は約1.1 eV)．この図には，電子密度が核間距離の関数として描かれているが，電子密度については後に詳述する．

問題6.4 ♪ 熱化学方程式 $\mathrm{Li} + \mathrm{Li} = \mathrm{Li_2} + 26$ kcal/mol は，「リチウム原子を2 mol反応させると，1 molのリチウム分子が生成して，26 kcalの発熱があ

2) 例外的に，この直感，つまりボルン・オッペンハイマー近似が正しくないことがある．実は，物質科学の興味深い現象のうち，かなりのものがこの例外に属するのである．

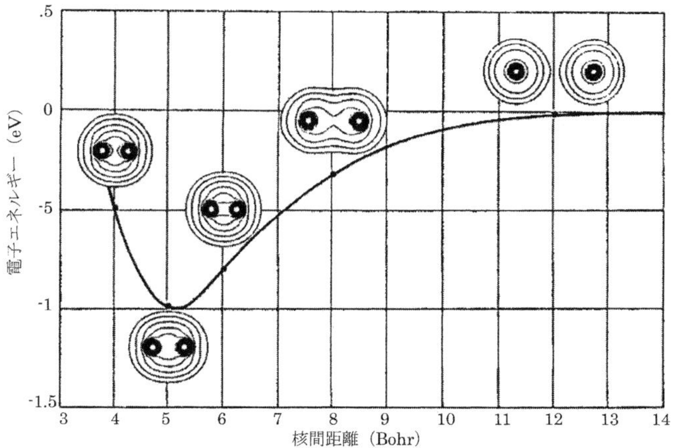

図 **6.1**　リチウム分子のポテンシャルエネルギー曲線

る」と読む（1.0 eV ＝ 23.0 kcal/mol）．そこでいま，Li 原子 2 個を，ほとんど 0 に近い相対速度で互いに正面衝突をさせるとする．このとき，リチウム分子が生成して，約 1.13 eV（約 26.0 kcal/mol）の発熱があるか，式（6-4）を見て考えよ．

H-H　ポテンシャルエネルギー曲面は分子の励起状態（基底状態以外の状態）についても存在するので，1 つの原子の組み合わせに対して複数個（理論上無限個）存在する．図 6.2 は，基底状態といくつかの励起状態にある水素分子のポテンシャルエネルギー曲線である．

6.5.2　調和振動子の固有値と結合エネルギー

上の Li-Li にしても，H-H の基底状態にしても，ポテンシャルエネルギー曲面の最小値の近傍は，2 次曲線で近似できそうである．それは

$$E(R) = \frac{1}{2}K(R - R_e)^2 \tag{6-5}$$

と表される．この 2 次曲線をポテンシャルエネルギーとして，換算質量 μ の粒子が振動することになる．$x = R - R_e$ と変数変換すると，この振動に対するシュレディンガー方程式は

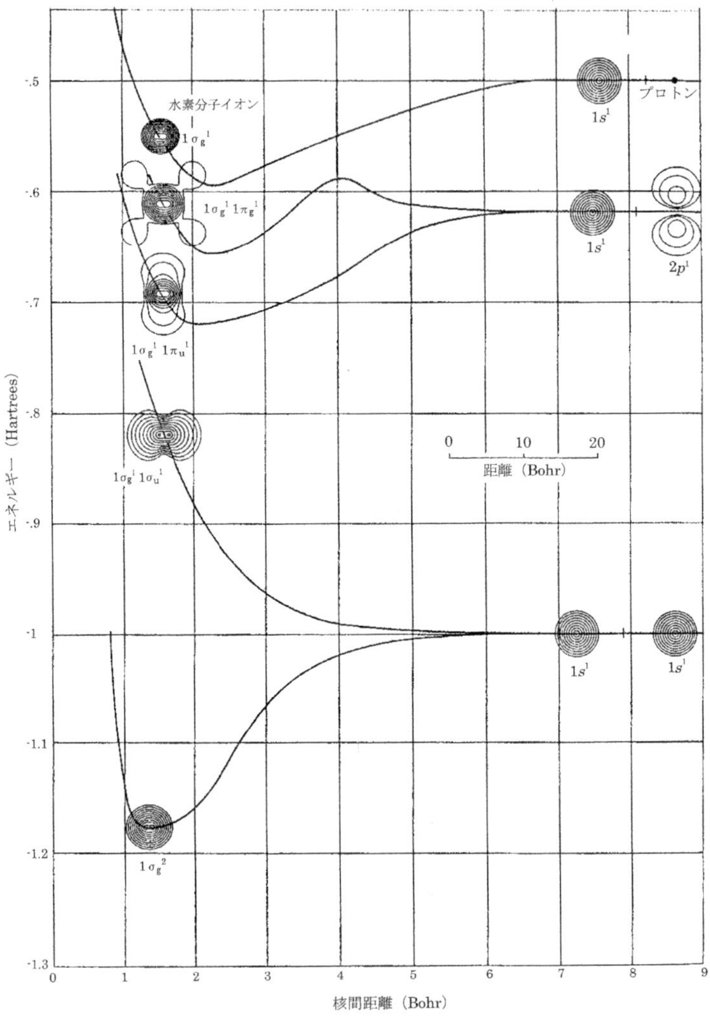

図 **6.2**　基底状態と励起状態の水素分子のポテンシャルエネルギー曲線

$$\left[-\frac{\hbar^2}{2\mu}\frac{d^2}{dx^2}+\frac{1}{2}Kx^2\right]\varphi_n(x)=E_n\varphi_n(x) \tag{6-6}$$

と書かれる．この方程式の解は解析的に求められており，固有値は

$$E_n=\left(n+\frac{1}{2}\right)\hbar\omega=\left(n+\frac{1}{2}\right)h\nu \tag{6-7}$$

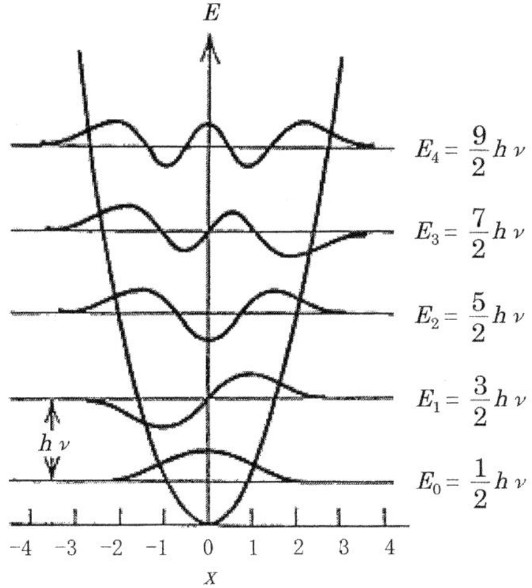

図 **6.3**　調和振動子の固有エネルギーと波動関数

となることがわかっている．ここで，$n = 0, 1, 2, 3, \cdots$．また，

$$\omega = \sqrt{\frac{K}{\mu}} \tag{6-8}$$

はすでに何度も出てきた角振動数である（式 (2-14) を見よ）．

エネルギーに関して，量子力学に特徴的なのは，最低エネルギー状態（$n = 0$）でも $E_0 = \frac{1}{2}\hbar\omega$ であって，なお 0 ではないことである．これは零点エネルギーと呼ばれ，重要な量子力学的効果を表わしている．この振動のために，分子はポテンシャルエネルギー曲面の最小値（$R = R_e$）で静止することはなく，最小値より E_0 だけ高いところが実際に分子が取りうるエネルギーの最低値だということになる（図 6.3 を見よ）．したがって，真の結合解離エネルギーは D_e ではなく，

$$D_0 = D_e - E_0 \tag{6-9}$$

で定義しないと実験値を再現することはできない，ということになる．

こうして得られた，R_e や D_e は，原子核の質量とは関係なしに計算されたのだから，H-H, H-D, D-D に共通の値であって，しかも，実験事実をほぼ正しく再現する．これは，ボルン・オッペンハイマー近似の妥当性が証明されたということをも意味している．

ついでに，調和振動子の波動関数について，図6.3を見て欲しい．波動関数の節の数と量子数の関係を再確認されたい．また，ポテンシャルエネルギーの壁を乗り越えて波動関数が染み出している事実に注目して欲しい．これを量子力学的トンネル効果と呼ぶ[3)]．

問題 6.5 ♪上で考えた水素分子と同位体置換体における D_0 が，H-H, H-D, D-D の順序で若干大きくなっていた．この事実を，式（6-7）と（6-9）を使って定量的に説明せよ．

6.5.3 3原子分子

水分子のように3個の原子 A，B，C が1つの分子を作るとき，分子の形を決めるための自由度（独立変数の数）は，3個である．AB 間の距離（R_{AB}）と BC 間の距離（R_{BC}）と ABC のなす角度 θ である．したがって，3原子系のポテンシャルエネルギー曲面は $E\,(R_{\mathrm{AB}}, R_{\mathrm{BC}}, \theta)$ ということになる．しかし，この図を描こうとすると4次元空間が必要なので，たとえば $\theta = 180°$ と固定して図を描いてみよう．3原子が同一直線状に乗っているので，共線配置という．

図6.4は，共線配置の3原子系のポテンシャルエネルギー曲面の典型的な例が2つ描かれている．$\mathrm{CO_2}$ のように3原子分子を作る場合（下の図）と，作らない場合（上の図）である．後者の場合には，交換反応 $\mathrm{A} + \mathrm{BC} \to \mathrm{AB} + \mathrm{C}$ においてエネルギー障壁ができる．$\mathrm{A} + \mathrm{BC}$ とは，この図で，R_{AB} が非常に大きく，R_{BC} が分子の核間距離を表すぐらい小さい座標を表す領域である（図の右下）．$\mathrm{AB} + \mathrm{C}$ では，R_{AB} と R_{BC} の大小関係が逆になっている（図の左上の領域）．したがって，反応 $\mathrm{A} + \mathrm{BC} \to \mathrm{AB} + \mathrm{C}$ とは，ポテンシャルエネルギー曲面の（$\mathrm{A} + \mathrm{BC}$）領域から（$\mathrm{AB} + \mathrm{C}$）領域に原子核の波動関数が移行することを意味する．

このような移行において，（$\mathrm{A} + \mathrm{BC}$）領域と（$\mathrm{AB} + \mathrm{C}$）領域をエネルギーの一番低い曲線で結ぶことができるが，このような曲線を反応座標と呼ぶ（図6.4の破線）．反応座標に沿ってポテンシャルエネルギー曲面の値の高さを概念的に図示したものが，反応プロフィルで，図6.5に例示がある．化学反応を起こすために必要なエネルギー（活性化エネルギー）や反応によるエネルギー

3) この効果は，低温における化学反応などで，重要な役割を果たすことがある．

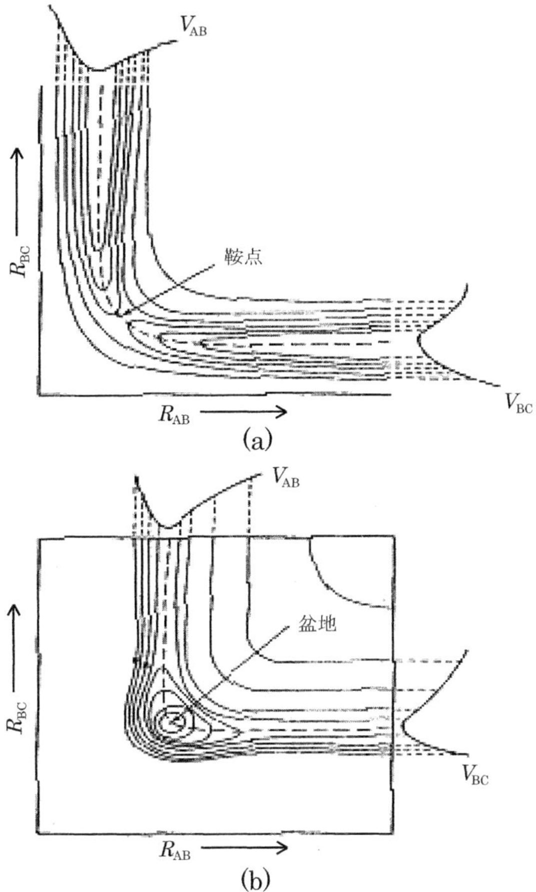

図 **6.4** 直線状 3 原子分子 A-B-C のポテンシャルエネルギー曲面を等高線で表したもの：上図は，反応 A + BC → AB + C の途中で，エネルギー障壁ができる場合．下図は，分子 ABC ができて，ポテンシャルの谷（盆地）ができる場合（Steinfeld et al., *Chemical Kinetics and Dynamics*, Prentice Hall, 1989）．

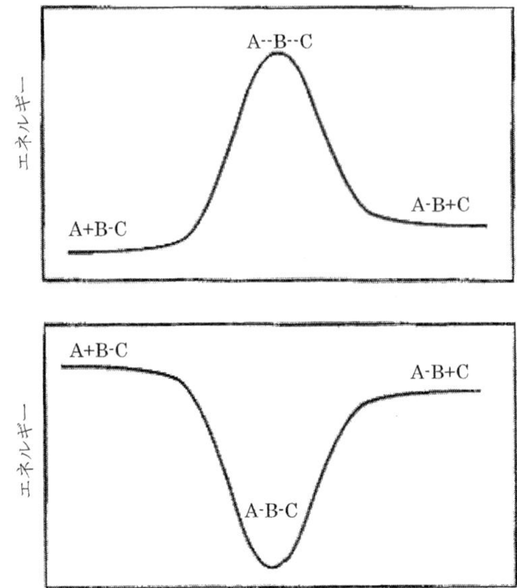

図 **6.5**　反応プロフィル：反応座標に沿ったポテンシャルエネルギー曲面の高さ．上図は反応障壁ができる場合．下図は，盆地ができる場合 (Steinfeld et al., *Chemical Kinetics and Dynamics*, Prentice Hall, 1989.)．

のおおよその収支（吸熱反応か発熱反応か）が，この図からわかる．

(A + BC) 領域から (AB + C) 領域に原子核の波動関数が移る速さが，反応素過程の速度である．この波動関数は，初期に与えられたエネルギーによって，ポテンシャルの障壁を超えることもあれば超えないこともある．超える場合でも，エネルギーによって速さが違うし波動関数が分波して，一部が超えて残りが戻ってくることもある．このように，時間とともに進行する化学反応を分子レベルで研究する学問を化学反応動力学という[4)]．

問題 6.6　一般に N 個の原子からなる分子の形を決める自由度（内部自由度という）は $3N-6$ であることを示せ．直線状の分子（たとえば水素分子）ではどうか？

4)　一方，試験管の中の物質全体の反応過程において観測される速さを対象にするものを反応速度論という．

6.6 分子の回転

ここでは，6.1 節，式 (6-1) で考え始めたように，2 原子分子を例として，分子回転の簡単な説明をする．角運動の保存則から，分子の結合長が長くなれば，結合軸に垂直な軸の周りの回転速度は遅くなるし，短くなれば速くなる（式 (4-71) を見よ）．分子の形の時間的変化と回転運動は，このようにカップルし，遠心力以外にも，興味深い力学的な効果が生まれることが最近の研究でわかっている．しかし，数学的に込み入ってくるので，最も単純な近似として，分子を平衡核間距離で凍結した「剛体」とみなすことにする．この近似で，問題は劇的に単純化される．また，剛体モデルでは，当然ながら，ポテンシャルエネルギー曲面を必要としない（平衡核間距離の情報を除いて）．

原子核の質量 M_a と M_b による換算質量 μ と平衡核間距離 R_e が与えられているものとする．このとき，重心に関する慣性モーメント I は，

$$I = \mu R_e^2 \tag{6-10}$$

であり，その古典角運動量 L は

$$L = I\omega_R \tag{6-11}$$

である．ここで，ω_R は角速度．エネルギーは

$$H_{rot} = \frac{L^2}{2I} \tag{6-12}$$

である．これだけの準備で，後は，4.3 節で述べた，回転の量子論へと移ればよい．

量子論では角運動量の 2 乗 $\hat{L}^2$ は，式 (4-74) で与えられ，その固有関数と固有値は，式 (4-76) だった．したがって，回転の量子力学的ハミルトニアンは，

$$\hat{H}_{rot} = \frac{\hat{L}^2}{2\mu R_e^2} \tag{6-13}$$

で，

$$\hat{H}_{rot} Y_{jm_j}(\theta, \phi) = \frac{j(j+1)\hbar^2}{2\mu R_e^2} Y_{jm_j}(\theta, \phi) \tag{6-14}$$

で与えられる（ここでは，量子数として，l の代わりに j を使った）．なお，

極座標系は，(R_e, θ, ϕ) でとってあって，重心が原点に当たる．

回転エネルギーは，したがって，

$$E_{rot}(j) = \frac{j(j+1)\hbar^2}{2\mu R_e^2} \tag{6-15}$$

であって，j が大きくなると，

$$E_{rot}(j+1) - E_{rot}(j) = \frac{j+1}{\mu R_e^2}\hbar^2 \tag{6-16}$$

となって，隣の順位との差が大きくなる．しかしながら，調和振動子のエネルギーレベルの差（式（6-7）を見よ）

$$E_{n+1} - E_n = \sqrt{\frac{K}{\mu}}\hbar \tag{6-17}$$

に比べると，$\hbar$ ではなくて $\hbar^2$ が掛かっている分，回転エネルギーのレベル間隔は振動に比べて非常に小さいことがわかる．この事実から，「分子の振動固有状態の１つ１つに回転の固有状態がいくつも乗っている」，つまり，「振動量子数１個に複数の回転量子数が伴った関数のグループができる」という描像が一般的に成り立っている．

また，慣用として，回転定数 B を次式

$$B = \frac{\hbar}{4\pi I} \tag{6-18}$$

で定義し，

$$E_{rot}(j) = Bhj(j+1) \tag{6-19}$$

と表すことが多い．

問題 6.7 2.1.3 項の 2 原子分子の表 2.1 について，回転定数を求めよ．

問題 6.8 同じ表で，$E_{rot}(j+1) - E_{rot}(j)$ と，$E_{n+1} - E_n$ をすべて求めよ．例として，$j = 10$ とせよ．

分子は振動や変形を繰り返しながら，回転運動をする．外から飛んできた他の粒子，たとえば，電子や原子と衝突して，回転エネルギーを溜め込んだり放出したりする．実際，分子が電子と衝突して回転エネルギーを溜め込むことが，星間分子の冷却過程に重要な働きをしているといわれている．また，宇宙

空間にある分子は，回転エネルギーを失って光を放出するが，その回転スペクトルは分子の形や大きさの情報を持っているから，地球に届いた光を分光することによって，宇宙空間にどのような分子が存在するか，探り当てるのに使われたりもする[5)]．分子の回転の動力学は，奥が深いのである．

5)　電波天文学の一分野であり，宇宙における物質進化を研究するうえで，化学と天文学を結ぶ重要な役割を果たしている．この分野では，わが国でも重要な実験研究がなされている．

第7章 化学結合と分子内電子分布

化学結合の生成は，基本的に電子によって支配されていることがわかった．そこで，ボルン・オッペンハイマーの描像に則り，化学結合の生成過程における電子の役割を中心に調べていくことにしよう．

7.1 結合形成と電子密度の変化：原子核に働く力

そもそも化学結合の生成に伴って電子の存在確率分布は，もとの原子と比べてどのように変化するだろうか？　それを調べるためにまず電子密度を定義する．

7.1.1 電子密度

ある核配置における N 電子系の波動関数 $\Psi\left(\vec{q}_1,\cdots,\vec{q}_N;\vec{R}\right)$（式 (6-3) 参照．ただし，ここでは $\vec{r}$ が $\vec{q}=(\vec{r},\omega)$ に変わっている）があって，規格化されているものとする．つまり，

$$\int d\vec{q}_1 d\vec{q}_2 \cdots d\vec{q}_N \left|\Psi\left(\vec{q}_1,\cdots,\vec{q}_N;\ \vec{R}\right)\right|^2 = 1 \qquad (7\text{-}1)$$

電子 1 から N までのどれでもよいから（もともと区別はできない），ある点 $\vec{q}$ に見いだす確率密度 $\Gamma(\vec{q})$ を次の式で定義する．

$$\begin{aligned}\Gamma(\vec{q}) = &\int d\vec{q}_2 \cdots d\vec{q}_N \left|\Psi\left(\vec{q},\vec{q}_2,\cdots,\vec{q}_N;\ \vec{R}\right)\right|^2 \\ &+\int d\vec{q}_1 d\vec{q}_3 \cdots d\vec{q}_N \left|\Psi\left(\vec{q}_1,\vec{q},\vec{q}_3,\cdots,\vec{q}_N;\ \vec{R}\right)\right|^2 \\ &+\cdots \\ &+\int d\vec{q}_1 d\vec{q}_2 \cdots d\vec{q}_{N-1} \left|\Psi\left(\vec{q}_1,\vec{q}_2,\cdots,\vec{q}_{N-1},\ \vec{q};\ \vec{R}\right)\right|^2 \end{aligned} \qquad (7\text{-}2)$$

電子が区別できないという性質から，この式は単純に

$$\Gamma(\vec{q}) = N \int d\vec{q}_2 \cdots d\vec{q}_N \left| \Psi\left(\vec{q}, \vec{q}_2, \cdots, \vec{q}_N;\ \vec{R}\right) \right|^2 \tag{7-3}$$

と等価である．

ところで $\vec{q}$ はスピン座標（ω）を含んでいた．つまり，$\vec{q} = (x, y, z, \omega) = (\vec{r}, \omega)$．そこで，スピンの向きに関わらず点 $\vec{r}$ に見出されるべき電子の存在確率密度を

$$\rho(\vec{r}) = \int \Gamma(\vec{r}, \omega)\, d\omega \tag{7-4}$$

で定義する．この $\rho(\vec{r})$ を単に電子密度という．

問題 7.1 式（7-2）から $\int \rho(\vec{r})\, d\vec{r} = N$ であることを示せ．

問題 7.2 式（7-2）と（7-3）が同等であること証明せよ．

7.1.2 静電的化学結合力

座標 $\vec{R}_a$, $\vec{R}_b$ にある原子核 a と b からなる 2 原子分子について考えよう．この分子の中で，核 a に働くクローン力には次の 2 種類がある．

(i) もう 1 つの核 b から働く反発力 $(\vec{F}_1)$

$$\vec{F}_1 = Z_a Z_b e^2 \frac{\vec{R}_a - \vec{R}_b}{\left|\vec{R}_a - \vec{R}_b\right|^3} \tag{7-5}$$

(ii) 点 $\vec{r}$ の周りの微小体積に含まれる電子 $\rho(\vec{r})\,\Delta\vec{r}$ から働く引力 $(\vec{F}_2)$

$$\vec{F}_2 = -Z_a \rho(\vec{r})\, e^2 \frac{\vec{R}_a - \vec{r}}{\left|\vec{R}_a - \vec{r}\right|^3} \Delta\vec{r} \tag{7-6}$$

ここで，ρ が整数である必要は何もないことに注意せよ．電子は全空間に広がりを持つから，それらから受ける力をすべて積分すると，結局核 a に働く全クーロン力 $\vec{F}$ は

$$\vec{F}_a = \vec{F}_1 - Z_a e^2 \int \rho(\vec{r}) \frac{\vec{R}_a - \vec{r}}{\left|\vec{R}_a - \vec{r}\right|^3} d\vec{r} \tag{7-7}$$

で与えられる．この式は，空間に分布する電荷に関する古典力学の結果と同じものであるが，量子力学的にもまったく正しい．ただし，$\rho(\vec{r})$ は量子力学的

計算によってのみ得られる．$\vec{F}_a$ はポテンシャルエネルギー曲面 $E(\vec{R})$ の座標 $\vec{R}_a$ に関する 1 次微分にマイナスをつけたものに対応する．この関係は見かけ上自明ではないが，若き日のファインマン（Richard Feynman, 1918–1988）によって発見され，ヘルマン・ファインマン（Hellmann-Feynman）の定理と呼ばれる定理の特別な場合になっている．この式をすべての核について計算すれば，分子内の原子核に働く力，すなわち，分子がどちらの方向に向かって変形しようとするのかがわかる．

問題 7.3 ♪ 平衡核配置（分子の安定構造）ではすべての原子核に対して $\vec{F}_a$ $(a = 1, 2)$ の値が零ベクトルになる．その逆は常に正しいか？ つまり，すべての $\vec{F}_a$ が零ベクトルになったとき，分子はどんな場合にも安定構造になっているといえるか？ もしそうでないとすると，どのような状況が考えられるか？ 図 6.4 を参考にせよ．

7.1.3 電子分布の結合領域と反結合領域

分子内に働くすべての $\vec{F}_a$ がわかっているとき，式（7-6）を分析すれば，点 $\vec{q}$ にある電子が，化学結合にどのように寄与するのかわかるはずである．その場合，(i) 原子核を繋ぎ止めておく方向に力が働く，(ii) 原子核が互いに離れ合う方向に力が働く，の 2 通りの場合がある．(i) の結果となる $\vec{r}$ の領域を結合領域，(ii) のそれを反結合領域という．つまり，結合領域に存在する電子は，結合の生成に寄与する力の働き方をするということである．図 7.1 を見て欲しい．これは，ベルリン・ダイヤグラムと呼ばれる．斜線を施した領域は反結合領域，それ以外は結合領域である．ただちにわかるように，結合領域は原子核と原子核のあいだに広がっており，正電荷で反発しあう原子核を，負電荷の電子が両方を繋ぎ止める役割を果たすようになっている．逆に，反結合領域は分子の外側に広がっており，近くの原子核をより強く引きつけることにより，結果的に 2 つの原子核を引き離す役割を果たすのである．まとめると，化学結合ができるためには，原子核と原子核のあいだに電子分布が溜まっていることが必要である．

7.2 化学結合と電子密度の変化

等核 2 原子分子の $\boldsymbol{\rho(\vec{r})}$ の等高線図 図 7.2 を見て欲しい．理論計算によって

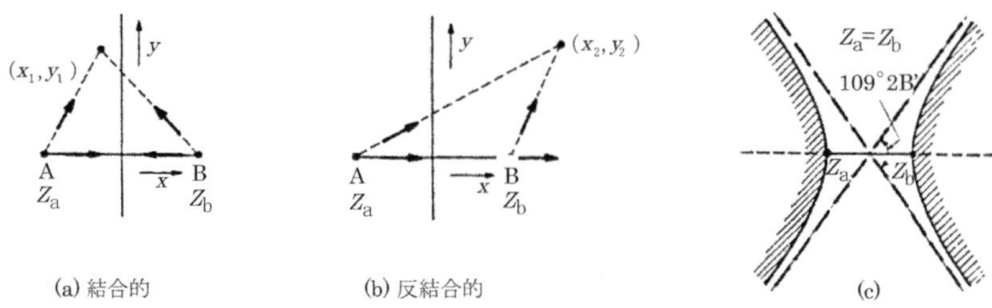

(a) 結合的　(b) 反結合的　(c)

図 **7.1**　結合領域と反結合領域（Hirschfelder et al., *Molecular Theory of Gases and Liquids*, John Wiley & Sons Inc., 1964.）

得られた，いくつかの典型的な等核2原子分子の平衡核配置における電子密度が描かれている．分子全体に電子が広がっていることがわかる．しかし，このままでは，有用な情報を抽出したことにはならない．

差密度 $\boldsymbol{\Delta\rho(\vec{r})}$　結合前の原子 a と b の電子密度をそれぞれ，$\rho_a(\vec{r})$ と $\rho_b(\vec{r})$ とする．次に，a と b が接近して分子になったときの全体の電子密度を $\rho_M(\vec{r})$ とする．もちろん，これは $\vec{R}$ によって変化する．原子が接近することで変化した電子密度 $\Delta\rho(\vec{r})$ を

$$\Delta\rho(\vec{r}) = \rho_M(\vec{r}) - [\rho_a(\vec{r}) + \rho_b(\vec{r})] \tag{7-8}$$

で定義するのが自然である．これを差密度と呼ぶ．以下に示す図で，実線は $\Delta\rho(\vec{r}) > 0$，破線は $\Delta\rho(\vec{r}) < 0$ を示している．$\Delta\rho(\vec{r}) > 0$ とは，原子が接近して電子密度が増えた領域を意味する．もちろん，電子数は変わらないから

$$\int \Delta\rho(\vec{r})\, d\vec{r} = 0 \tag{7-9}$$

が成り立っているから，$\Delta\rho(\vec{r}) < 0$ の領域から電子が流れ込んで，$\Delta\rho(\vec{r}) > 0$ の領域ができるわけである．

問題 7.4　図1.8を見よ．これはフォルムアミドの差密度の図である．この図から気がつく点を述べよ．

7.2.1　等核2原子分子の差密度

上の等核2原子分子の全電子密度に対応して，差密度を描いたものが図7.3である．これらの一連の図を見ると，次の重要な事実に気づく．①化学結合が

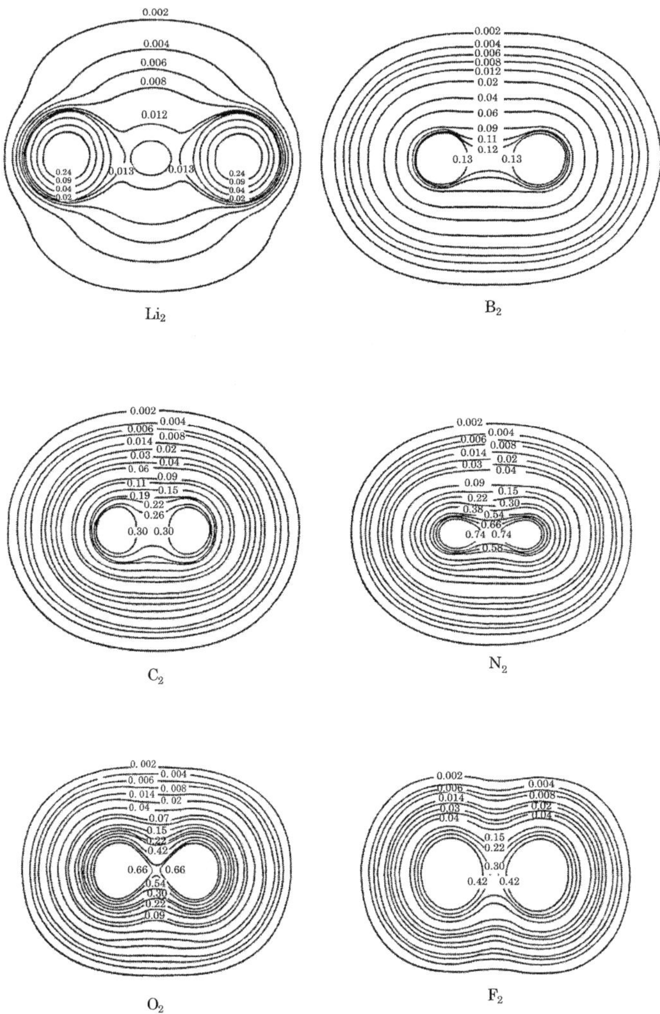

図 **7.2**　等核 2 原子分子の電子密度の等高線図（Bader ら，Molecular Charge Distributions and Chemical Binding, *J.Chem. Phys.* **46**, pp3341-3363, 1967.）

できるために，確かに結合領域に電子が流れ込んで増加している．②しかし，全電子数が多くなると，反結合領域にも電子密度が増えている．したがって，電子数が増えれば，それに比例して化学結合力が増えていくという単純なものではない，ということである．

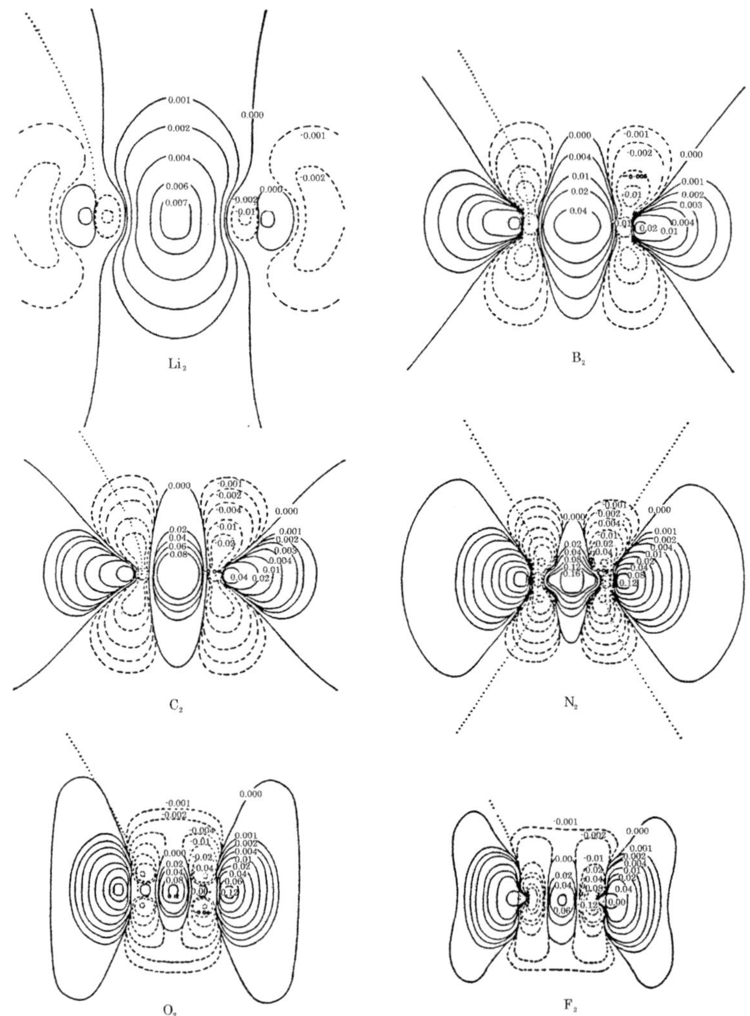

図 **7.3**　等核 2 原子分子の差密度（Bader ら，Molecular Charge Distributions and Chemical Binding, *J.Chem. Phys.* **46**, pp3341-3363, 1967.）

核間距離の変化に伴う $\Delta\rho(\vec{r})$ の変化：H_2 と He_2 を例として　次に，核間距離の変化するに従って，差密度がどのように推移するか見てみよう．強い化学結合ができる H-H と化学結合ができない例としての He-He の場合を見ることにする．

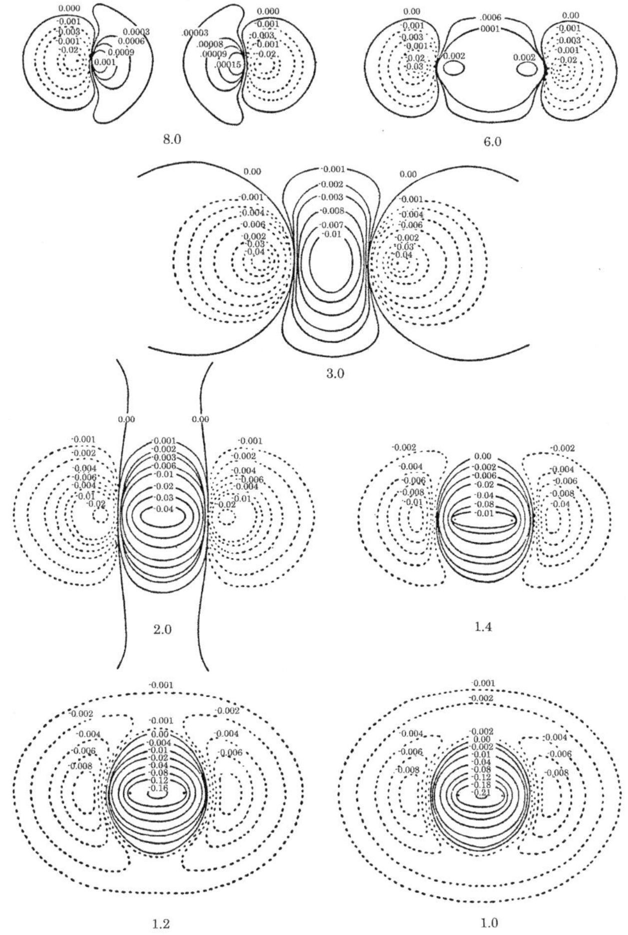

図 **7.4**　水素分子の差密度（Bader ら，Molecular Charge Distributions and Chemical Binding, *J.Chem. Phys.* **46**, pp3341-3363, 1967.）

H-H（図 7.4）

核間距離が相当大きい 8.0 Bohr の時点で，電子が反結合領域から結合領域に流れ込みはじめているのがわかる．しかし，それは「分極している」という程度のものである．6.0 Bohr になると，結合領域に流れ込んだ電子が広い領域に分布し，2 つ原子に平等に共有されている様子が見えてくる．

He-He（図 7.5）

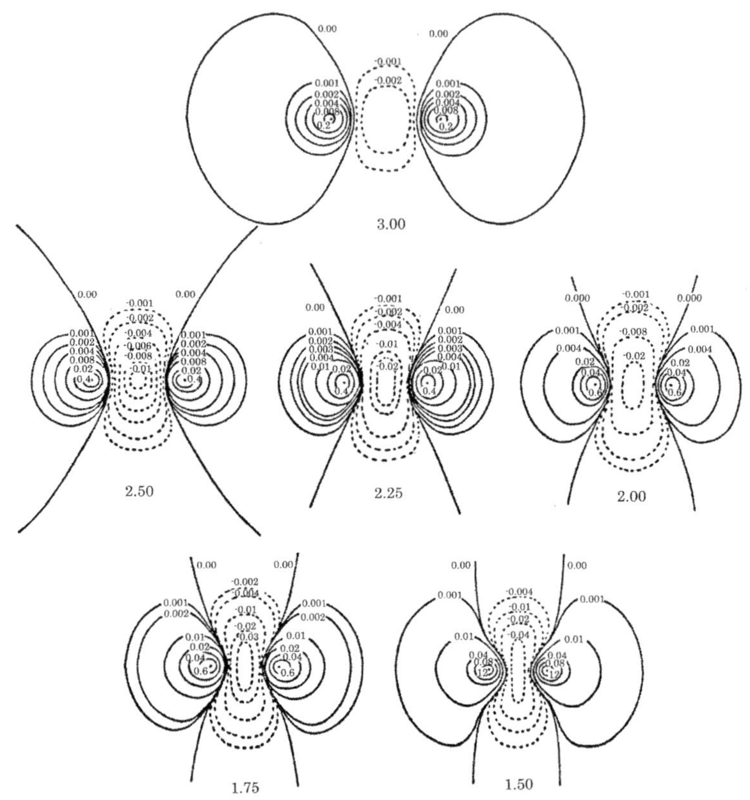

図 **7.5**　ヘリウム原子を 2 個接近させたときの差密度（Bader ら，Molecular Charge Distributions and Chemical Binding, *J.Chem. Phys.* **46**, pp3341-3363, 1967.）

He-He では対照的に，結合領域から電子が流れ出て，反結合領域に入り込んでいるのがよくわかる．He-He は，非結合的というよりも反結合的であって，原子間に反発力が働いていそうなことが視覚的に了解できる．

7.2.2　異核 2 原子分子

最後に，異核 2 原子分子の例として，一連の水素化物を観察する．図 7.6 で，左側の中心にある原子は，Li, Be, B, C, N, O, F であり，右側に位置している原子は水素原子である．結合生成によって電子分布の偏りが起きたことがよくわかる．LiH では Li から H 側に電子が移動しており，$Li^{\delta+}H^{\delta-}$ という分極をしているが，一方，HF 分子では，F 原子が大量の電子を取り込ん

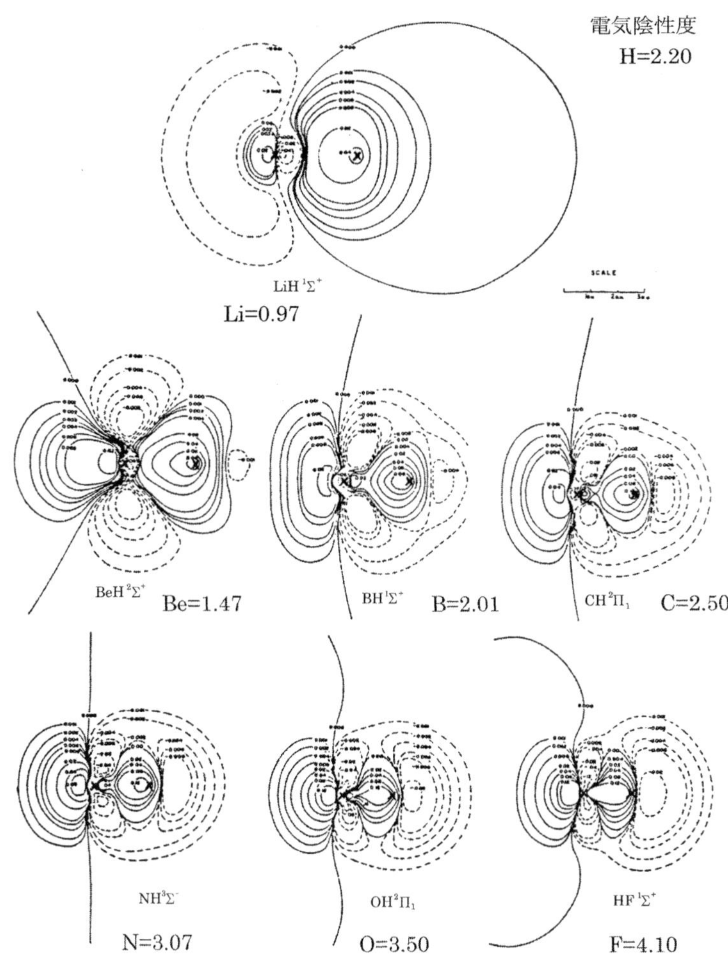

図 7.6　異核2原子分子の例としての水素化物の差密度（Bader ら，Molecular Charge Distributions and Chemical Binding, *J.Chem. Phys.* **46**, pp3341-3363, 1967.）

で H^+F^- に近い状態になっている（しかし，いずれの場合にも結合領域に電子がしっかり増えていることに注意せよ）．原子は，結合の相手や環境によって，引きつける電子の量は当然変化する．しかし，ポーリングは，電子の引き付けやすさを原子の固有の性質として，ある程度定量的に決めることができることを示した．これを電気陰性度といい，その値は，H(2.20)，Li(0.97),

Be(1.47), B(2.01), C(2.50), N(3.07), O(3.50), F(4.10) である．原子の組み合わせとして電気陰性度を使うとき，大きい値を持つ原子がより多くの電子を引きつける．フッ素原子が最大の電気陰性度を持つことはよく知られている．電気陰性度については，9.5 節で詳しく述べる．

第8章

量子波動の重ね合わせと化学結合

前章で,「化学結合が生成するためには,原子核間の結合領域に電子が集まってくることが必要である」ことを現象として観察した.この章では,分子軌道理論を使って,化学結合ができる仕組みを定性的に解明する.

8.1 水素分子イオンの電子状態：分子軌道

最も簡単な分子である水素分子イオン H_2^+ から考え始めよう.H_2^+ はプロトンが2個,電子が1個からなる.ここでは,プロトンが有限の距離にあって,すでに化学結合ができているものとする.このときの,電子の分子内分布のしかたを考えるのが主題である.

電子の波動関数を $\phi(\vec{r})$ とする.この電子は分子全体を運動していて,電子が一方の原子に偏って存在することはないはずである.$\phi(\vec{r})$ が満たすべき性質を調べるために,図8.1を考える.プロトンAの近傍の座標を $\vec{r}_A$,プロトンBの近くの座標を $\vec{r}_B$ とする.電子が $\vec{r}_A$ の領域にいるとき,プロトンBからの影響は小さいと考えられるから,それを無視すると

$$\phi(\vec{r}_A) \propto \chi_A(\vec{r}_A) \tag{8-1}$$

が成り立つはずである.ここで χ_A は水素原子Aの $1s$ 関数.同様に,$\vec{r}_B$ の領域では

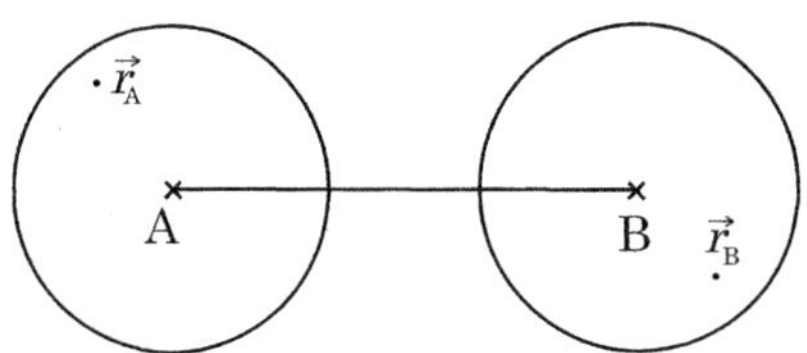

図 8.1　分子における原子領域とその座標

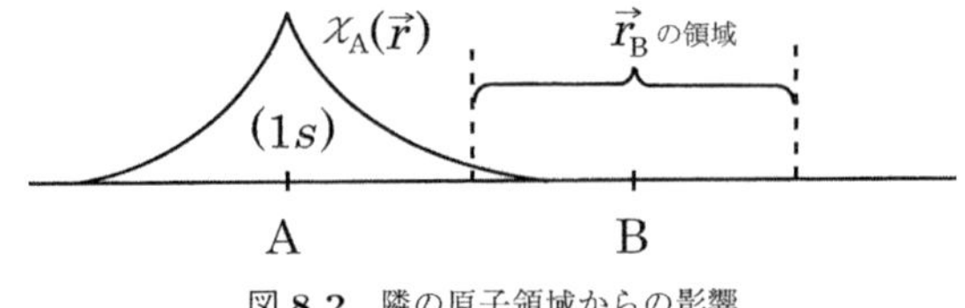

図 **8.2** 隣の原子領域からの影響

$$\phi(\vec{r}_B) \propto \chi_B(\vec{r}_B) \tag{8-2}$$

が要請される．一方，χ_A と χ_B が $1s$ 関数であり，また，$1s$ 関数がプロトンの位置から離れるにつれて指数関数的に減少することを考えると，近似的に

$$\chi_A(\vec{r}_B) \approx 0 \tag{8-3}$$

と

$$\chi_B(\vec{r}_A) \approx 0 \tag{8-4}$$

が成り立つことが期待される（図 8.2 を見よ）．

条件（8-1）から（8-4）の 4 つの条件を満たす関数は近似的に作ることができて

$$\phi(\vec{r}) = C_A\chi_A(\vec{r}) + C_B\chi_B(\vec{r}) \tag{8-5}$$

とすればよい．ここで C_A と C_B は定数である．

問題 8.1 式（8-3）と（8-4）を使って，式（8-5）の $\phi(\vec{r})$ が式（8-1）と（8-2）を満たすことを確かめよ．

このように，分子全体に広がっている波動関数 ϕ を原子軌道の和（重ね合わせ）で表現することができた．多電子分子でも分子全体に広がっている一電子軌道（orbital）を想定することができる．これを分子軌道（molecular orbital）と称する．また，たとえば原子が 3 個以上ある場合も考え方は同じで，

$$\phi(\vec{r}) = C_A\chi_A(\vec{r}) + C_B\chi_B(\vec{r}) + C_C\chi_C(\vec{r}) + \ldots\ldots \tag{8-6}$$

とすればよい．分子軌道 ϕ の原子軌道 χ による線形結合を LCAO（Linear Combinations of Atomic Orbitals）という（Robert Mulliken, 1932）．

問題 8.2 ♪ LCAO (8-5) は自然で素直な考え方を反映しているが，実際には近似には違いない．物理的に見て，どのような効果が抜けているか？ それを取り入れるためには，どのようにすればよいか工夫せよ．

8.2 ◆展開法とヒルベルト空間

与えられた関数群で，式 (8-6) のように，自分が計算したい関数を展開したいことが量子論ではしばしばある．このとき，特定の性質を持つ関数群からなる空間を考えると都合がよい場合がある．この関数空間を少し考えてみよう．

まず初等的な代数を思い起こしておこう．3 次元ユークリッド空間はベクトル空間であって，基底ベクトル $\{\vec{e}_x, \vec{e}_y, \vec{e}_z\}$ は長さと距離と直交性が与えられていて，

$$\vec{e}_i \cdot \vec{e}_j = \delta_{ij} \tag{8-7}$$

で要約された．ここで，$\vec{e}_i$ $(i = 1, 2, 3)$ は基底ベクトル．この空間に属する任意のベクトル $\vec{a}$ は基底ベクトルで展開できて，

$$\vec{a} = \sum_{i=1}^{3} a_i \vec{e}_i \tag{8-8}$$

と書け，係数 a_i は

$$a_i = \vec{e}_i \cdot \vec{a} \tag{8-9}$$

で与えられる．ユークリッド空間の中の座標変換は，基底ベクトルのあいだでの線形変換を引き起こすが，$\{\vec{e}_x, \vec{e}_y, \vec{e}_z\}$ をどれかに決めておけば，$\vec{a} = (a_x, a_y, a_z)$ は一意的に決まる．したがって，(a_x, a_y, a_z) を $\vec{a}$ と同一視し (identify)，$\vec{a}$ の $\{\vec{e}_x, \vec{e}_y, \vec{e}_z\}$ による**表現** (representation) と呼ぶ．

関数空間は慣れるまでは抽象的に感じるが，上と基本的にはよく似た構造をしている．基底ベクトルとなる関数の集合 $\{\phi_1, \phi_2, \phi_3, \cdots, \phi_N\}$ を与える．N は無限ですら許される．関数のあいだには，幾何学的関係の 1 つとして，内積

$$\int \phi_i^* (\vec{r})\, \phi_j (\vec{r})\, d\vec{r} = \langle \phi_i | \phi_j \rangle = \delta_{ij} \tag{8-10}$$

を導入しよう．これで，ベクトルの長さと角度が入った．規格直交性の言葉の

意味は，これで明らかであろう．

問題 8.3 この内積を使って，ユークリッド空間の場合にならって，ベクトル間の距離を定義せよ．

この関数空間の中の任意の関数 ψ が，どれでも

$$\psi = \sum_{i=1}^{N} c_i \phi_i \tag{8-11}$$

$$c_i = \int \phi_i^* (\vec{r})\, \psi (\vec{r})\, d\vec{r} = \langle \phi_i | \psi \rangle \tag{8-12}$$

と一意に展開できたとすると，この関数空間は完全であるといわれる．ベクトル $(c_1, c_2, c_3, \cdots, c_N)$ を ψ と同じものとみなして，代数的に扱うことができる．線形代数学はこの意味でも重要性を持っている．

ユークリッド空間の中の座標変換と同じように，関数空間の中の基底ベクトルの変換を考えてみよう．すなわち，$\{\phi_1, \phi_2, \phi_3, \cdots, \phi_N\} \to \{\xi_1, \xi_2, \xi_3, \cdots, \xi_N\}$ を次の線形変換

$$\xi_k = \sum_{i=1}^{N} D_{ki} \phi_i \tag{8-13}$$

で決める．新しい基底 $\{\xi_1, \xi_2, \xi_3, \cdots, \xi_N\}$ にも規格直交性

$$\langle \xi_k | \xi_l \rangle = \delta_{kl} \tag{8-14}$$

を要求してもよい．この場合には，D_{ki} を行列要素とする変換行列 $\mathbf{D}$ は，直交行列[1]である．この場合の基底変換は，単に，関数空間の中のベクトルの「回転」である．$\mathbf{D}$ の逆行列 $\mathbf{D}^{-1}$ を使って，式 (8-11) を書き直すと

$$\begin{aligned} \psi &= \sum_{i=1}^{N} c_i \sum_{k=1}^{N} D_{ik}^{-1} \xi_k = \sum_{k=1}^{N} \left(\sum_{i=1}^{N} c_i D_{ik}^{-1} \right) \xi_k \\ &= \sum_{k=1}^{N} C_k \xi_k \end{aligned} \tag{8-15}$$

となり，新しい基底関数系での展開係数が決まる（式 (8-11) と比べよ）．ど

1) ${}^t\mathbf{D}\mathbf{D} = \mathbf{I}$ となる実正方行列．ただし，${}^t\mathbf{D}$ は $\mathbf{D}$ の転置行列．より一般的には，複素数の変換を認めれば，$\mathbf{D}$ はユニタリー行列．

のような基底系を選ぶかは，便利さによって決まってくるから，問題に応じて都合よく選んでおけばよい．後で出てくるが，原子軌道関数系から分子軌道関数系への変換も基底関数系の変換（回転）とみなすことができる．そのような視点からみると，読者は，以後類似の例がたくさん出てることに気づくはずである[2)]．特に，第 11 章の「ヒュッケル分子軌道法とその応用」では，この点を強調しておいた．

式（8-10）の内積を持つ規格化可能な関数からなる空間を，単に，ヒルベルト（Hilbert）空間と呼ぶ（規格化可能性については，式（2-56）と（2-57）を見よ）．本書ではこの程度にとどめるが，ヒルベルト空間は，より大きな関数空間の集合の特別な場合であり，ベクトル列の収束性など精緻な議論が必要である．興味のある人は，ぜひ進んだ勉強をして欲しい．

8.3 原子軌道で分子軌道を展開する

式（8-5）の H_2^+ の分子軌道 ϕ の係数 C_A と C_B を決めよう．ここで，簡単のため，C_A と C_B は実数であるとしておく．電子の存在確率密度 $\rho(\vec{r})$ は

$$\rho(\vec{r}) = \phi(\vec{r})^2 = C_A^2\chi_A^2(\vec{r}) + C_B^2\chi_B^2(\vec{r}) + 2C_AC_B\chi_A(\vec{r})\chi_B(\vec{r}) \quad (8\text{-}16)$$

と展開できる．この式で，たとえば，$C_A^2\chi_A^2(\vec{r})$ は，電子が $\chi_A^2(\vec{r})$ に分布している確率密度である．また，$2C_AC_B\chi_A(\vec{r})\chi_B(\vec{r})$ は，$\chi_A(\vec{r})$ と $\chi_B(\vec{r})$ の積が大きな値をもつ領域に存在する確率密度である．この積が大きい領域とは，図 8.3 でわかるように，2 つの原子核のあいだの中心部分だけである．

さて，H_2^+ ではプロトン A とプロトン B は同格で，A 領域と B 領域のどちらか一方により多く電子が偏在していることはないと期待されるから，

$$C_A^2 = C_B^2 \quad (8\text{-}17)$$

が要求される．ここで，式（8-17）を満たすには可能性が 2 つある：① C_A

2) 化学以外にも，以上のような考え方はいくらでもでてくる．たとえば，フーリエ級数（展開）などもその典型例であって，工学などでもよく使われる．実は，井戸型ポテンシャルの固有関数群（式（3-63）の関数群）はフーリエ sine 級数の基底になっており，その規格直交性が式（3-64）というわけである．この井戸の中にあって同じ境界条件（つまり式（3-57））を満たす 1 価の連続関数は，すべてこの固有関数群で展開できる．

$= C_B$ と，② $C_A = -C_B$ である．C_A と C_B の絶対値は規格化条件

$$\int \rho(\vec{r})\, d\vec{r} = 1 \tag{8-18}$$

から自動的に決まってくる．ここで，重なり積分

$$S = \int \chi_A(\vec{r})\, \chi_B(\vec{r})\, d\vec{r} \tag{8-19}$$

を定義すると，

① の場合には

$$C_A = C_B = [2(1+S)]^{-\frac{1}{2}} \tag{8-20}$$

② の場合には

$$C_A = -C_B = [2(1-S)]^{-\frac{1}{2}} \tag{8-21}$$

となる．

8.4 結合性軌道と反結合性軌道

こうして，2 つの原子軌道から，2 つの分子軌道ができることがわかった．つまり，式 (8-20) から

$$\phi_g = \frac{1}{\sqrt{2(1+S)}}(\chi_A + \chi_B) \tag{8-22}$$

と式 (8-21) に対応して

$$\phi_u = \frac{1}{\sqrt{2(1-S)}}(\chi_A - \chi_B) \tag{8-23}$$

ができたことになる．

これを，行列の形で書き直すと

$$\begin{pmatrix} \phi_g \\ -\phi_u \end{pmatrix} = \begin{pmatrix} \frac{1}{\sqrt{2(1+S)}} & \frac{1}{\sqrt{2(1+S)}} \\ -\frac{1}{\sqrt{2(1-S)}} & +\frac{1}{\sqrt{2(1-S)}} \end{pmatrix} \begin{pmatrix} \chi_A \\ \chi_B \end{pmatrix} \tag{8-24}$$

と表すことができる．これは，2 成分のベクトル $\begin{pmatrix} \chi_A \\ \chi_B \end{pmatrix}$ を回転させて，新たに別のベクトル $\begin{pmatrix} \phi_g \\ -\phi_u \end{pmatrix}$ を作ったことを意味する．$S = 0$ ならば，45°

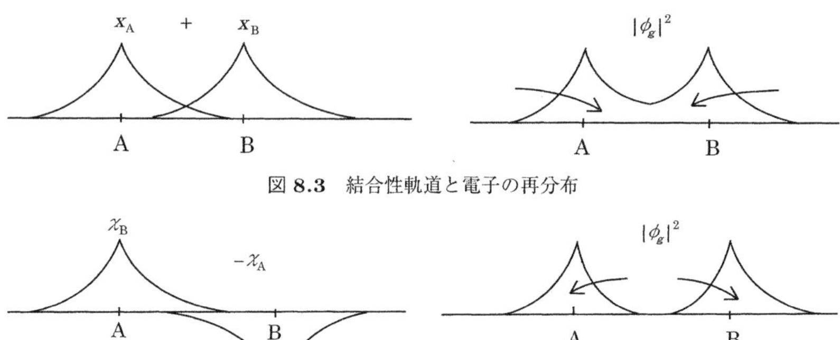

図 **8.3**　結合性軌道と電子の再分布

図 **8.4**　反結合性軌道とその電子再分布

回転させたことに対応する．

次に，それぞれの分子軌道からなる電子密度 $\rho_g = \phi_g^2$ と $\rho_u = \phi_u^2$ の内容を考えてみよう．まず，

$$\rho_g = \phi_g^2 = [2(1+S)]^{-1}\left(\chi_A^2 + \chi_B^2 + 2\chi_A\chi_B\right) \tag{8-25}$$

を考えよう．この式は，次のように解釈できる（図 8.3）：

1. 原子領域にあった電子 $\frac{1}{2}\left(\chi_A^2 + \chi_B^2\right)$ が，少し減って $\frac{1}{2(1+S)}\left(\chi_A^2 + \chi_B^2\right)$ になった．
2. χ_A と χ_B がともに値を持つ領域（重なり領域という．いまの場合核 A と核 B のあいだ）に $\frac{1}{(1+S)}\chi_A\chi_B$ だけ電子が増えた．

前の章で見たとおり，核 A と核 B のあいだに集まった電子が結合力を生み出すわけだから，ϕ_g は結合性軌道と呼ぶに相応しい．

一方，反結合性軌道 ϕ_u では，この逆のことが起きている（図 8.4）：

$$\rho_u = \phi_u^2 = [2(1-S)]^{-1}\left(\chi_A^2 + \chi_B^2 - 2\chi_A\chi_B\right). \tag{8-26}$$

この式からわかるように，原子領域に電子が増えて，重なり領域から電子が結果的に減っている．

問題 8.4　ρ_u では，結合領域からどれだけ電子が減ったか？

図 8.5 に，ϕ_g と ϕ_u によって得られるポテンシャルエネルギー曲線（それぞれ E_g と E_u とする）を示す．E_g と対照的に E_u はポテンシャルに極値を持た

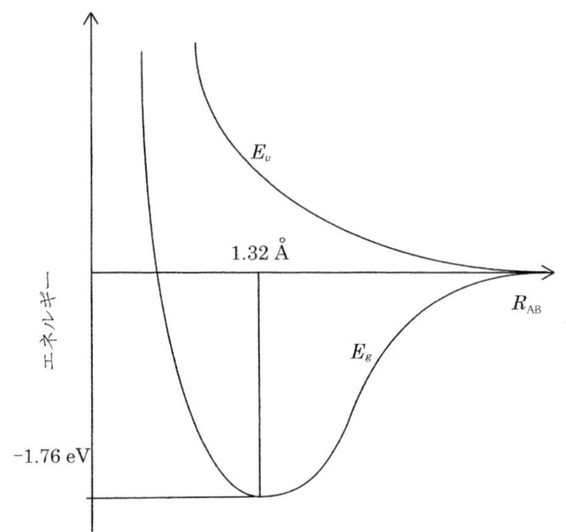

図 **8.5**　結合性軌道と反結合性軌道のポテンシャルエネルギー曲線の概念図

ず，結合状態を作り出すことはない．

問題 8.5　♪ ϕ_u は化学結合を作らない状態を表しているけれども，物理的には実在しうる状態であることに注意するべきである．どうやったらこの状態を作り出せるか，実験の方法を考えてみよ．

8.5　分子における波動の重ね合わせの典型的な組み合わせ

以上の非常に簡単な例からわかるように，化学結合は複数の定在波（ここでは 2 つの原子軌道）の重ね合わせ（干渉）によって生ずる．この節では，定量的な議論はまったく度外視して，ひたすら直感的に，波動の重ね合わせのいくつかのパターンを示す．こうした直感的なイメージを与えてれくれるのも，量子論の大きなメリットである．今後，たとえば，$[2p_{xA}]$ は原子 A 上の $2p_x$ 軌道関数を表すものとする．以下，概念図だけで進行する．

1 次元の強め合う波（図 8.6），弱め合う波（図 8.7）

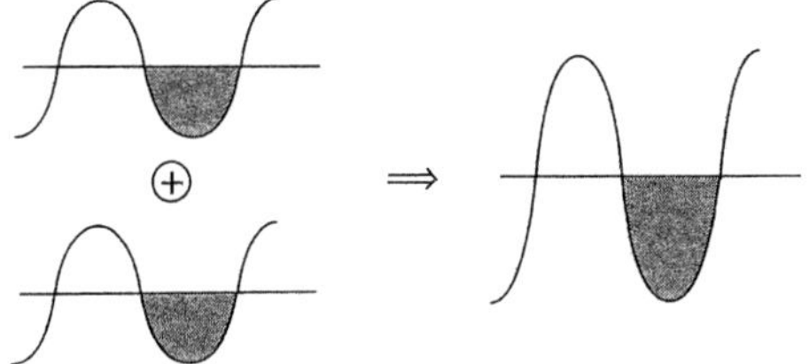

図 **8.6** 1 次元の波の強めあう干渉

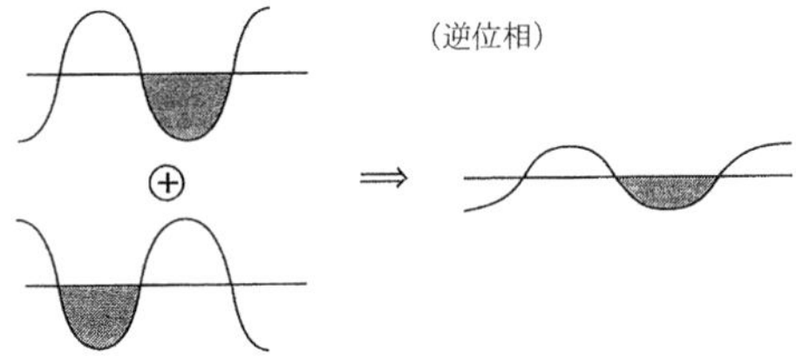

図 **8.7** 1 次元の波の弱めあう干渉

3 次元の波（$\mathbf{H_2^+}$ の場合）：結合性（図 8.8）と反結合性（図 8.9）

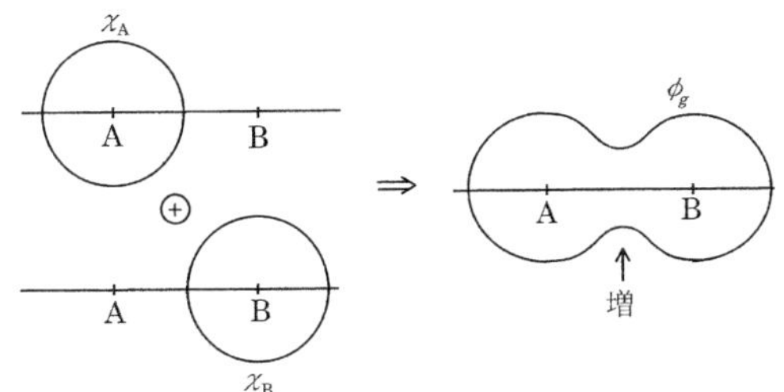

図 **8.8** 異なる原子上の s 型関数の結合性の重ね合わせ

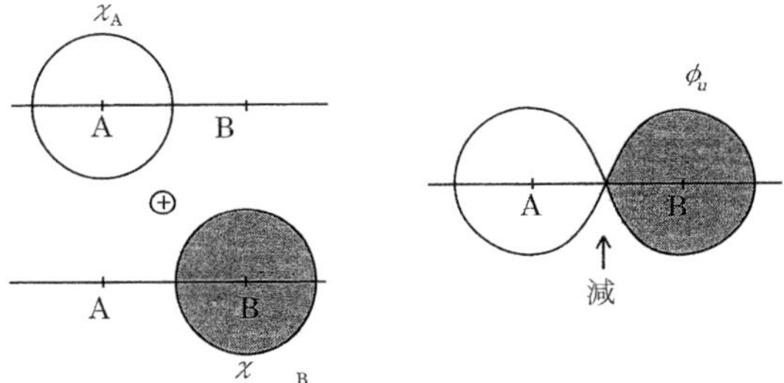

図 **8.9** 異なる原子上の s 型関数の反結合性の重ね合わせ

原子内における原子軌道の重ね合わせ：混成軌道（図 8.10）

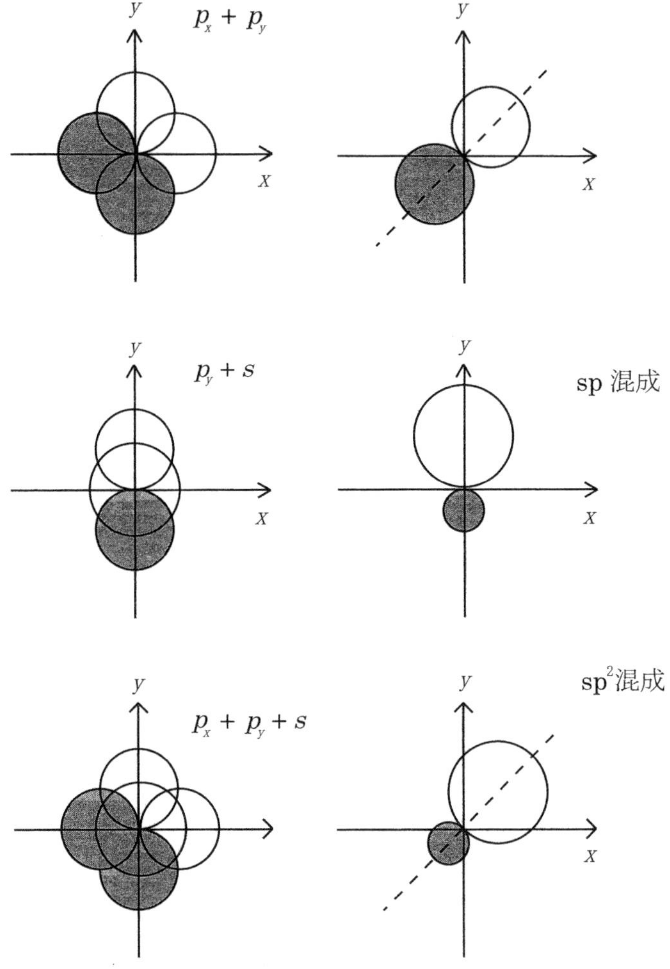

図 8.10 原子内原子軌道の重ね合わせ (向きを変える，突き出させる—混成軌道（後述))

原子間の原子軌道の重ね合わせ：$[\mathbf{2p_{xA}}] \pm [\mathbf{1s_B}]$（図 8.11）

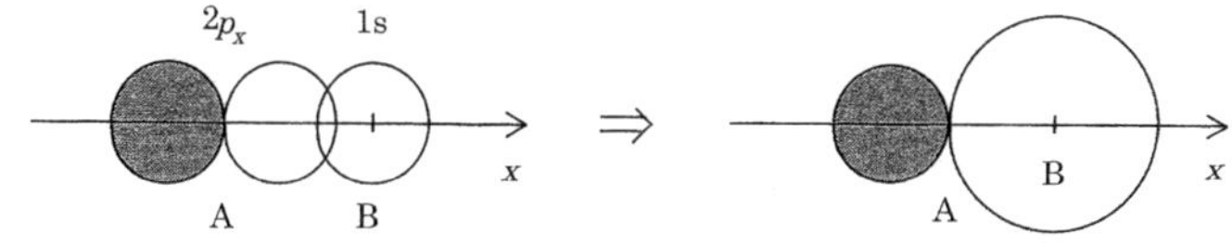

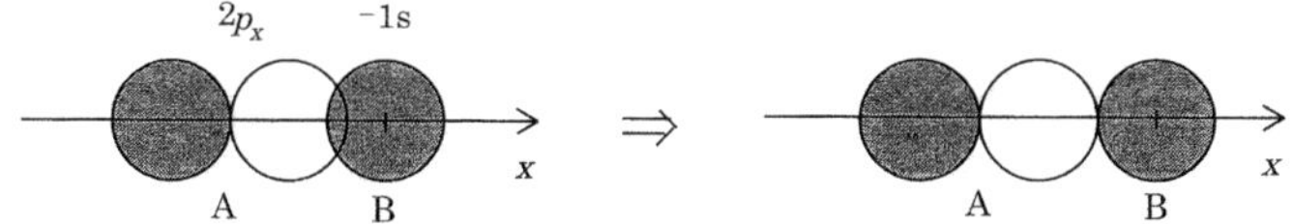

図 **8.11**　結合軸方向に沿った p 型関数と，隣の原子上の s 型関数の重ね合わせ：結合性と反結合性.

結合軸に沿った 2 つの 2p 軌道原子軌道の重ね合わせ（原子間）：$[\mathbf{2p_{xA}}] \mp [\mathbf{2p_{xB}}]$（図 8.12）

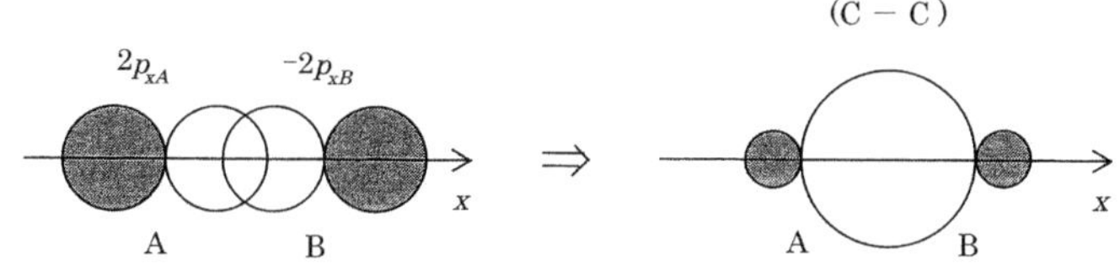

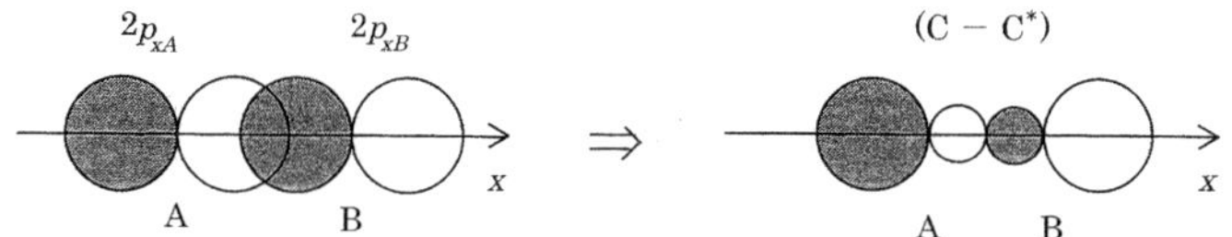

図 **8.12**　結合軸方向に沿った p 型関数と，隣の原子上の結合軸方向に沿った p 型関数の重ね合わせ：結合性と反結合性.

結合軸に直交した 2 つの 2p 軌道の重ね合わせ（原子間）：$[\mathbf{2p_{yA}}] \mp [\mathbf{2p_{yB}}]$
（図 8.13）

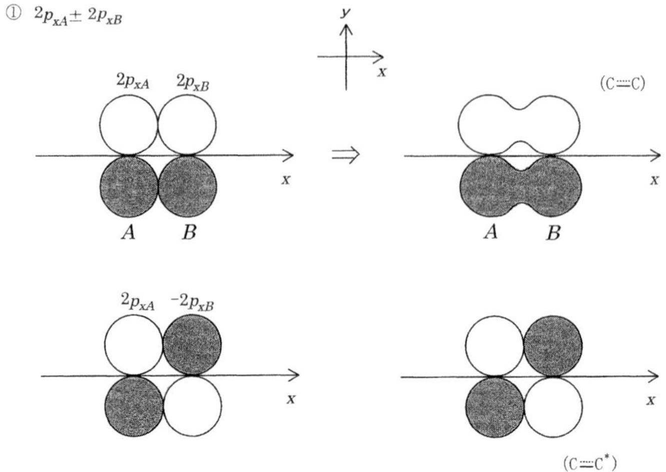

図 **8.13**　結合軸方向に垂直な p 型関数と，隣の原子上の結合軸方向に垂直な p 型関数の重ね合わせ：結合性と反結合性．

分子軌道の重ね合わせ（図 8.14）

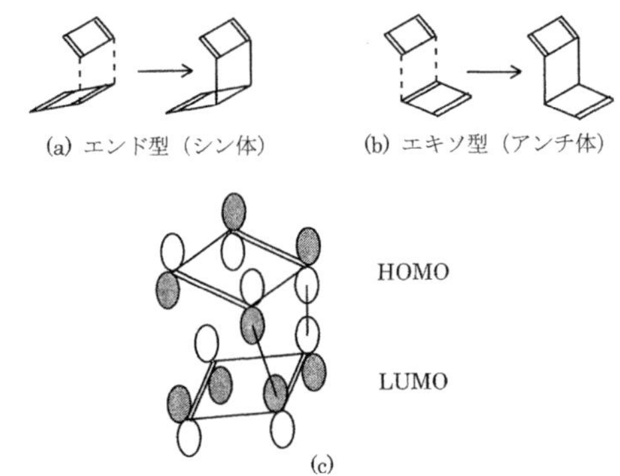

図 **8.14**　分子軌道と分子軌道の重ね合わせによって化学反応を理解する例（詳しいことは，第 12 章で説明する）

8.6　状態の混合，あるいは，軌道相互作用

以下では，波動の重ね合わせの一般論の立場から，化学結合の生成の様子を調べることにする．ここで述べる手法は，軌道相互作用の方法とよばれる．こ

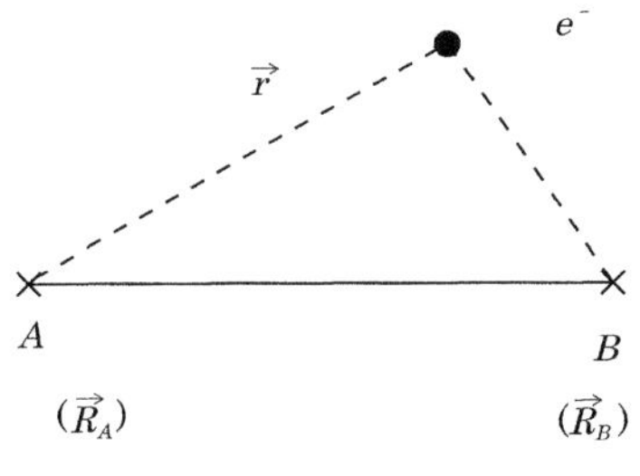

図 **8.15** 水素分子イオンの座標系

れは，量子論の使い方の一般的な原型をなしており，応用がきくから，よく理解しておくべきである．

8.6.1 $\mathbf{H}_2^+$ のハミルトニアンを分解する

この系のハミルトニアンは次式で与えられる（座標は図 8.15 で定義する）．

$$\hat{H} = \frac{\hat{p}^2}{2m} - \frac{e^2}{\left|\vec{r} - \vec{R}_A\right|} - \frac{e^2}{\left|\vec{r} - \vec{R}_B\right|} + \frac{e^2}{\left|\vec{R}_A - \vec{R}_B\right|} \qquad (8\text{-}27)$$

問題 8.6 式（8-27）のハミルトニアンの各項の物理的意味をいえ．

いま，水素原子 A にプロトン B が無限遠点から接近してくる場合を考える．水素原子 A の中の電子のハミルトニアンとシュレディンガー方程式は

$$\hat{H}_A = \frac{\hat{p}^2}{2m} - \frac{e^2}{\left|\vec{r} - \vec{R}_A\right|} \qquad (8\text{-}28)$$

であり，

$$\hat{H}_A \chi_A = E_{1s} \chi_A \qquad (8\text{-}29)$$

である（E_{1s} は $1s$ 状態のエネルギー）．そこで式（8-27）と（8-28）を比べて見ると

$$\hat{H} = \hat{H}_A + \left\{ -\frac{e^2}{\left|\vec{r} - \vec{R}_B\right|} + \frac{e^2}{\left|\vec{R}_A - \vec{R}_B\right|} \right\} \qquad (8\text{-}30)$$

となるから，この式の中括弧の部分が水素原子 A からプロトン B へと電子を

ひきつける役割を果たすことがわかる．この分解は後で使う．

問題 8.7 A と B が無限に離れているとき，式（8-30）の中括弧の部分の値はどうなるか．

問題 8.8 この節で述べたことは，原子 A と原子 B を入れ替えてもまったく同様に成り立つことを，1 つ 1 つ確認せよ．

このようにして，電子は分子全体を（A と B の区別なく）分布するようになり，その波動関数は

$$\phi(\vec{r}) = C_A \chi_A(\vec{r}) + C_B \chi_B(\vec{r}) \tag{8-31}$$

で近似される．ここで，ϕ は式（8-27）の $\hat{H}$ の（近似的な）固有関数になっていなければならない．つまり，

$$\hat{H}\phi = E\phi \tag{8-32}$$

そこで，この式を（8-31）の関数形のもとで（近似的に）解いてみよう．

8.6.2 代数的なシュレディンガー方程式

まず，式（8-32）に（8-31）を形式的に代入する．

$$\hat{H}(C_A\chi_A + C_B\chi_B) = E(C_A\chi_A + C_B\chi_B). \tag{8-33}$$

この式に以下の操作を行う：

1）左から χ_A をかけて $\vec{r}$ の全空間で積分する．すると，

$$C_A H_{AA} + C_B H_{AB} = E(C_A S_{AA} + C_B S_{AB}) \tag{8-34}$$

を得る．ただし，

$$H_{AA} = \int \chi_A(\vec{r})\, \hat{H} \chi_A(\vec{r})\, d\vec{r}, \tag{8-35}$$

$$H_{AB} = \int \chi_A(\vec{r})\, \hat{H} \chi_B(\vec{r})\, d\vec{r}, \tag{8-36}$$

$$S_{AA} = \int \chi_A(\vec{r})\, \chi_A(\vec{r})\, d\vec{r} = 1, \tag{8-37}$$

$$S_{AB} = \int \chi_A(\vec{r})\, \chi_B(\vec{r})\, d\vec{r} \tag{8-38}$$

と定義した．H_2^+ の場合の H_{AA}，H_{AB} の中身については後で調べることにして話を進める．

2）左から χ_B をかけて $\vec{r}$ の全空間で積分する．すると，同様に

$$C_A H_{BA} + C_B H_{BB} = E\,(C_A S_{BA} + C_B S_{BB}) \tag{8-39}$$

を得る．

問題 8.9 式（8-35）～（8-38）と同様にして H_{BA}, H_{BB}, S_{BA}, S_{BB} を書き下せ．

さて，式（8-34）と（8-39）は

$$\begin{pmatrix} H_{AA} & H_{AB} \\ H_{BA} & H_{BB} \end{pmatrix} \begin{pmatrix} C_A \\ C_B \end{pmatrix} = E \begin{pmatrix} 1 & S_{AB} \\ S_{BA} & 1 \end{pmatrix} \begin{pmatrix} C_A \\ C_B \end{pmatrix} \tag{8-40}$$

として 1 つの式にまとめることができる．あるいは，移項して，

$$\begin{pmatrix} H_{AA} - E & H_{AB} - ES_{AB} \\ H_{BA} - ES_{BA} & H_{BB} - E \end{pmatrix} \begin{pmatrix} C_A \\ C_B \end{pmatrix} = \begin{pmatrix} 0 \\ 0 \end{pmatrix} \tag{8-41}$$

と書ける．このようにして，元来は，偏微分方程式であったシュレディンガー方程式（8-32）が行列の形に変換された．

式（8-41）が自明の解（あたりまえで意味のない解）$C_A = C_B = 0$ 以外の解を持つためには，この式の 2 行 2 列の行列の行列式が 0 でなければならない．つまり，

$$\begin{vmatrix} H_{AA} - E & H_{AB} - ES_{AB} \\ H_{BA} - ES_{BA} & H_{BB} - E \end{vmatrix} = 0. \tag{8-42}$$

この式は，エネルギー E についての 2 次方程式だから，とりうる値が 2 個決まってくる．ここでは，$H_{AB} = H_{BA}$，$S_{AB} = S_{BA} (= S)$ なので，式（8-42）の解は

$$E_{\pm} = \frac{1}{2\left(1-S^{2}\right)}\left[H_{AA}+H_{BB}-2SH_{AB}\right.$$
$$\left.\pm\left\{\left(H_{AA}-H_{BB}\right)^{2}+4\left(H_{AB}-SH_{AA}\right)\left(H_{AB}-SH_{BB}\right)\right\}^{\frac{1}{2}}\right] \quad (8\text{-}43)$$

である.

一方, 式 (8-41) から

$$\frac{C_B}{C_A} = -\frac{H_{AA}-E}{H_{AB}-ES_{AB}} \quad (8\text{-}44)$$

だから, 式 (8-43) によって E が決まれば, 係数 C_A と C_B の比が決まる. そこで分子軌道 ϕ に規格化条件

$$\int \phi(\vec{r})^{2}\, d\vec{r} = C_A^2 + C_B^2 + 2S_{AB}C_AC_B = 1 \quad (8\text{-}45)$$

をつけて C_A と C_B を決める.

問題 8.10 それでもなお ϕ 全体の符号は決まらない. これは本当に決まらないままでよいのだろうか? その意味を議論せよ.

8.6.3 ◆式 (8-32) と変分法

ここで, 量子力学的変分原理というものを紹介しておこう. 与えられたハミルトニアン (ここでは, 式 (8-27)) の真の固有関数と固有値が

$$H\Psi_a = E_a\Psi_a \quad (a = 1, 2, 3, \cdots) \quad (8\text{-}46)$$

のようにわかっていたと仮定する. ここで, エネルギーの大小関係は

$$E_1 \leq E_2 \leq E_3 \leq \cdots \quad (8\text{-}47)$$

で, 規格直交性

$$\int \Psi_a^*(\vec{q})\,\Psi_b(\vec{q})\,d\vec{q} = \langle \Psi_a | \Psi_b \rangle = \delta_{ab}. \quad (8\text{-}48)$$

を満たしているものとする. 次に, 試行関数 Φ を $\{\Psi_a\}$ で展開する, すなわち

$$\Phi = \sum_{a=1}^{\infty} C_a\Psi_a. \quad (8\text{-}49)$$

するとエネルギー期待値[3]について，次の不等式が成り立つことが簡単にわかる．

$$\frac{\langle\Phi\,|H|\,\Phi\rangle}{\langle\Phi|\,\Phi\rangle}=\frac{\sum_a E_a|C_a|^2}{\sum_b|C_b|^2}\geq\frac{\sum_a E_1|C_a|^2}{\sum_b|C_b|^2}=E_1 \tag{8-50}$$

つまり，真の最低エネルギー E_1 は，試行関数のエネルギーの下限になっている．言い換えると，基底状態に関する限り，近似計算で得たエネルギーは，どんな近似法を使っても，真のエネルギーより低くなることはない．このことから，試行関数の改良を重ねて，真のエネルギーに近づかせることを試みることが，1つの指導原理になりうることがわかる．具体的には，与えられた関数群の中で，エネルギーが最小になるものを作り出せばよい．これが変分法である．

実際の変分操作は次のようにして行われる．試行関数 Φ を少しだけ変えて $\Phi+\delta\Phi$ にしてみる．そのように関数を微小変形しても，エネルギー期待値が変わらなければ関数空間でエネルギーが（最小とは限らないけれども）停留値になっている．実際には，エネルギー期待値を，試行関数の関数空間の中で“微分”し，その微分が0になるか調べればよい．すなわち，

$$\begin{aligned}&\frac{\langle\Phi+\delta\Phi\,|H|\,\Phi+\delta\Phi\rangle}{\langle\Phi+\delta\Phi|\,\Phi+\delta\Phi\rangle}-\frac{\langle\Phi\,|H|\,\Phi\rangle}{\langle\Phi|\,\Phi\rangle}\\&=\frac{\langle\Phi+\delta\Phi\,|H|\,\Phi\rangle\langle\Phi|\,\Phi\rangle-\langle\Phi\,|H|\,\Phi\rangle\langle\delta\Phi|\,\Phi\rangle}{\langle\Phi|\,\Phi\rangle^2}+\text{複素共役}\\&=\frac{\langle\delta\Phi\,|H|\,\Phi\rangle-E_{tr}\langle\delta\Phi|\,\Phi\rangle}{\langle\Phi|\,\Phi\rangle}+\text{複素共役}=0\end{aligned} \tag{8-51}$$

ただし，

$$E_{tr}=\frac{\langle\Phi\,|H|\,\Phi\rangle}{\langle\Phi|\,\Phi\rangle}. \tag{8-52}$$

また，2次の項 $\langle\delta\Phi|\,\delta\Phi\rangle$ と $\langle\delta\Phi\,|H|\,\delta\Phi\rangle$ は小さいものとして無視した．式 (8-51) の分子から

$$\langle\delta\Phi\,|(H-E_{tr})|\,\Phi\rangle=0. \tag{8-53}$$

が得られる．ここで $\langle\delta\Phi|$ が完全に任意だったら

3）試行関数が持つエネルギーのこと．3.9 節を復習して欲しい．

$$(H - E_{tr})|\Phi\rangle = 0 \tag{8-54}$$

となり，これはもともとの厳密なシュレディンガー方程式そのものである．しかし近似関数に制限されている限り $\langle\delta\Phi|$ として選ぶことができる関数は限られている．変分法とは結局のところ，限られた $\langle\delta\Phi|$ の空間中でシュレディンガー方程式が成り立っているとみなすことと同等である．したがって，そこから得られる解は，一般には，シュレディンガー方程式の厳密解ではない．

式 (8-34) を作るために，式 (8-31) を (8-32) に直接代入し，さらに式 (8-33) の下の操作をしたが，それは，式 (8-53) を使ったことと同等なのである．逆にいえば，単純に式 (8-31) を式 (8-32) に代入したということは，以上のような背景を持っていたのだと理解したうえで，変分法については「当面」忘れてもよい[4]．

ここで説明した変分法は，自然科学にあまた現れる各種変分原理のなかでも特に単純なものである．

8.6.4 水素分子イオンのハミルトニアン行列とその解

H_2^+ に戻り，具体的に代数的シュレディンガー方程式の中身を見てみよう．プロトンAとプロトンBが比較的遠くにあるとしよう．このとき，S_{AB} は小さいので0と近似してしまおう（χ_A と χ_B は指数関数的に減少することを思い出せ）．こうすることで，数学的な仕組みがよく見えるようになる．また，$H_{AA} = H_{BB}$ だから，式 (8-43) は

$$E_\pm = H_{AA} \pm |H_{AB}| \tag{8-55}$$

となる．したがって，ここでは H_{AA} と H_{AB} だけを考えればよい．

まず，H_{AA} は次のように表される．

$$H_{AA} = E_{1s} + \left\{ -\int \chi_A^2 \frac{e^2}{\left|\vec{r} - \vec{R}_B\right|} d\vec{r} + \frac{e^2}{\left|\vec{R}_A - \vec{R}_B\right|} \right\} \tag{8-56}$$

式 (8-56) の中括弧は，原子核Bが，原子A上の電子分布 χ_A^2 と原子核A自体から感ずるクーロンエネルギーを意味している．したがって，核間距離があ

4) 高度な波動関数を求めようとすると，変分法は強力な武器になるが，本書ではそこまでは届かない．

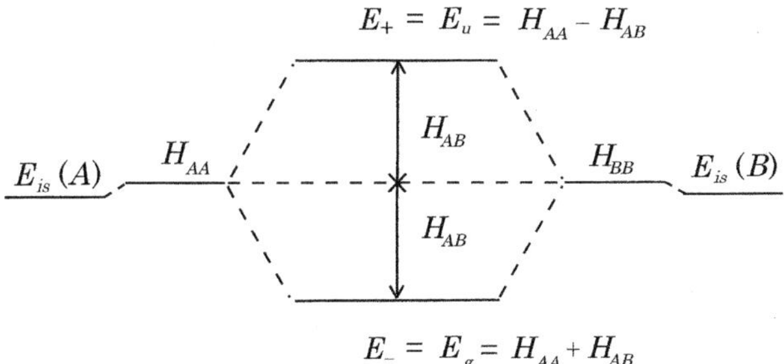

図 **8.16** 原子軌道の重ね合わせでできる新しいエネルギーレベルのでき方

る程度大きければ，核 A とその周りの電子からの項が互いに打ち消しあって，式（8-56）の中括弧は非常に小さな値をとることがわかる．

一方，H_{AB} は

$$H_{AB} = \left(E_{1s} + \frac{e^2}{\left|\vec{R}_A - \vec{R}_B\right|} \right) S - \int \chi_A(\vec{r}) \frac{e^2}{\left|\vec{r} - \vec{R}_A\right|} \chi_B(\vec{r})\, d\vec{r}$$
$$\approx -\int \chi_A(\vec{r}) \frac{e^2}{\left|\vec{r} - \vec{R}_A\right|} \chi_B(\vec{r})\, d\vec{r} \qquad (8\text{-}57)$$

と近似される．これから，H_{AB} は，主に重なり領域（結合領域）にある電子が原子核 A に及ぼしているクーロンエネルギーであることがわかる．

問題 8.11 以下のことを確認せよ： ① $H_{AB} < 0$，② $H_{AB} = H_{BA}$

以上から式（8-43）の $E_\pm$ と E_{1s} および $H_{AA}(= H_{BB})$ との関係は図 8.16 のような定性的なダイヤグラムで表される．

また，波動関数との対応は，$E_-(E_g)$ に対して $\phi_g = \frac{1}{\sqrt{2}}(\chi_A + \chi_B)$，および $E_+(E_u)$ に対して $\phi_u = \frac{1}{\sqrt{2}}(\chi_A - \chi_B)$ である（$S = 0$ とおいてある）．この ϕ_g と ϕ_u を式（8-22）と（8-23）の ϕ_g，ϕ_u と比べてみよ．このようにして，エネルギーの観点からも（定性的ではあるが）ϕ_g による化学結合力が示された．

問題 8.12 式（8-22）と（8-23）ではシュレディンガー方程式を使わないで ϕ_g と ϕ_u を決定できた．なぜこんなことが可能だったのか？

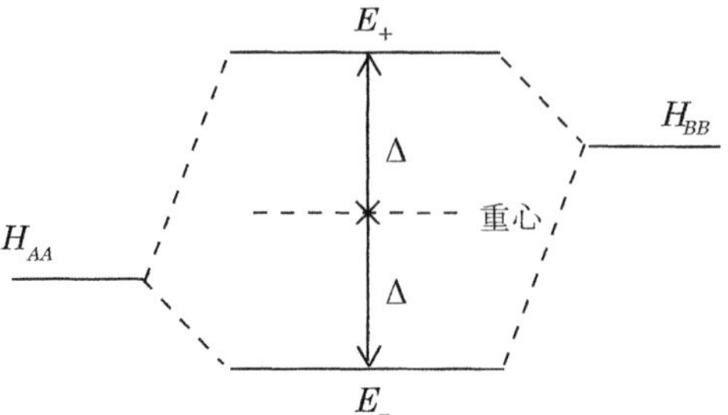

図 **8.17** 異なるエネルギーをもつ2つの軌道によってできる新しいエネルギー準位のでき方

8.6.5 状態の混合に関する一般的な事柄

量子現象を2つの状態の混合によってモデル化するということは，化学のみならず自然科学で広く行われる．したがって，式 (8-43) の結果は，よく使われる．ここで，その性質をもう少し調べておこう．以下では，$H_{AA} = H_{BB}$ は仮定しない．

エネルギー準位の反発と非交差則 式 (8-43) で $S = 0$ と置く（これは厳密に成立する場合もあるし，近似的にしか成立しない場合もある）．また，$H_{AB} = H_{BA}$ を使う．すると，

$$E_- = \frac{1}{2}\left[H_{AA} + H_{BB} - \sqrt{(H_{AA} - H_{BB})^2 + 4H_{AB}^2}\right], \tag{8-58}$$

$$E_+ = \frac{1}{2}\left[H_{AA} + H_{BB} + \sqrt{(H_{AA} - H_{BB})^2 + 4H_{AB}^2}\right] \tag{8-59}$$

と簡略化される．これから $E_+ + E_- = H_{AA} + H_{BB}$ かつ，分裂幅は対称と結論される．この関係を図示すると，次のようになる．

$$\text{重心} = \frac{1}{2}(H_{AA} + H_{BB}), \qquad \Delta = \frac{1}{2}\left\{(H_{AA} - H_{BB})^2 + 4H_{AB}^2\right\}^{\frac{1}{2}} \tag{8-60}$$

式 (8-58) と (8-59) からわかるように，E_- は低い方（図例では H_{AA}）よりもっと低くなり，一方 E_+ は高い方（図例では H_{BB}）よりもっと高くなる．これをレベル反発という．

レベル反発を直感的に見るには次のようにするとよい．われわれは，元はといえば式 (8-42) の性質を調べていたわけだが，この式は

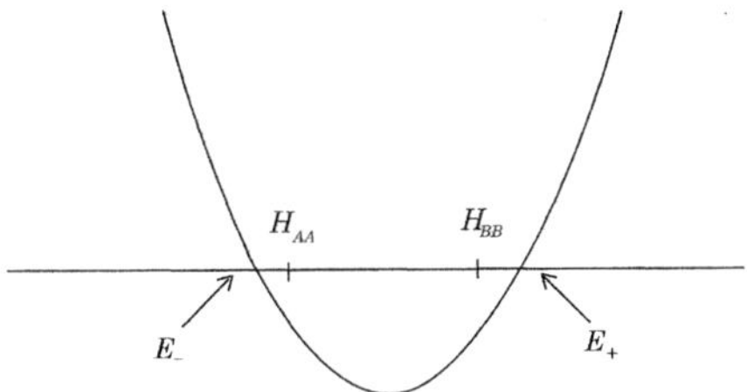

図 **8.18** 非交差則の由来を表すグラフ

$$(E - H_{AA})(E - H_{BB}) = (H_{AB} - ES)^2 \geq 0 \tag{8-61}$$

と等価だから，

$$y = (E - H_{AA})(E - H_{BB}) - (H_{AB} - ES)^2 \tag{8-62}$$

の変数 E に対するグラフ図 8.18 から，$y = 0$ は幾何学的に区間 $[H_{AA}, H_{BB}]$ の外側にしか存在しないことがわかる．こうしてみると，「核間距離 $|\vec{R}_A - \vec{R}_B|$ を連続的に変化させると，H_{AB} が恒等的に 0 でない限り，2 つの曲線 E_- と E_+ が交叉することはない」と結論できる．これを非交叉則（non-crossing rule）といい，きわめて重要な結果である．

簡単な摂動論 ふたたび，式 (8-43) で $S = 0$ とする．ここでは，H_{BB} と H_{AA} の値の差が $|H_{AB}|$ に比べて充分大きく，たまたま

$$H_{BB} - H_{AA} \gg |H_{AB}| \tag{8-63}$$

という物理的状況が起きたとする[5)]．もちろん，$|H_{AB}|$ が小さいので，準位の分裂は当然小さい．

ここで，x が 1 に比べて充分小さいときの展開

$$(1 + x)^{1/2} \approx 1 + \frac{1}{2}x \tag{8-64}$$

を利用して，式 (8-63) と $S = 0$ から

5) たとえば，A の状態として水素原子の 1s を考え，これに z 方向の弱い電場をかけたとする．このとき，B の状態として 2p_z を考えるものとする．

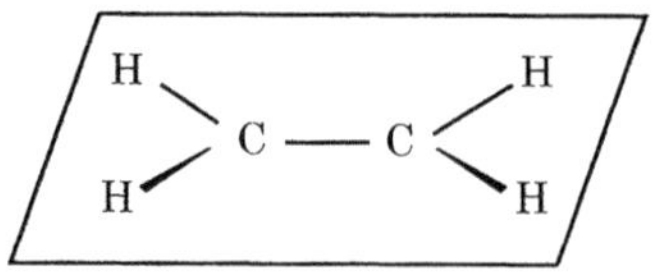

図 **8.19** エチレン分子

$$E_- \approx H_{AA} - \frac{H_{AB}^2}{H_{BB} - H_{AA}}, \qquad (8\text{-}65)$$

$$E_+ \approx H_{BB} + \frac{H_{AB}^2}{H_{BB} - H_{AA}} \qquad (8\text{-}66)$$

を得る．この簡単で美しい式は，量子力学的摂動論の特別な場合に当たる．

これらの式から，レベル反発は，① H_{BB} と H_{AA} が近いほど大きい，② H_{AB}^2 が大きいほど大きい，と結論される．もちろん，この式は，$H_{BB} = H_{AA}$ のとき発散するから，そのような状況で使ってはならないが，上の定性的な結論は量子論で広く通用する事柄である．

問題 8.13 式（8-65）および（8-66）を確認せよ．

8.7 対称性への簡単な導入

H_2^+ のハミルトニアン（8-27）を見よ．この式で，A と B を "入れ換え" ても H は不変である．それは幾何学的に明らかである．この例の "入れ換え" のように，ハミルトニアンを不変に保つ操作を対称操作という．H_2^+ のような 2 原子分子では，結合軸の周りの回転なども対称操作になる．対称性には，上の例のように分子の形状に関するものの他に，置換対称性と呼ばれるものがある．例として，式（6-1）のハミルトニアンを見よ．ここで電子 i と電子 j（これは本質的に区別できない）の座標を入れ換えても，このハミルトニアンは変わらない．

問題 8.14 エチレン分子（図 8.19 参照）にはどのような対称操作があるか，すべて挙げよ．

対称操作によりハミルトニアンは不変に保たれるが，波動関数や分子軌道関数は不変に保たれるとは限らない．次にそれを見ていこう．

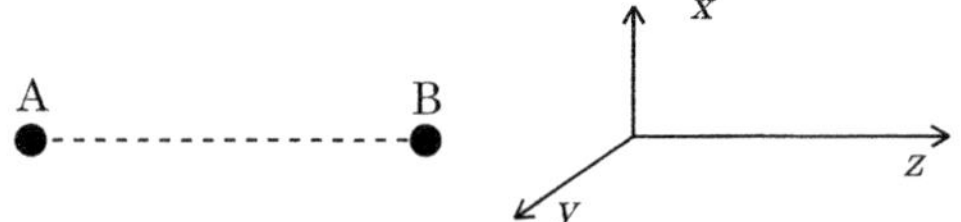

図 **8.20**　二原子分子の座標系

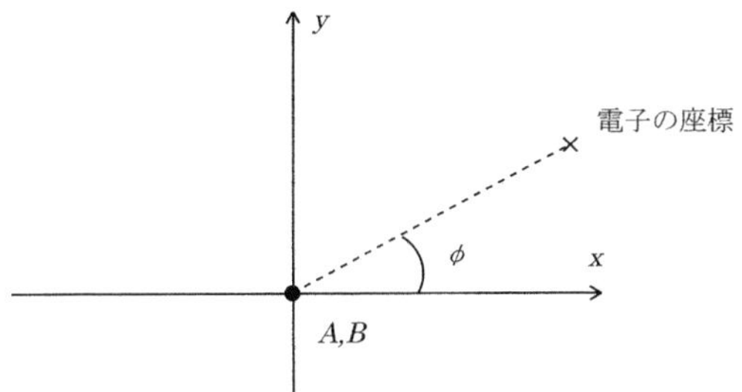

図 **8.21**　結合軸方向から見たときの座標

8.7.1　水素分子イオンの波動関数の対称性(i)　結合軸の周りの回転対称性

図 8.20 の分子で，結合軸の周りの対称性に注目する．この分子を結合軸（z 軸）から見る．すると点 A と点 B は重なって下図のように見える（図 8.21 参照）．

この図は，水素原子の座標（式（4-20）と図 4.1）を z 軸方向から見たものとまったく同じである．そこで水素原子を思い出すと（式（4-46）参照）

$$\psi_{nlm}(r,\theta,\phi) = N\rho^l e^{-\frac{\rho}{2}} L_{n+l}^{2l+1}(\rho) P_l^{|m|}(\cos\theta) e^{im\phi} \qquad (8\text{-}67)$$

と書かれていた．この式では ϕ 座標の成分が $e^{im\phi}$ は z 軸の周りの回転に関する角運動量（式（4-77）参照）の固有関数になっている．再度書くと

$$\hat{L}_z e^{im\phi} = m\hbar e^{im\phi} \qquad (8\text{-}68)$$

このように，H_2^+（一般に直線型分子）の電子は結合軸の周りで回転することによる角運動量を持っており，その量子数は $(m = 0, \pm1, \pm2, \cdots)$ である．

原子の場合の $s, p, d,$ をまねて，分子の場合次のように表現する：m の値 $0, \pm1, \pm2, \cdots$ に対応して，σ 軌道, π 軌道, δ 軌道, $\cdots$ と名づける．たとえば，式（8-22）と（8-23）の ϕ_g と ϕ_u は，χ_A と χ_B がそれぞれ水素原子の $1s$ 関数なので，両方とも σ 軌道である．$m = 0$ 以外の状態では，すべて 2 重に縮退している．

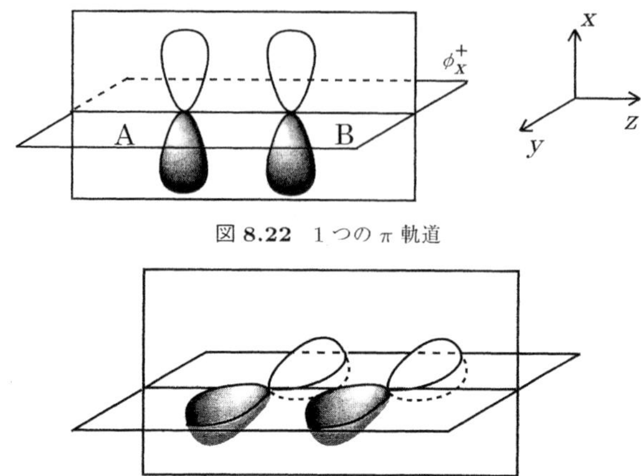

図 **8.22**　1つの π 軌道

図 **8.23**　もう1つの π 軌道

問題 8.15　この場合，2重に縮退している運動とは，m が正と負の値をとりうることからきているが，それらはどのような運動か？

8.7.2　実数型 π 関数と δ 関数

式（8-68）の $e^{im\phi}$ は，正の m と負の m を使って実数化できることを思い出して欲しい（式（4-41）参照）．たとえば，$m = \pm 1$ の組み合わせで x 方向と y 方向に伸びた関数が作られる．原子でいえば p_x と p_y 関数がこれに相当する．そこで，式（8-22）と（8-23）の χ_A，χ_B として各々の原子の $2p_x$ を選び

$$\phi_x^+ = [2(1+S)]^{-\frac{1}{2}}([2p_{xA}] + [2p_{xB}]) \tag{8-69}$$

を作れば1つの実数の π 軌道ができる．繰り返すが，たとえば $[2p_{xA}]$ は原子A上の $2p_x$ 関数を表すものとする（図8.22参照）．同じようにして $2p_y$ を使うと，もう1つの π 軌道 ϕ_y^+ ができる（図8.23）．ϕ_x^+ を z 軸の周りに $90°$ 回転させると ϕ_y^+ に一致する．つまり，ϕ_x^+ と ϕ_y^+ は座標の選び方を除けばまったく同一のものである．

ϕ_x^+ の対称性についてもう少し調べてみよう：

1）xz 平面の面対称に対して，ϕ_x^+ は対称（不変）

2）yz 平面の面対称に対して，ϕ_x^+ は反対称，つまり，$-\phi_x^+$ となる．これを，$\mathrm{I}_{yz} \times \phi_x^+ = -\phi_x^+$ と表記する．ここで，I_{yz} は「yz 面で鏡映する」とい

う操作を表す演算子．

問題 8.16 ϕ_x^+ について，他の対称操作を施してみよ．

問題 8.17 ϕ_y^+ について，同じことをせよ．

問題 8.18 次に

$$\begin{aligned}\phi_x^- &= [2(1-S)]^{-\frac{1}{2}}([2p_{xA}] - [2p_{xB}]),\\ \phi_y^- &= [2(1-S)]^{-\frac{1}{2}}([2p_{yA}] - [2p_{yB}])\end{aligned} \tag{8-70}$$

を図に書いて，上と同じことを考えてみよ．

問題 8.19 ♪ $3d$ 関数を使って，δ-軌道を作ってみよ．これらについて種々の対称操作を施せ．

8.7.3 水素分子イオンの波動関数の対称性(ii) 反転対称性

H_2^+ のような等核 2 原子分子には，結合中心点に関する反転という対称操作がある．つまり，結合中心を原点として，座標点 (x, y, z) を $(-x, -y, -z)$ に移す操作である．関数 $\phi(x, y, z)$ を $\phi(-x, -y, -z)$ に「裏返す」とどうなるかを問う．反転対称について波動関数 ϕ が次の対称性を持つとき，

(反転) $\times\, \phi = \phi$ となる関数を gerade[6)]

(反転) $\times\, \phi = -\phi$ となる関数を ungerade と呼ぶ．

ここで，(反転) $\times\, \phi$ は，ϕ に反転の対称操作を施す（×）ことを意味するものとする．たとえば，χ_A, χ_B が $1s$ ならば，式（8-22）は gerade，式（8-23）は ungerade である．これらは，σ 軌道でもあるので，それぞれ，σ_g 軌道および σ_u 軌道と呼ぶ．

しかし，π 軌道では違うことが起こる．式（8-69）の ϕ_x^+ と（8-70）の ϕ_x^- は，それぞれ ungerade と gerade である．これらはそれぞれ，π_u 軌道と π_g 軌道と呼ばれる．この例で明らかなように，gerade と ungerade では，対称性の属性（あるいは波動関数の関数形）を示しているだけであって，結合性や反

6) gerade（ゲラーデ）はドイツ語で「まっすぐな」，「偶数の」という意味．ungerade（ウンゲラーデ）は，「奇数の」の意．それぞれ，偶関数と奇関数に対応しているのはすぐわかる．

結合性とは直接関係ない用語であるから注意せよ．

このような対称操作の集合は群（Group）をなす．こうして，群論やその表現論が量子力学，化学，物理学等に広く登場する．

8.7.4 水素分子イオンの波動関数の対称性(iii) 軌道混合への制限

σ 軌道と π 軌道は直交する．すなわち，

$$\int [\sigma]\,[\pi]\,d\vec{r} = 0 \tag{8-71}$$

である．これは，結合軸の周りに分子軌道を 180° 回転させると，$[\sigma]$ は $[\sigma]$ のまま不変であるが，$[\pi]$ は $-[\pi]$ に変わるから，積分全体も

$$\int [\sigma]\,[\pi]\,d\vec{r} = -\int [\sigma]\,[\pi]\,d\vec{r} \tag{8-72}$$

となるからである．

問題 8.20 上と同様に，$\int [\sigma_g]\,[\sigma_u]\,d\vec{r} = 0$，$\int [\pi_g]\,[\pi_u]\,d\vec{r} = 0$，を対称性を使って証明せよ．

次に，共鳴積分

$$\int [\sigma]\,H\,[\pi]\,d\vec{r} \tag{8-73}$$

を考えてみよう．上と同じ論理で，ハミルトニアン H も $[\sigma]$ と同様に，結合軸周りの座標の 180° 回転に対して不変である．したがって，

$$\int [\sigma]\,H\,[\pi]\,d\vec{r} = -\int [\sigma]\,H\,[\pi]\,d\vec{r} \tag{8-74}$$

となり，共鳴積分は 0 になる．共鳴積分が 0 であれば，$[\sigma]$ と $[\pi]$ は軌道相互作用によって混じり合うことはなく，$[\sigma]$ と $[\pi]$ が線形結合を成して新たな分子軌道を作るということはない．この結果は重要である．

このようにして，対称性の性質を使うと，積分を実行することなく重要な結論が簡単にわかってしまうことが多い．

8.7.5 ◆節面と空間の分割

問題 8.14（図 8.19）でエチレン分子の対称操作を考えた．対称操作のなかには，鏡映が含まれる．ある配置で立てた面（鏡映面）に対して分子反転させ

ても，分子が形を変えないというものである．エチレンの場合，①分子平面自体がまず鏡映面である．次に，②分子平面に垂直で，C–C 軸を含む面，および，③分子平面に垂直で C–C 軸にも垂直に通る面，がある．

さて，1 つの鏡映面は，3 次元空間を 2 つに対称に分割する．そしてこの面は，分子軌道や波動関数の節面になりうる．そのことから，鏡映面を使って，分子軌道を 2 つに分類することができる．たとえば，分子平面という鏡映面に節面を作らない対称な関数と，節面を作る反対称な関数である．もちろん，反対称な関数の方がエネルギーは高くなる．

同様にして，上の第②鏡映面と第③鏡映面に対しても同様なことを考えることができるから，これらを組み合わせて使うと，8 種類の分子軌道の「形」の分類ができることになる[7)]．前節の結果を踏まえると，異なる形（対称性）を持つ分子軌道は，互いに直交し，軌道の混じり合いを起こさない．

同じ対称性を持つ分子軌道にも異なるエネルギーを持つものがある．その場合には，エネルギーの低いほうから順番をつける．

以上のような量子力学の対称性や不変性などは，群論やその表現論によって体系的に扱うことができる．場合によっては，対称性が自然現象を解析するための唯一の指導原理であったりすることがある．対称性の勉強をしっかりしておくことを強く奨める．

問題 8.21 ♪ 上の 3 枚の鏡映面によって分類される 8 種類の関数について，それぞれの量子波動の空間的広がりのパターンを描け．

---

7) たとえば，エチレン分子の水素原子の 1 つをリチウム原子で置換したとしよう．このとき，分子平面に関する鏡映以外の対称性は破れてしまう．しかし，その場合でも，空間の分割や節面のでき方は，エチレンから激しくずれることはない．対称性によって導かれる波動関数等のできかた等の指導原理は，「物理の連続性」を考えて有効に利用することができる．

第9章
2原子分子の電子状態

前章で，水素分子イオンを例にとり，原子軌道の重ね合わせから分子軌道が作られていく仕組みを述べた．この章では，多電子分子の結合の様子を調べることにする．その前に，もう一度第5章の多電子原子の電子状態の内容をさらって欲しい．そこでは，①平均場近似と原子軌道，②パウリの排他原理，③フントの規則，が主な内容であった．しかし，よく見るとこれらの項目で，「原子」であることをあらわに使ったものは1つもなく，すべて，原子核を止めた分子の電子状態についても当てはまる．この章では，多電子原子で学んだことを拡張しながら，構成原子の電子状態を使って2原子分子の電子状態を調べ，結合のでき方とそこから導かれる分子の性質を予想する．

9.1　平均場近似と分子軌道

前章では1電子分子 H_2^+ だけを考えたから，分子全体に広がる1電子軌道関数が，全体の電子波動関数に一致していた．多電子分子においても，多電子原子（第5章）の場合と同じように平均場の考え方を使うことにしよう．すると，近似的な概念として，分子に広がる「分子軌道」が作られ，電子はそこに配置されるという図式で電子状態を考えることができる．

i 番目の分子軌道 ϕ_i は，式 (5-3) と同じように，

$$\left[\frac{\vec{p}^2}{2m}-\sum_{c}^{\text{原子核}}\frac{Z_c e^2}{\left|\vec{r}-\vec{R}_c\right|}+V_{eff}\left(\vec{r}\right)\right]\phi_i\left(\vec{r}\right)=\varepsilon_i\phi_i\left(\vec{r}\right) \qquad (9\text{-}1)$$

という式を解いて得られるものとしよう．ここで，カギ括弧の第2項は，原子核からの引力によるクーロンエネルギーを表し，第3項は他の電子からの平均場による斥力ポテンシャルを表すものとする．

水素分子の基底状態　H_2^+ の基底状態は

$$\phi_g = [2(1+S)]^{-\frac{1}{2}}([1s_A]+[1s_B]) \tag{9-2}$$

であった（$[1s_A]$ は原子 A 上の 1s 関数）．そこでは，ϕ_g 軌道（σ_g 軌道）が1個の電子により占められていた．H_2 では2個電子があるから，ϕ_g に2個の電子を詰めればよい．しかし，このときの ϕ_g 軌道は，形（対称性）は σ_g であっても，電子間の反発によりゆがみが生じ，大きさや広がり方が H_2^+ のそれとは異なる．これは，他の電子からの平均的な電場の影響を受けて，軌道が変形するからである．当然エネルギーも H_2^+ のそれとは異なってくる．そこで，しばらくのあいだ，H_2^+ の ϕ_g と区別することを意識して，H_2 の分子軌道を ϕ'_g としておこう．水素分子の電子配置を $1\sigma_g^2$ と書く．この軌道に2個電子が入っているということを表している．今後，σ_g 軌道が続々と出てくるが，そのうちで1番目のものという意味で，$1\sigma_g$ と番号が付されている．

軌道エネルギーの物理的意味について　ϕ'_g に入っている電子のエネルギー（軌道エネルギー）を ε とする．このエネルギーの内容は

$\varepsilon =$（運動エネルギー）＋（核2個からの引力エネルギー）
＋（もう1つの電子が $|\phi'_g|^2$ に配置されて空間的に広がっていること
による平均的な反発エネルギー）　(9-3)

であるから，この ε は電子1個が水素分子の中で，安定に存在するために持っているエネルギーと考えてよい．電子が分子から無限に離れてしまった場合の軌道エネルギーを0にとっておくと，ε は負の値を持つ．したがって，H_2 に光を当てるなどして，イオン化するのに必要な最小限のエネルギー，すなわち，イオン化エネルギー I_p は

$$I_p \cong -\varepsilon \tag{9-4}$$

で近似できる（図9.1参照）．

次に，全電子エネルギーについて考えてみよう．式（9-3）を記号で

$$\varepsilon = T + V_{en} + V_{ee} \tag{9-5}$$

と書くことにする．ここで，T ＝運動エネルギー，V_{en} ＝核2個からの引力エネルギー，V_{ee} ＝もう1つの電子が $|\phi'_g|^2$ に広がっていることによる平均的な反発エネルギー，である．そこで，全電子エネルギー E は電子2個分の軌

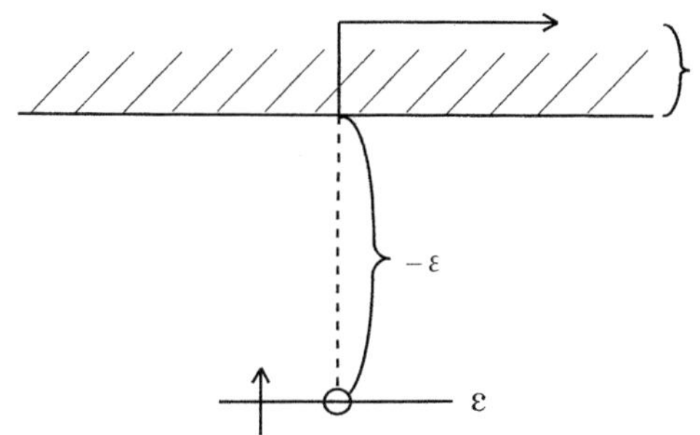

図 **9.1** 分子軌道から電子が放出される過程の概念図

道エネルギー（つまり 2ε）に一致するだろうか？ しかし，そうすると

$$2\varepsilon = 2T + 2V_{en} + 2V_{ee} \tag{9-6}$$

となるが，全エネルギーは

$$E = 2T + 2V_{en} + V_{ee} \tag{9-7}$$

でよいはずだから，電子反発 V_{ee} を 1 回余分に数えてしまうことになる．つまり，全エネルギーは軌道エネルギーの和にはなっていない．分子軌道のエネルギーはこのような意味を持っている．ここでもう一度，問題 5.7 に戻って欲しい．

9.1.1 ◆全波動関数とスレーター行列式

原子の平均場ではハートリー積，式（5-4），について述べた．その後パウリの原理（5.3.1 項）を説明するなかで，電子のスピンを考えなければならないということと，電子の置換に対する反対称性について言及したので，ハートリー積もそれに応じて変更が必要である．それを簡単に説明する．

分子軌道 ϕ'_g を使って水素分子の全波動関数を組み立てたい．ここで 2 つの可能性がある：

(i) 1 番目の電子が α スピン，2 番目の電子が β スピンの状態はハートリー積は

$$\phi'_g(\vec{r}_1)\,\alpha(\omega_1)\,\phi'_g(\vec{r}_2)\,\beta(\omega_2) \tag{9-8}$$

（ここでも，3 次元座標をまとめて $\vec{r}$ で表すことにする．ω はスピン座標．

また，4 次元座標を $\vec{q} = (\vec{r}, \omega)$ とする．）

(ii) 1 番目の電子が β スピン，2 番目の電子が α スピンのハートリー積は

$$\phi'_g(\vec{r}_1)\,\beta(\omega_1)\,\phi'_g(\vec{r}_2)\,\alpha(\omega_2) \tag{9-9}$$

である．ところが，電子の置換に対する対称性のために，この (i) と (ii) は本質的に区別できない．そこで，電子の場合，スピンまで考慮した座標に関して，2 個の電子を交換すると全波動関数に負号が付く，という要請があったことを考慮して（全波動関数 $\psi(\vec{q}_1, \vec{q}_2)$ として），

$$\begin{aligned}\psi(q_1, q_2) &= 2^{-\frac{1}{2}}\left[\phi'_g(\vec{r}_1)\,\alpha(\omega_1)\,\phi'_g(\vec{r}_2)\,\beta(\omega_2) - \phi'_g(\vec{r}_1)\,\beta(\omega_1)\,\phi'_g(\vec{r}_2)\,\alpha(\omega_2)\right] \\ &= 2^{-\frac{1}{2}}\left[\phi'_g(\vec{r}_1)\,\phi'_g(\vec{r}_2)\right]\left[\alpha(\omega_1)\,\beta(\omega_2) - \beta(\omega_1)\,\alpha(\omega_2)\right]\end{aligned} \tag{9-10}$$

とすればよいことがわかる（$2^{-\frac{1}{2}}$ は規格化因子）．反対称化 $\psi(\vec{q}_1, \vec{q}_2) = -\psi(\vec{q}_2, \vec{q}_1)$ したわけである．式 (9-10) は行列式を使って

$$\psi(q_1, q_2) = 2^{-\frac{1}{2}}\begin{vmatrix}\phi'_g(\vec{r}_1)\,\alpha(\omega_1) & \phi'_g(\vec{r}_2)\,\alpha(\omega_2) \\ \phi'_g(\vec{r}_1)\,\beta(\omega_1) & \phi'_g(\vec{r}_2)\,\beta(\omega_2)\end{vmatrix} \tag{9-11}$$

と書いてもよい．

一般に，スピンまでを含めて分子軌道を ϕ_i, 座標を $q_i = (r_i, \omega_i)$ とすると，N 電子系の波動関数

$$\psi(\vec{q}, \vec{q}_2, \cdots, \vec{q}_N) = N^{-\frac{1}{2}}\begin{vmatrix}\phi_1(\vec{q}_1) & \phi_1(\vec{q}_2) & \cdots & \phi_1(\vec{q}_N) \\ \phi_2(\vec{q}_1) & \phi_2(\vec{q}_2) & \cdots & \phi_2(\vec{q}_N) \\ \vdots & \vdots & \ddots & \vdots \\ \phi_N(\vec{q}_1) & \phi_N(\vec{q}_2) & \cdots & \phi_N(\vec{q}_N)\end{vmatrix} \tag{9-12}$$

は“反対称性”を持つ．式 (9-12) の行列式をスレーター (Slater) 行列式という．

9.2 等核 2 原子分子の分子軌道

9.2.1 分子軌道の成り立ち

この節では，H_2 から Ne_2 までの等核 2 原子分子を考える．分子軌道を作る際に必要な原子軌道関数は，原子核 A の上の原子軌道関数 $\{[1s_A], [2s_A], [2p_{xA}], [2p_{yA}], [2p_{zA}]\}$ と原子核 B 上の $\{[1s_B], [2s_B], [2p_{xB}], [2p_{yB}], [2p_{zB}]\}$ だけである．これらの関数の重ね合わせを使って，分子軌道を作る原理は，す

でに学んだ．簡単に復習しよう．まず，8.6.5 項，式（8–65）と（8–66）で考察したように，相互作用しようとする 2 つの軌道の

1）軌道エネルギーが近いほど，強い重ね合わせの効果を持つ．たとえば，$[1s_A]$ と $[2s_B]$ の組み合わせよりは，$[2s_A]$ と $[2s_B]$ の組み合わせのほうが，強い干渉をする．

2）共鳴積分 $|H_{AB}|$ が大きいほど，強い安定化の効果を持つ．たとえば，酸素分子を考える際，$[1s_A]$ と $[1s_B]$ の組み合わせは，$[2s_A]$ と $[2s_B]$ の組み合わせに比べて，圧倒的に干渉の効果が小さい．それは，酸素原子の $[1s]$ は $[2s]$ に比べて半径が小さく，空間的にほとんど重なり合わないからである．したがって，酸素分子にあっては，$[1s]$ は内殻軌道と呼ばれ，化学結合にほとんど寄与することができない．一方，$[2s]$ や $[2p]$ にある電子は価電子[1)]と呼ばれ，化学結合に強く関与する．

さらに，分子の形の対称性からの要求があって，

3）対称性の異なる 2 つの原子軌道のあいだの共鳴積分は，0 になるために重ね合わせがない（「混ざり合わない」という）．たとえば，結合軸方向に伸びた $[2p_{zA}]$ と結合軸に垂直な $[2p_{xB}]$ は混ざり合うことはない．したがって，これらの組み合わせで分子軌道ができることはない（8.7.4 項を見よ）．

このようにして，原子軌道のすべての組み合わせを機械的，網羅的に考えるのではなく，主要な重ね合わせだけを定性的にとりあげていくことが，化学を考えるうえで重要である．

2 原子分子に必要な波動の重ね合わせのパターンは，すでに，8.5 節で

① $[1s_A] \pm [1s_B]$, $[2s_A] \pm [2s_B]$,

② $[2p_{z_A}] \mp [2p_{z_B}]$　（結合軸（z 軸）方向に伸びた 2 つの $2p$ 軌道の重ね合わせ）

③ $[2p_{x_A}] \pm [2p_{x_B}]$, $[2p_{y_A}] \pm [2p_{y_B}]$　（結合軸に直交した 2 つの $2p$ 軌道の重ね合わせ）

において図式的に考えた．もう一度見て欲しい．

9.2.2　実際にできる分子軌道と名前

次に，N_2 や O_2 などを例にとって，実際にでき上がる分子軌道を，見てい

1）慣用で，内殻電子や価電子という呼び方をするが，電子に区別があるわけではなく，本来は軌道関数を区別していることに注意して欲しい．

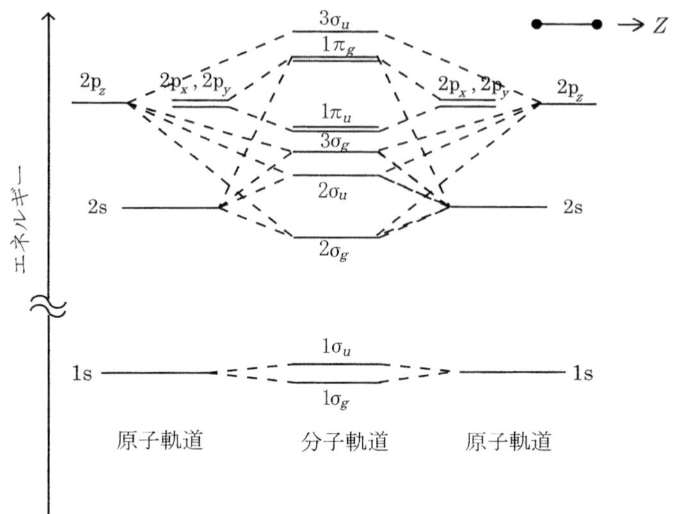

図 **9.2**　等核 2 原子分子の分子軌道のでき方の概念図

くことにする．図 9.2 を見て欲しい（分子軌道の形については図 9.3 を参照のこと）．これらは，原子軌道から分子軌道が作られていく様を表した図である．エネルギーの絶対値は適当にとってある（そもそも，ここでは定量性は問題にしない）．以下に，分子軌道の生成について説明する．

1. $[1s_A] + [1s_B] \to [1\sigma_g]$．ここで，矢印は，「分子軌道 $[1\sigma_g]$ の主要な成分は $[1s_A] + [1s_B]$ であり，規格化はされていない」ということを意味するものと約束する．同様に $[1s_A] - [1s_B] \to [1\sigma_u]$．$[1\sigma_g]$ も $[1\sigma_u]$ も，ともにはるか深いエネルギー領域にある．$[1s]$ の半径は小さいので，Li_2 以上では化学結合に関与する程度が小さく，その結果，$1\sigma_u$ と $1\sigma_g$ のエネルギー差は非常に小さい．もちろん，$[1\sigma_g]$ は結合性，$[1\sigma_u]$ は反結合性．
2. $[2s_A] + [2s_B] \to [2\sigma_g]$, $[2s_A] - [2s_B] \to [2\sigma_u]$．$[2\sigma_g]$ は結合性，$[2\sigma_u]$ は反結合性．
3. $[2p_{zA}] - [2p_{zB}] \to [3\sigma_g]$, $[2p_{zA}] + [2p_{zB}] \to [3\sigma_u]$．（ここでは結合軸を z 軸に選んである．また符号に注意せよ．）（図 1.9 を見よ．）

   詳しくいうと，$[3\sigma_g]$ には，$[2s_A] + [2s_B]$ も少し（小さい係数で）混じるし，$[2\sigma_g]$ には，$[2p_{zA}] - [2p_{zB}]$ も少し混じる．また，$[2\sigma_u]$ と $[3\sigma_u]$ も同様の関係にある．図 9.2 の複雑な破線は，このような原子軌道の混ざり合いの様子を表している．

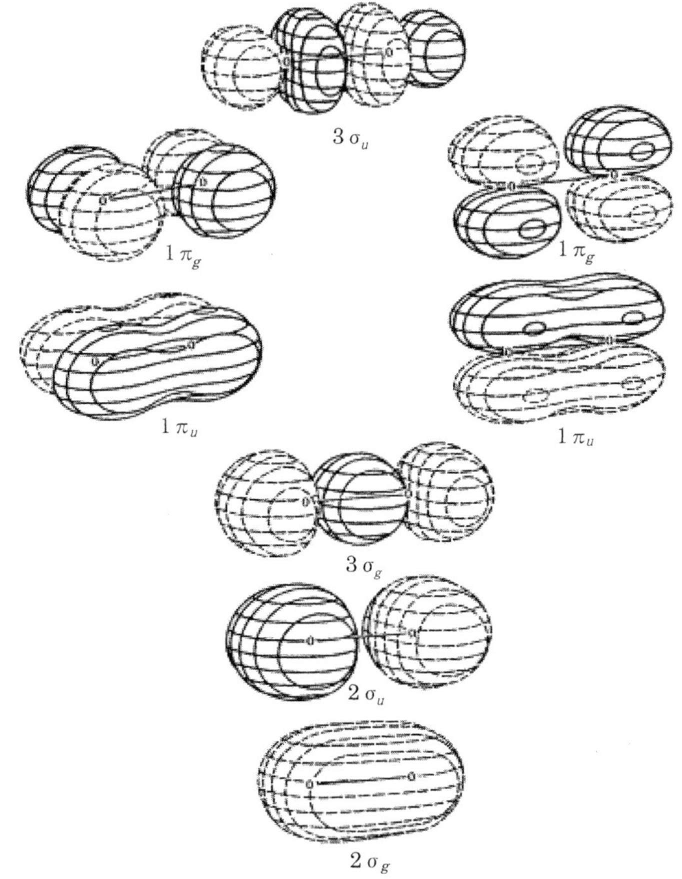

図 9.3 酸素分子の分子軌道：$[1\sigma_g]$ と $[1\sigma_u]$ は省略されている (Jorgensen and Salem, *The Organic Chemist's Book of Orbitals*, Academic Press, 1973.).

$[3\sigma_g]$ は結合性，$[3\sigma_u]$ は反結合性.

4. $[2p_{xA}] + [2p_{xB}] \rightarrow [1\pi_{ux}]$, $[2p_{yA}] + [2p_{yB}] \rightarrow [1\pi_{u\mathrm{y}}]$. (係数の符号に注意. これらは 2 重に縮退している.) $[1\pi_{ux}]$ と $[1\pi_{u\mathrm{y}}]$ は結合性.
5. $[2p_{xA}] - [2p_{xB}] \rightarrow [1\pi_{gx}]$, $[2p_{yA}] - [2p_{yB}] \rightarrow [1\pi_{g\mathrm{y}}]$. (これらも，2 重に縮退.) $[1\pi_{gx}]$ と $[1\pi_{g\mathrm{y}}]$ は反結合性.

上で述べたように，$2\sigma_g$ と $2\sigma_u$ には $2p_z$ の成分が混じり，逆に $3\sigma_g$ と $3\sigma_u$ には $2s$ の成分が混じっている．このため，$2\sigma_g$, $2\sigma_u$, $3\sigma_g$, $3\sigma_u$ のエネルギー

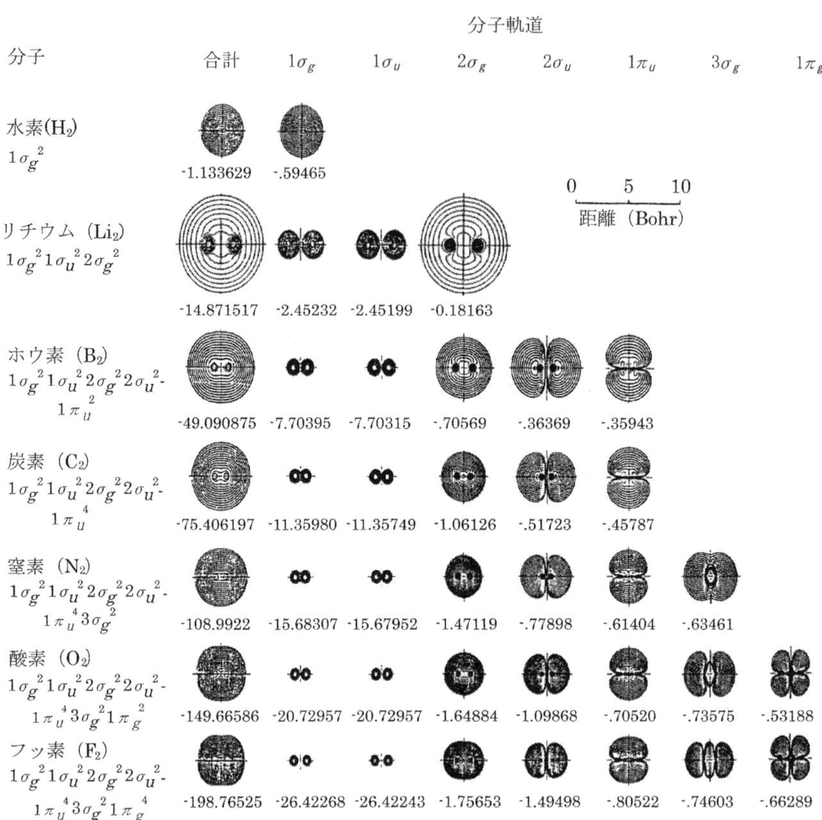

図 9.4　等核 2 原子分子の分子軌道とエネルギー順位：エネルギーは Hartree 単位（Wahl, *Scientific American*, 1970 April.）.

は分子によって変動する．特に $3\sigma_g$ は $1\pi_u$ に近く，分子によってエネルギーの高低の順（エネルギー順位）が変わることがある．たとえば，C_2, N_2 では $1\pi_u$ の方が下であるのに対し，O_2 では $3\sigma_g$ の方が下になっている．ここではそのような微妙な定量性は問題にしない．

分子軌道の空間的広がり：O_2 を例として　図 9.3 を見てそれぞれの分子軌道の空間的広がりのイメージを把握して欲しい．これらの図は，酸素分子の分子軌道を電子計算機で計算し描いたものである．基本的なパターンは，8.5 節で

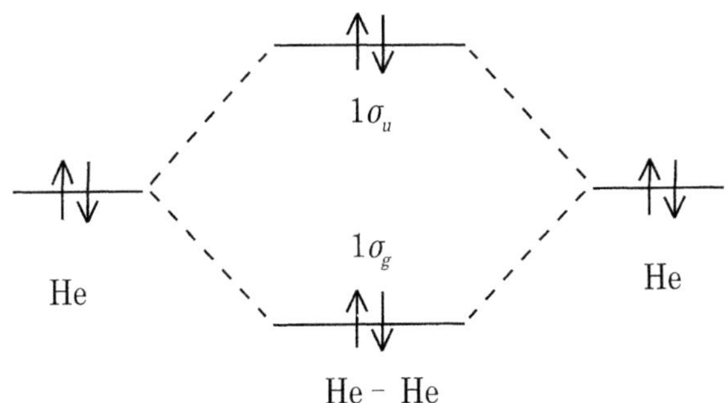

図 **9.5**　2 個のヘリウム原子の接近による分子軌道のエネルギー順位と電子配置

定性的に描いたものと同じである．

等核 2 原子分子の分子軌道のエネルギーと大きさ　A.C. Wahl によって，1970 年の Scientific American に発表された等核 2 原子分子の分子軌道のエネルギーと形の広がりを，図 9.4 に再掲する．エネルギーは Hartree 単位で示してある．

9.2.3　各分子の電子配置 H_2, He_2

分子軌道の関数形の形成過程がわかったので，次に，電子を配置させながら各分子の特徴を考えてみよう．

水素分子　水素分子は水素分子イオンの単純な拡張である．$1\sigma_g$ 軌道に電子が 2 個配置されて（$1\sigma_g^2$ あるいは $(1\sigma_g)^2$ と書く），強い化学結合ができる．$1\sigma_g$ 軌道が生成することで，電子が原子核のあいだに増える様子を，図 7.4 で再確認して欲しい．

He_2：立体反発　He_2 では $1\sigma_g$ のみならず，$1\sigma_u$ にも電子が 2 個配置される（図 9.5 参照）．これを $(1\sigma_g)^2\,(1\sigma_u)^2$ と書く．この配置によって，エネルギーの安定化と不安定化がキャンセルし合って正味の安定化が得られない．これを電子密度の立場からもう一度考えてみよう．分子軌道は

$$\phi_{1\sigma_g} = [2(1+S)]^{-\frac{1}{2}}([1s_A]+[1s_B]),$$
$$\phi_{1\sigma_u} = [2(1-S)]^{-\frac{1}{2}}([1s_A]-[1s_B]) \quad (9\text{–}13)$$

であった．この $[1s_A]$ と $[1s_B]$ は He 原子のそれであるから，水素原子の $[1s]$ よりかなり収縮していることに注意が必要である．He_2 の場合各分子軌道に 2 個ずつ電子があるから，電子密度 ρ は

$$\rho = 2|\phi_{1\sigma g}|^2 + 2|\phi_{1\sigma u}|^2 = \frac{2}{1-S}\left([1s_A]^2+[1s_B]^2\right) - \frac{2S}{1-S}[1s_A][1s_B] \quad (9\text{–}14)$$

となる．この式からわかるように，重なり積分 S を 0 とおかないで評価すると，結合領域（重なり領域）における電子密度は負になることがわかる．つまり，「キャンセルして 0 になる」ということではなく，「反発し合って結合を作らない」というのがより正しい表現である．図 7.5 に立ち返り，He_2 の差密度を見ながらこの事実を確認して欲しい．実は，図 9.5 のエネルギーダイアグラムにおいても，エネルギーレベルの反発は，上下で対称に書かれているが，これは $S=0$ と近似したからである．$S \neq 0$ では，$[1\sigma_u]$ の不安定のほうが，$[1\sigma_g]$ による安定化よりも大きい．これについては，次の 9.2.4 項でやや詳しく述べる．

それなら，He_2 の反結合性軌道 $1\sigma_u$ から電子 1 個を抜いたら，どうなるだろうか？　このとき，不安定な分子軌道から電子が抜けたのであるから，分子は安定化すると予測される．実際 He_2^+ という分子が存在して，結合核間距離は 1.08 Å，結合エネルギーは 2.5 eV ある．

このように，電子が 2 個ずつ配置された軌道が 2 個接近しても，安定化は起きず，むしろ反発を起こす．これは，化学で重要な概念である「立体反発」の原型である[2)]．立体反発は，硬いものどうしが接近して，コツンと跳ね返すイメージの短距離相互作用で，化学反応や分子構造を考える際に重要な因子である．化学反応では，一般に，分子（原子）と分子（原子）のあいだの反応を促進する相互作用と，それを阻害する相互作用がある．立体反発は阻害する因子の代表的なものである．化学反応しようとする分子は，障害となる阻害因子の効果をできるだけ避けながら，反応を促進する因子が有効に使えるように，

2)　立体反発の精密な議論には，パウリの排他原理を考えたときのように，電子の交換の効果（交換反発という）を考える必要がある．

互いの配向（分子の向き）を変えながら接近すると考えてよい．例として，嵩高いメチル基どうしが避けあって，化学反応が進行する場合を想定すればよい．この「嵩高さ」を立体反発という．立体反発については，第 12 章の「化学反応論入門」でふたたび触れる．

問題 9.1 Be_2 も安定に存在しない．なぜか？

問題 9.2 Ne_2 はどうか？

9.2.4 ◆重なり積分が 0 でない場合のエネルギー順位

前章で行った軌道相互作用の研究では，重なり積分 S が 0 と仮定して議論を進めてきた．これは，議論を単純化し数式を見やすくするためであった．本質はこれでよい．しかし，式 (9-14) の結果を受けて，S が 0 でないとき，エネルギー準位がどのように変更を受けるのか，定性的に補足しておく．

式 (8-43) で $S = 0$ としたことによって，図 8.16 や図 8.17 に示したように，軌道相互作用の結果 H_{AA} と H_{BB} の平均値から上下対称に新しい分子軌道ができることになった．そこで，式 (8-43) に戻って，

$$\Delta = \frac{1}{2\left(1-S^2\right)}\left\{\left(H_{AA}-H_{BB}\right)^2+4\left(H_{AB}-SH_{AA}\right)\left(H_{AB}-SH_{BB}\right)\right\}^{\frac{1}{2}} \tag{9-15}$$

と定義しなおすと

$$E_{\pm} = \frac{1}{2\left(1-S^2\right)}\left[H_{AA}+H_{BB}-2SH_{AB}\right] \pm \Delta \tag{9-16}$$

であって，確かに，上下に対称に新しいエネルギーができる．しかし，基準になるエネルギー位置は，単純な平均

$$E_{av}^{(1)} = \frac{1}{2}\left(H_{AA}+H_{BB}\right) \tag{9-17}$$

ではなく，

$$E_{av}^{(2)} = \frac{1}{2\left(1-S^2\right)}\left[H_{AA}+H_{BB}-2SH_{AB}\right] \tag{9-18}$$

である．共鳴積分が $H_{AB} \leq 0$ であることを考慮すると（$S > 0$ ととってある），

$$E_{av}^{(2)} \geq E_{av}^{(1)} \tag{9-19}$$

は明らかである．したがって，たとえば，図 8.16 や図 9.5 を見直すと，新しくできる分子軌道のエネルギーレベルは，全体に上に持ち上げられることになる．したがって，He_2 のように，電子が 4 個配置されてしまうと，プラスマイナス 0 ではなくて，元のエネルギーよりも高くなってしまうのである．

問題 9.3 式 (9-19) を確認せよ．

9.2.5 結合次数と多重結合

このように，結合性軌道に電子が配置されることによって得たエネルギーの安定化は，反結合性軌道のそれによって打ち消されてしまうことがある．そこで，正味の結合性を，次の結合次数によって定義する:

$$\text{結合次数} = \frac{1}{2}\left[(\text{結合性軌道にある電子の数}) - (\text{反結合性軌道にある電子の数})\right] \tag{9-20}$$

たとえば，H_2 の結合次数は 1 であり，He_2 は 0 である．つまり，これは結合の本数（価標という）を表している．

9.2.6 各分子の電子配置：$\mathbf{B_2}$-$\mathbf{O_2}$

以下に，B_2 から O_2 までの性質を概観する．

$\mathbf{B_2}$：磁性を持つ分子 B_2 では $1\pi_u$ が $3\sigma_g$ より低い所にあって，図 9.6 のようになっている（この図では，$1s$ と $1\sigma_g, 1\sigma_u$ は省略されている）．つまり B の電子配置は $(1s)^2(2s)^2(2p)^1$，一方 B_2 の配置は $(1\sigma_g)^2(1\sigma_u)^2(2\sigma_g)^2(2\sigma_u)^2(1\pi_u)^2$ である．

$1\pi_u$ は $[1\pi_{ux}]$ と $[1\pi_{u\mathrm{y}}]$ の 2 重に縮退しているから，電子の配置のしかたは複数ある．原子のフントの規則と同様の理由で，一番安定なのは図 9.6 のようにスピンが同方向に揃い，異なった分子軌道に入る場合である．このような分子は，1 個 1 個が外部磁場に反応し，強い磁性をもつことになる．この状態をもう少し明確に表現したければ，電子配置を $(1\sigma_g)^2\,(1\sigma_u)^2\,(2\sigma_g)^2\,(2\sigma_u)^2\,(1\pi_{ux})^{\uparrow}\,(1\pi_{u\mathrm{y}})^{\uparrow}$ と書けばよい．

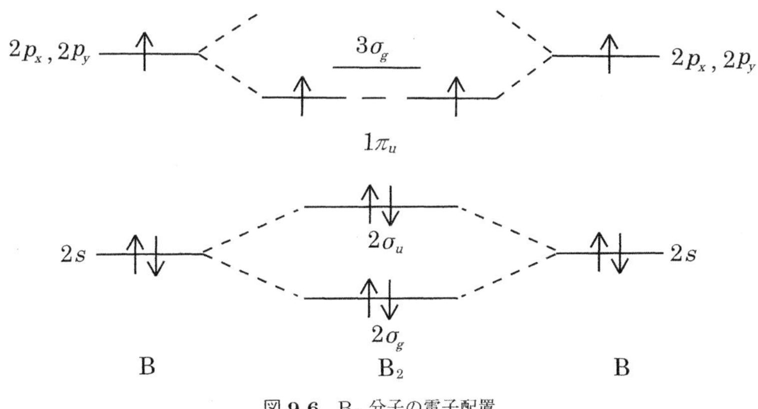

図 **9.6**　B_2 分子の電子配置

C_2 と N_2：多重結合を持つ分子　C_2 は $1\pi_u$ に電子が全部詰まっている状態，つまり，$(1\sigma_g)^2(1\sigma_u)^2(2\sigma_g)^2(2\sigma_u)^2(1\pi_u)^4$ である．B_2 が持つ磁性がなくなる代わりに，結合次数が 2 となって，結合力が一段と強まっている．この意味で，C_2 は 2 重結合である．

N_2 ではさらに $3\sigma_g$ に 2 個電子が加わる．$(1\sigma_g)^2(1\sigma_u)^2(2\sigma_g)^2(2\sigma_u)^2(1\pi_u)^4(3\sigma_g)^2$ である．結合性軌道にさらなる 2 電子が追加されるわけだから，N_2 の結合次数は 3．つまり，N_2 は 3 重結合である[3)]．

多重結合は，結合の深さ（結合エネルギー D）や結合の強さ（力の定数 K）に大きな影響を持つ．2.1.3 項の 2 原子分子の表 2.1 の力の定数 K の欄の等核 2 原子分子（Li_2-F_2）を見て欲しい．単結合（Li_2, B_2）から，2 重（C_2），3 重結合（N_2），2 重（O_2），単結合（F_2）へと変化するのに伴って，K の値が対応して推移しているのがわかる．

イオン化の効果：酸素分子とそのイオン　O_2 の電子配置は，N_2 の配置に反結合性軌道 $(1\pi_g)^2$ を追加したものである．したがって，$(1\sigma_g)^2(1\sigma_u)^2(2\sigma_g)^2(2\sigma_u)^2(1\pi_u)^4(3\sigma_g)^2(1\pi_{gx})^{\uparrow}(1\pi_{gy})^{\uparrow}$ となって，B_2 と同じように磁気的性質を持つ．われわれが呼吸している酸素分子は，分子 1 個のレベルでは，強い磁性を持つ分子であるが，空気中では，その磁性は，ほぼ等量の $(1\sigma_g)^2(1\sigma_u)^2$

3）N_2 では，$1\pi_u$ と $3\sigma_g$ のエネルギーの高低は微妙になる．平均場近似では $3\sigma_g$ の方が低く見積もられるが，実験事実は $3\sigma_g$ の方が高いことを示唆している．

表 9.1　酸素分子イオンの電子配置と結合次数および結合長

分子種	基底状態電子配置	結合次数	R_e(Å)
O_2^+	$\cdots(3\sigma_g)^2(1\pi_u)^4(1\pi_g)$	$2\frac{1}{2}$	1.117
O_2	$\cdots(3\sigma_g)^2(1\pi_u)^4(1\pi_g)^2$	2	1.208
O_2^-	$\cdots(3\sigma_g)^2(1\pi_u)^4(1\pi_g)^3$	$1\frac{1}{2}$	1.33
O_2^{2-}	$\cdots(3\sigma_g)^2(1\pi_u)^4(1\pi_g)^4$	1	1.49

$(2\sigma_g)^2\,(2\sigma_u)^2\,(1\pi_u)^4\,(3\sigma_g)^2\,(1\pi_{gx})^{\downarrow}\,(1\pi_{gy})^{\downarrow}$ により平均化されてしまい，全体としては磁性を失う．しかし，強い磁場中では，その磁性を直接観測することができる．逆に，強い磁石を設計するということは，電子スピンの向きがなるべく揃った物質を合成する，ということでもある．スピンの向きさえ揃えることができれば，有機化合物でも永久磁石にすることができる[4]．

これより先の F_2 と Ne_2 の電子配置は自明であろう．

ここでは，電子配置によって，結合力や分子磁性に大きな違いが生まれることを，再確認するために，酸素分子のイオン系列，O_2^+, O_2, O_2^-, O_2^{2-} を体系的に調べてみよう．O_2^+ では，反結合性軌道から電子が 1 個無くなるわけだから，電子が減るにもかかわらず，結合力は増すことになる．その結合次数は，2.5 に上昇する．2.5 重結合というわけである．逆に O_2^- では，$[N_2]\,(1\pi_{gx})^{\uparrow\downarrow}\,(1\pi_{gy})^{\uparrow}$ となる．ここで，$[N_2]$ は N_2 と同様の電子配置を表すものとする．反結合性軌道に電子が増えたうえ（結合次数は 1.5），磁性も 1 電子分だけ相殺されている．O_2^{2-} になると，F_2 と同じ電子配置となる．O_2^{2-} と F_2 の関係を等電子的という．表 9.1 に，酸素分子イオン系列の結合次数と結合長が比較されている．

問題 9.4　表 9.1 を使って結合核間距離 R_e を結合次数に対してプロットせよ．

問題 9.5　陽イオン Be_2^+ の結合次数はいくつか．算定した根拠も示せ．

問題 9.6　酸素分子 O_2 とそのイオン O_2^+, O_2^-, O_2^{2-} のうち，磁性の強いものから順に並べよ．同じ程度であると思われるものは，等号で結べ（例：$A > B > C = D$）．

---

4)　実際，わが国ではこの分野で優れた研究が行われている．

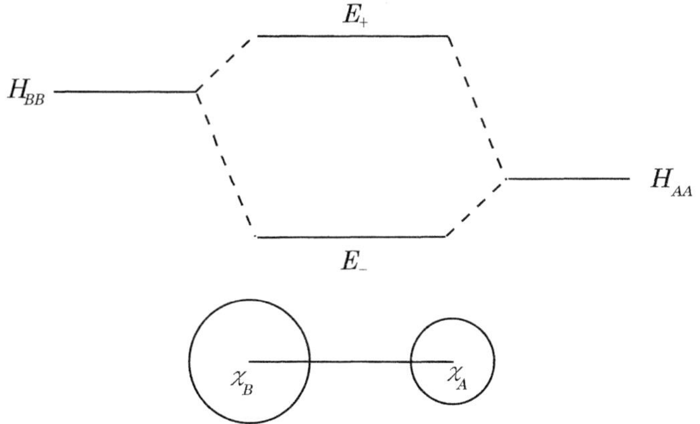

図 **9.7**　異核 2 原子分子の軌道エネルギー準位のできかた

9.3　異核 2 原子分子

この節では，分子の中での電荷の偏りということを中心にして，孤立電子対，イオン結合，電気陰性度などの概念について述べる．

9.3.1　電子分布の偏り方

2 つの原子軌道 χ_A と χ_B の相互作用を考える．図 9.7 のように，χ_A と χ_B が相互作用して新しい軌道を作るとする．このとき，H_{AA} の方が H_{BB} よりも低いとする．

新しくできる分子軌道を $\phi = C_A\chi_A + C_B\chi_B$ と書き，その永年方程式 (8-40) で，$S = 0$ と近似してしまうと

$$\begin{cases} (H_{AA} - E)C_A + H_{AB}C_B = 0 \\ H_{BA}C_A + (H_{BB} - E)\,C_B = 0 \end{cases} \tag{9-21}$$

が得られる．この 2 式から $H_{AB} = H_{BA}$ を消去すると

$$\frac{E - H_{BB}}{E - H_{AA}} = \frac{C_A^2}{C_B^2} \tag{9-22}$$

となる．この式は，分子軌道の係数とエネルギーの関係を，簡明にして力強く述べている：

① $E = E_-$（安定軌道）については，

$|E_- - H_{AA}| \leqq |E_- - H_{BB}|$ だから，$C_A^2 \geqq C_B^2$.

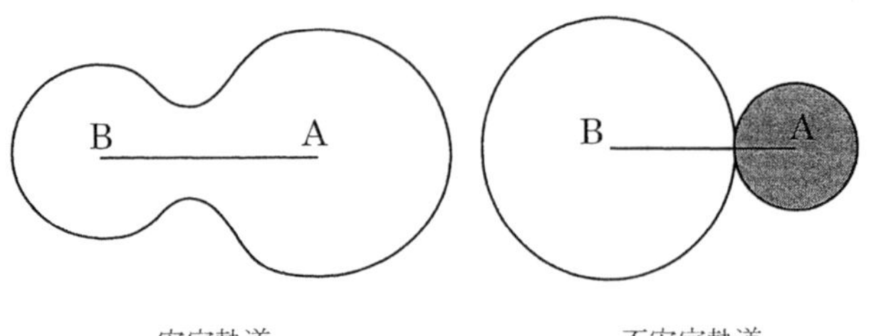

図 **9.8**　異核 2 原子分子の分子軌道関数のできかた

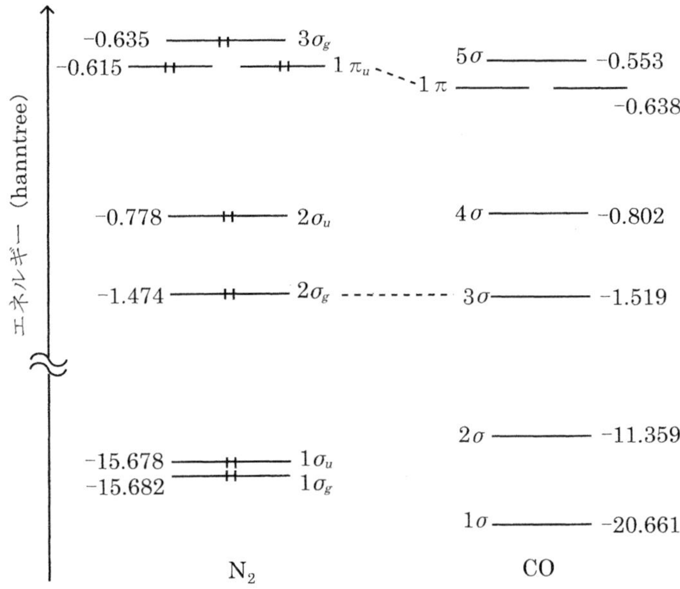

図 **9.9**　N_2 と CO の分子軌道の対応（注：1s 軌道のエネルギーは，C で約 -11.33 Hartree，N で約 -15.63 Hartree，O で約 -20.66 Hartree.）

② $E = E_+$（不安定軌道）の場合には

$|E_+ - H_{AA}| \geqq |E_+ - H_{BB}|$ だから $C_A^2 \leqq C_B^2$

が結論される．つまり，これらの軌道に電子が入ると，相互作用 H_{AB} の内容にかかわらず

1. 安定軌道では低いエネルギーの原子軌道側に分布が偏る．
2. 不安定軌道では高いエネルギーの原子軌道側に分布が偏る．

要するに，「低い方（ここでは A 側）に電子がより多く分布する方がより安

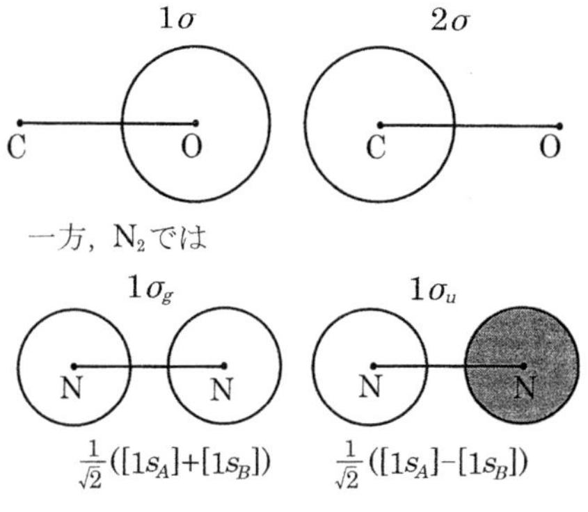

図 **9.10**　CO の 1σ 軌道と 2σ 軌道

定」という当たり前の結論である．一方，高いエネルギーの分子軌道では，高いエネルギーの側に（ここでは B 側）電子の分布が大きくなる．ただし，こうしてできた 2 つの分子軌道は，互いに直交しなければならないので，不安定軌道には節が生ずることを忘れてはならない．以上を定性的に図示すると図 9.8 のようになる．

9.3.2　CO 分子の分子軌道

異核 2 原子分子の例として CO を考える．CO に含まれる電子数は N_2 のそれと同じであり，しかも，N_2 についてはすでに調べてあるから，これを出発点として CO を調べるとよい．

まず，N_2 にはあった反転対称性が CO にはない．したがって gerade と ungerade の区別がなくなる．しかし，軸対称性は両方ともにあるので，σ と π の区別は依然として残る．図 9.9 のダイアグラムは，N_2 と CO の分子軌道のエネルギーと名前を示したものである．

次に，個々の軌道の空間的広がりを見ていこう．

1σ 軌道と 2σ 軌道（図 9.10）　エネルギーからわかるように，1σ は酸素原子の $1s$ 軌道，2σ は炭素原子の $1s$ 軌道とほとんど同じものである．しかし，図 9.10 では，N_2 と CO ではかなり異なって見える．しかし，CO では反転対称性がなく，N_2 の $1\sigma_g$ と $1\sigma_u$ の再混合を使って CO の 1σ と 2σ を作り出すことができる．つまり，

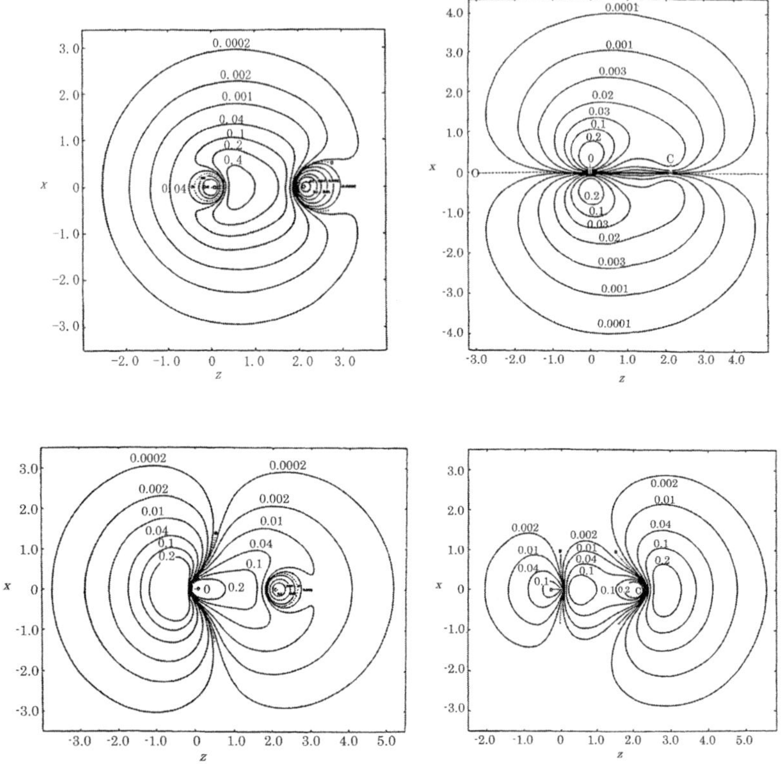

図 **9.11**　CO 分子の分子軌道.（左上）3σ 軌道,（右上）1π 軌道,（左下）4σ 軌道,（右下）5σ 軌道（Huo, *J.Chem. Phys.* Vol.43, pp.624-647, 1965.）

$$[1\sigma_g] + [1\sigma_u] \to [2\sigma],$$
$$[1\sigma_g] - [1\sigma_u] \to [1\sigma]$$

と変換すればよい.

3σ 軌道（図 9.11 左上）　3σ は強い結合性軌道で, N_2 の 2σ 軌道に似ている.

1π 軌道（図 9.11 右上）　1π も酸素側に少し偏っていること以外は, N_2 に似ている.

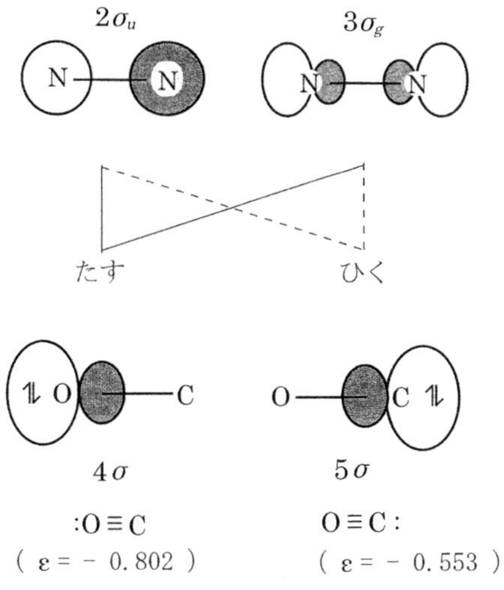

図 **9.12**　CO 分子の 4σ 軌道と 5σ 軌道の成り立ち

4σ 軌道と 5σ 軌道（図 9.11 左下と右下）　ところが 4π と 5σ は分子の外側に突き出ており（4π は O 側に，5σ は C 側に），N_2 の場合よりもこの傾向がかなり強い．これは，反転対称性がなくなったことにより N_2 の $[2\sigma_u]$ と $[3\sigma_g]$ が混じり合って CO の $[4\sigma]$ と $[5\sigma]$ ができたと考えればよいだろう（下図 9.12 参照）．このように，分子外に突き出た電子対のことを孤立電子対（lone pair）という．

9.4　孤立電子対とその性質

孤立電子対は化学結合に直接関与していないように見えるが，実際には次のような重要な役割を果たす．

1. 分子構造を決定する因子の 1 つとなりうる．孤立電子対は他の孤立電子対や，2 電子からなる結合と反発し合う．一種の立体反発である．その結果，分子の形に強い影響を持つことがある．アンモニア分子のピラミッド構造はその典型例である．これについては，10.3.4 項で改めて説明する．
2. 電気的双極子を作る．孤立電子対の平均位置（電子分布の重心）は，原子核から離れた場所（多くは分子の外側）に存在する．そのために，電気双極子を作ることが多い．このため，他の電荷と静電的相互作用をするこ

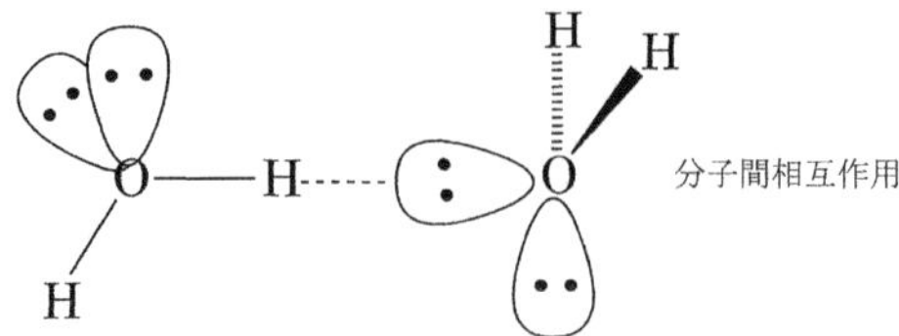

図 **9.13**　水分子の水素結合

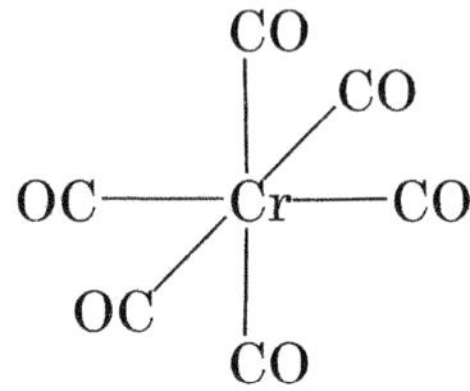

図 **9.14**　Cr 原子に CO が 6 個配位して，正八面体構造を作っている

とがある．水分子の水素結合（図 9.13）は，その例である．

3. 配位結合を作る．金属原子等における電子が詰まっていない原子軌道（空軌道）に，孤立電子対が電子対を提供することにより，刺さるようにして新しい化学結合を作ることことがある（図 9.14 参照）．

9.5　電気陰性度

ポーリングの電気陰性度　図 7.6 の水素化物（LiH, BeH, BH, CH, NH, OH, FH）の差密度を再訪する．そこで議論した原子の電子の引きつけやすさを測ってみよう．ポーリングは，表 9.2 のような，2 原子分子の結合エネルギーの表をみて，異核 2 原子分子 AB の結合エネルギー $E(AB)$ は対応する等核 2 原子分子 AA の結合エネルギー $E(AA)$ と分子 BB のそれ $E(BB)$ の平均より大きいことから，この原因を共有結合にはない結合性，つまり電子分布の偏りからくる安定性によるものと解釈した．そのうえで，電子分布の偏りを，「各原子の固有の性質」としての「電子の引きつけやすさ」に帰着できないか調べた．その結果，次のような式が近似的に成立していることを発見した：

$$E(AB) \simeq \frac{1}{2}\left[E(AA) + E(BB)\right] + K(x_A - x_B)^2. \qquad (9\text{-}23)$$

ここで K は定数で，kcal/mol 単位で $K = 23$．各原子に割り当てられた量

表 **9.2** 2原子分子の結合エネルギー

Molecule	D, kcal mol[1]	Molecule	D, kcal mol[1]
H_2	104.2	LiCl	114
D_2	106	BeCl	93
HF	135.8	BCl	128
HCl	103.2	CCl	80
HBr	87.5	Ocl	64.3
Hl	71.3	NaCl	98
LiH	58	MgCl	74
BH	79	AlCl	118.1
CH	81	KCl	101.5
NH	75	CuCl	78
OH	102.3	AgCl	75
NaH	48	HgCl	25
AlH	68	O_2	119.1
PH	73	S_2	102.6
SH	85	SO	124.7
KH	44	Se_2	73.6
HgH	10	Te_2	53.8
F_2	37.8	BeO	107
Cl_2	58.2	BO	182
Br_2	46.1	CO	256.9
I_2	36.1	NO	151.0
ClF	61	MgO	91
BrF	59.4	AlO	116
IF	66.2	SiO	190
BrCl	51.5	PO	141
ICl	49.6	BrO	56.3
IBr	41.9	C_2	142.4
LiF	137	Si_2	81
BeF	147	Pb_2	13
BF	180	N_2	226.0
CF	129	P_2	117
NF	72	Sb_2	70
OF	52	PN	168
NaF	115	Li_2	26
MgF	107.3	Na_2	18
AlF	159	K_2	13
KF	118.1	Cu_2	46
		Ag_2	37
		CN	183
		CS	183
		B_2	71

1 kcal/mol $= 1.5936 \times 10^{-3}$Hartree $= 4.336445 \times 10^{-2}$eV

H 2.20																	He
Li 0.97	Be 1.47											B 2.01	C 2.50	N 3.07	O 3.50	F 4.10	Ne
Na 1.01	Mg 1.23											Al 1.47	Si 1.74	P 2.06	S 2.44	Cl 2.83	Ar
K 0.91	Ca 1.04	Sc 1.20	Ti 1.32	V 1.45	Cr 1.56	Mn 1.60	Fe 1.64	Co 1.70	Ni 1.75	Cu 1.75	Zn 1.66	Ga 1.82	Ge 2.02	As 2.20	Se 2.48	Br 2.74	Kr
Rb 0.89	Sr 0.99	Y 1.11	Zr 1.22	Nb 1.23	Mo 1.30	Tc 1.36	Ru 1.42	Rh 1.45	Pd 1.35	Ag 1.42	Cd 1.46	In 1.49	Sn 1.72	Sb 1.82	Te 2.01	I 2.21	Xe
Cs 0.86	Ba 0.97	57-71 *	Hf 1.23	Ta 1.33	W 1.40	Re 1.46	Os 1.52	Ir 1.55	Pt 1.44	Au 1.42	Hg 1.44	Tl 1.44	Pb 1.55	Bi 1.67	Po 1.76	At 1.96	Rn
Fr 0.86	Ra 0.97	89-103 **	104	105	106												

*	La 1.08	Ce 1.06	Pr 1.07	Nd 1.07	Pm 1.07	Sm 1.07	Eu 1.01	Gd 1.11	Tb 1.10	Dy 1.10	Ho 1.10	Er 1.11	Tm 1.11	Yb 1.06	Lu 1.14
**	Ac 1.00	Th 1.11	Pa 1.14	U 1.22	Np 1.22	Pu 1.22	Am	Cm	Bk	Cf	Es ← 1.2（予想）→	Fm	Md	No	Lr

図 **9.15**　ポーリングの電気陰性度表

x_A および x_B を（ポーリングの）電気陰性度という．当然，$(x_A - x_B)^2$ が大きいほど，$E(AB)$ は相対的に安定である．

本来，電子分布の偏りは，分子内の相互作用全体の中で決まってくるものであって，原子固有の性質に帰着するのは，厳密には無理がある．しかし，なるべくそのような要求を満たすべく，いくつかの電気陰性度の定義が試みられている．

マリケンの電気陰性度　マリケンの電気陰性度も，その1つである．この考え方は，きわめてわかりやすい割り切り方をしているので，よく使われる．2原子分子ABを考える．この分子で仮想的に電子が完全に移行した構造（極限的なイオン構造）を考える．つまり① A^+B^- と② A^-B^+ である（もちろん，分子内でこのように完全に分極することはごく稀である）．ここで，原子Aのイオン化エネルギーを I_A，電子親和力を E_A する．ただし，電子親和力とは，原子に1個電子を付着させたときに得られる安定化エネルギーを正の値で表した量である（不安定だったら負の値）．すると，それぞれの電子構造について，①の安定化エネルギー $= E_B - I_A$，②の安定化エネルギー $= E_A - I_B$ と見込める．ならば，①と②の相対的安定性は次の式で決まるはずである．

$$X_{AB} = (E_B - I_A) - (E_A - I_B) = (E_B + I_B) - (E_A + I_A). \qquad (9\text{-}24)$$

そこで，(i) もし $X_{AB} > 0$ ならば，A^+B^- が安定で，$E_B + I_B > (E_A + I_A)$ となる．一方，(ii) もし，$X_{AB} < 0$ ならば，A^-B^+ が安定で $E_B + I_B < (E_A + I_A)$ となる．したがって，各原子の $(I + E)\times$（適当な正定数）が電気陰性度として使えるだろう．

マリケンの電気陰性度の優れているところは，このアイディアが，原子だけに留まらず，分子にも応用できることである．2つの分子の，相対的な電子の引きつけやすさを，実験値を基に評価することが可能である．

第 10 章

多原子分子の化学結合

この章では，多原子分子の化学結合の基礎を調べたい．多原子分子の分子構造と電子状態の関係を理解するため，混成軌道を詳しく調べることにする．

10.1　混成軌道と化学結合

まず図 10.1 を見て欲しい．よく知られているように，炭素原子と水素原子の組み合わせだけで，正 4 面体，正 3 角形，直線，と多様な形が存在している．これらは，分子の形を楽しむ化学（立体化学）の最初の一歩である．これらの分子構造や化学結合構造の多彩さを理解するために，ポーリングは混成軌道の概念を提案した．混成軌道については，8.5 節で，図形を使って直感的に説明しておいた．ここではもう少し丁寧に見ていくことにする．

10.1.1　混成軌道の原理

混成軌道を作るときの指導原理は，同じ原子内の原子軌道関数の組 $\{2s$（球対称），$2p_x$（x 方向），$2p_y$（y 方向），$2p_z$（z 方向）$\}$ を，次の 2 つの手続きにしたがって，「特定の方向に突き出した関数」に変換することである．

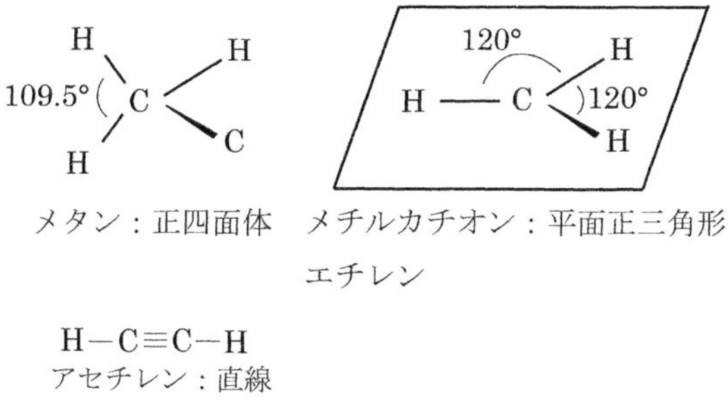

H
H
109.5°
C
C
H
120°
H
H — C
120°
H

メタン：正四面体　メチルカチオン：平面正三角形

エチレン

H−C≡C−H

アセチレン：直線

図 10.1　炭化水素分子の 3 次元構造

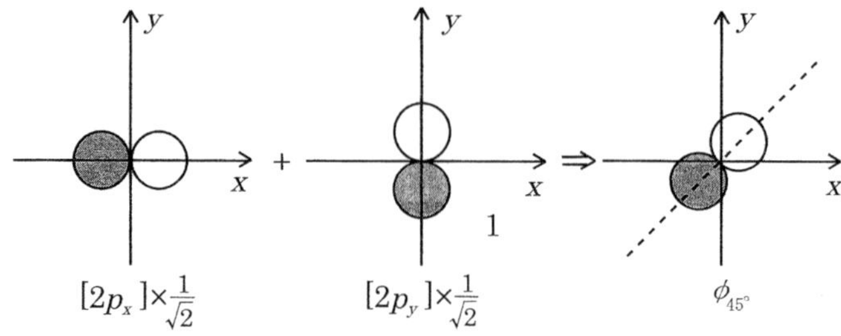

図 **10.2** $2p$ 関数を 45° 回転させる

(1) 軌道の方向性の変換（2p 軌道の混合） $[2p_x], [2p_y], [2p_z]$ は各々，x, y, z 方向に伸びるベクトル型の関数（方向性を持つ関数）なので，これらを各方向の単位ベクトルだと思うことにしよう．すると，たとえば，xy-平面上で x 軸から 45° ずれた関数は，$[2p_x]$ と $[2p_y]$ を使って

$$\phi_{45} = \frac{1}{\sqrt{2}}[2p_x] + \frac{1}{\sqrt{2}}[2p_y] \tag{10-1}$$

と書けばよい．図 10.2 を見れば，直接的に理解できよう．このようにして，単位ベクトルの関数をベクトル的に組み合わせて任意の方向を向いた関数を作ることができる．

(2) 軌道の突き出し（s 軌道の混合） 次に，方向が回転した $2p$ 関数に $2s$ 軌道を混ぜると，孤立電子対のように軌道が原子の外に突き出す．そのメカニズムは次のようである（図 10.3 参照）：$[2s]$ の正の部分と $[2p]$ の正の部分が重なり合って大きく膨らむ．一方で，$[2s]$ の正の部分との負の部分が干渉し合って小さくなる．結果として，$2p$ 関数の正の部分が空間的に突き出すことになる．数式で書くと，c を定数として

$$\tilde{\phi}_{45} = \left(\frac{1}{1+c^2}\right)^{1/2}(c\,[2s] + \phi_{45^\circ}) \tag{10-2}$$

である．

このようにして 45° 方向に突き出した原子軌道が作り出された．突き出し具合は係数 c によって決まる．また，c は後に述べるような物理的制限条件のために自動的に決定されてしまうことがある．

以上のようにして任意の方向に突き出した混成軌道を作ることができるが，元来 $\{2s, 2p_x, 2p_y, 2p_z\}$ の 4 個の独立な関数を組み合わせて混成軌道を作

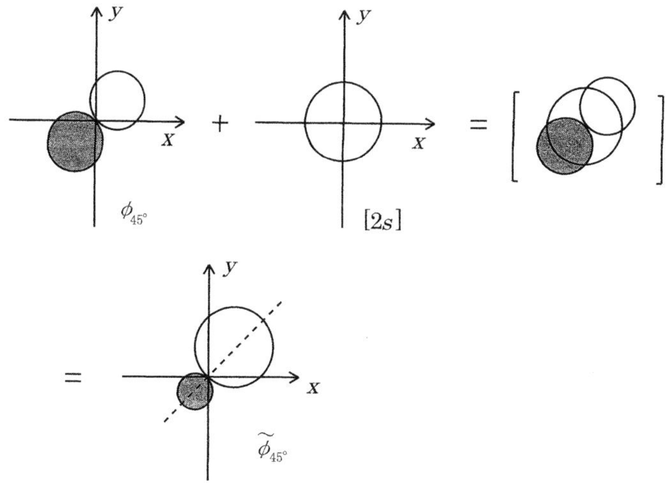

図 **10.3** 軌道が非対称に突き出す

ったのであるから，これによってできる独立な混成軌道も 4 個しかない．また，混成軌道は $\{2s, 2p_x, 2p_y, 2p_z\}$ だけではなく別の原子軌道関数，たとえば $\{3d\}$，などを使って作ることもできる．

注意：ここまでの議論では，暗に $[2s]$ と $[2p]$ のエネルギー差がそれほど大きくなく，充分混じり合う程度であると仮定してきた．しかし，このエネルギー差が大きく，$[2s]$ と $[2p]$ の混合が充分起きないとすると，何が予想されるだろうか？　結局，$\{2s, 2p_x, 2p_y, 2p_z\}$ は，$\{2s\}$ と $\{2p_x, 2p_y, 2p_z\}$ のグループに分離され，式（10-2）の係数 c は小さく，軌道の突き出しが充分起きないであろう．すると，$[2p]$ のもともとの性質である直交した x, y, z の 3 方向性が，分子の形を決める主たる効果になるであろう．メタンのように正 4 面体構造をとることは難しくなるに違いない．そのことも意識に留めて，以下の $[2s]$ の役割を見ていただきたい．

10.1.2 混成軌道の具体的な形

sp³ 混成（正 4 面体型） 飽和化合物（多重結合をもたない分子）の典型例として，正 4 面体構造のメタン分子の混成を考えよう（図 10.4 参照）．上の図の 4 つの頂点方向に突き出した混成軌道は以下のように書ける（各軌道の係数と，対応する頂点の位置ベクトルを比べよ）．

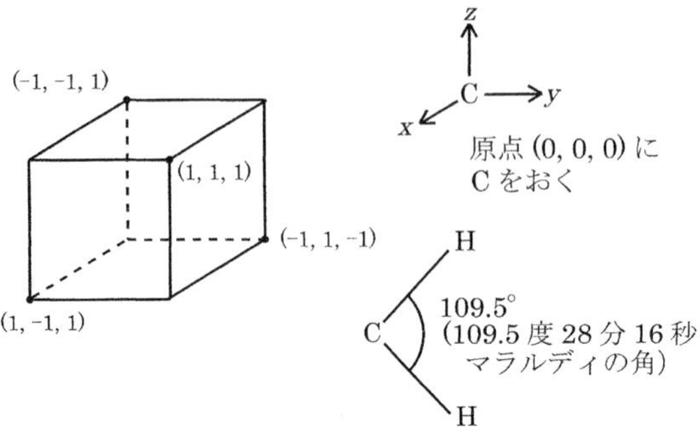

図 **10.4**　メタンの sp^3 混成軌道

$$\begin{aligned}
\phi_{(1.1.1)} &= \frac{1}{2}\left([2s] + [2p_x] + [2p_y] + [2p_z]\right) \\
\phi_{(-1.-1.1)} &= \frac{1}{2}\left([2s] - [2p_x] - [2p_y] + [2p_z]\right) \\
\phi_{(1.-1.-1)} &= \frac{1}{2}\left([2s] + [2p_x] - [2p_y] - [2p_z]\right) \\
\phi_{(-1.1.-1)} &= \frac{1}{2}\left([2s] - [2p_x] + [2p_y] - [2p_z]\right)
\end{aligned} \qquad (10\text{–}3)$$

あるいは，行列の形で表すと

$$\begin{pmatrix} \phi_{(1.1.1)} \\ \phi_{(-1.-1.1)} \\ \phi_{(1.-1.-1)} \\ \phi_{(-1.1.-1)} \end{pmatrix} = \frac{1}{2}\begin{pmatrix} 1 & 1 & 1 & 1 \\ 1 & -1 & -1 & 1 \\ 1 & 1 & -1 & -1 \\ 1 & -1 & 1 & -1 \end{pmatrix}\begin{pmatrix} [2s] \\ [2p_x] \\ [2p_y] \\ [2p_z] \end{pmatrix}. \qquad (10\text{–}4)$$

以上から，sp^3 混成の呼称のいわれは式（10–3）から明らかであろう．このとき p 性が 75%，s 性が 25% という言い方をすることがある．

問題 10.1　これらの混成軌道が規格直交化されていることを確かめよ．逆に，この規格直交条件から $[2s]$ 関数の係数が一意的に決まる．

問題 10.2　式（10–4）の右辺の 4 行 4 列の行列が，直交行列であることを確かめよ．直交行列が現れているということは，$\{2s, 2p_x, 2p_y, 2p_z\}$ を基底ベクトルとするベクトル空間で座標回転をして，新しい基底 $\{\phi_{(1.1.1)}, \phi_{(-1.-1.1)}, \phi_{(1.-1.-1)}, \phi_{(-1.1.-1)}\}$ を作った（直交変換をした）ということを意味している．8.2 節を見よ．

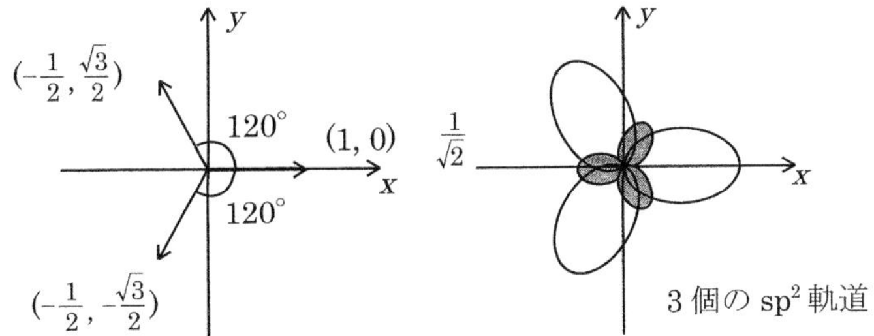

図 **10.5**　sp^2 混成軌道

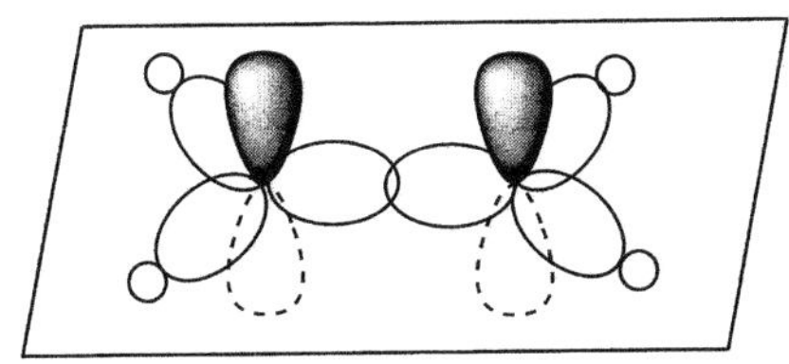

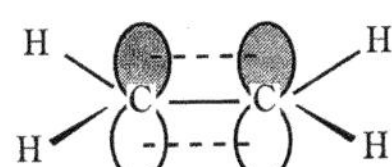

2 重結合は $2\mathrm{p}^2$ による π 結合のため，自由回転をすることができない

図 **10.6**　エチレン分子の sp^2 混成による σ 結合と，残された $2p_z$ 軌道からできる π 結合

sp^2 混成（平面 3 角形型）　エチレンやメチルカオチンの場合のように $2p_z$ をそのままに残しておいて，$2s, 2p_x, 2p_y$ で正 3 角形型の混成を，次のようにして作ることができる（図 10.5 参照）．

$$\begin{aligned}
\phi_{(1,0)} &= \sqrt{\frac{2}{3}}\left(\frac{1}{\sqrt{2}}\,[2s] + [2p_x]\right) \\
\phi_{\left(-\frac{1}{2},\frac{\sqrt{3}}{2}\right)} &= \sqrt{\frac{2}{3}}\left(\frac{1}{\sqrt{2}}\,[2s] - \frac{1}{2}\,[2p_x] + \frac{\sqrt{3}}{2}\,[2p_y]\right) \qquad (10\text{–}5) \\
\phi_{\left(-\frac{1}{2},-\frac{\sqrt{3}}{2}\right)} &= \sqrt{\frac{2}{3}}\left(\frac{1}{\sqrt{2}}\,[2s] - \frac{1}{2}\,[2p_x] - \frac{\sqrt{3}}{2}\,[2p_y]\right)
\end{aligned}$$

問題 10.3　これらの混成軌道の規格直交性を確かめよ．

エチレンの場合，炭素原子上にあって，混成に参加していない $2p_z$ 軌道は

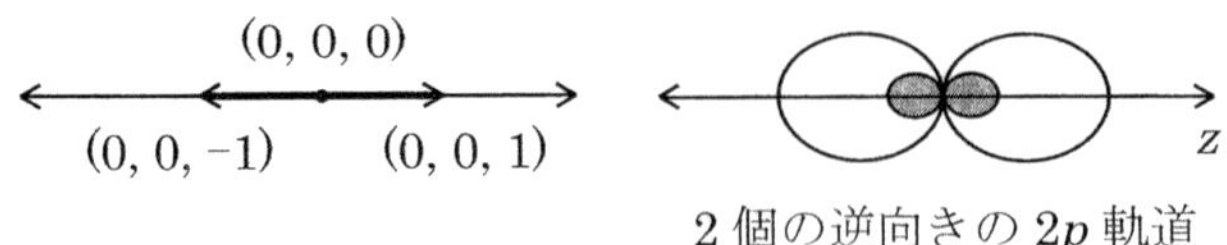

図 **10.7**　sp 混成軌道

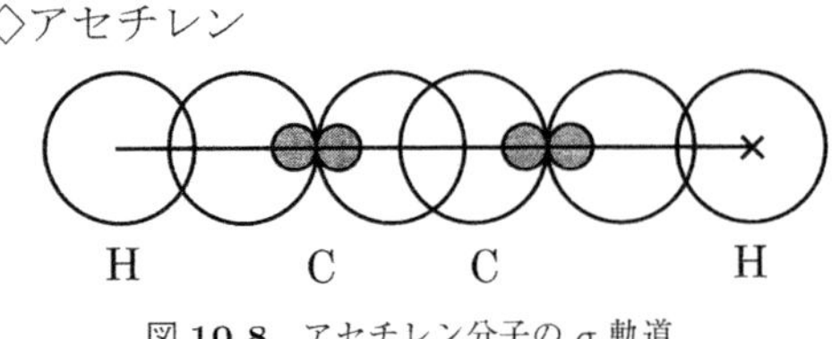

図 **10.8**　アセチレン分子の σ 軌道

分子平面に垂直に伸びており，水素原子との結合に関与しない．残された 2 つの $2p_z$ 軌道は π 結合を作る．混成軌道からできる C-C 間の σ 結合と併せて 2 重結合を表す．図 10.6 を見よ．

sp 混成（直線型）　アセチレンを考える．結合軸を z 軸にとる．ここでは，$2p_x$ と $2p_y$ をそのまま残して $2s$ と $2p_z$ で直線型の混成を作る．図 10.7 を見よ．

$$\begin{aligned}\phi_{(0,0,1)} &= 2^{-\frac{1}{2}}\left([2s]+[2p_z]\right)\\ \phi_{(0,0,-1)} &= 2^{-\frac{1}{2}}\left([2s]-[2p_z]\right)\end{aligned} \tag{10-6}$$

この 2 つの混成軌道で図 10.8 のように 2 つの CH 結合を表すことができる．残りの $2p_x$ と $2p_y$ で 2 重の π 結合（yz 面上にある π_y 軌道と zx 面上にある π_x）を作る．結局，全部で 3 重結合を作ることになる．

問題 10.4　♪ アセチレンと C_2 の分子軌道を比較してみよ．C-C 結合に関して，一方は 3 重結合，一方は 2 重結合．その差は，どこから生じているか考察せよ．

10.2　化学結合の局在性

10.2.1　局在化分子軌道と正準分子軌道

LCAO 近似は，分子軌道を原子軌道の線形結合で表すことを求めている．

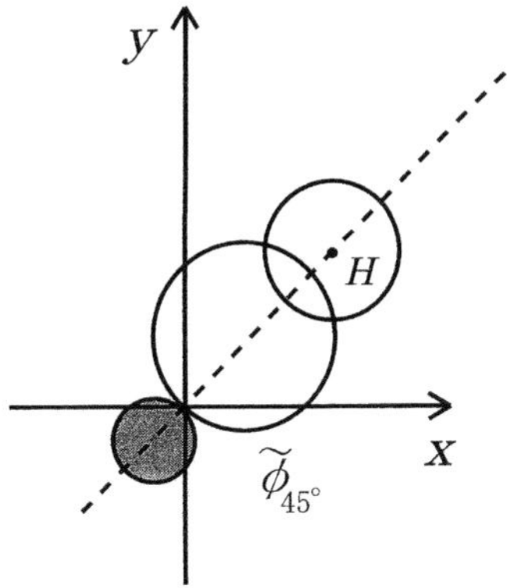

図 **10.9**　炭素原子の sp^3 混成軌道と水素原子の $1s$ 軌道を重ね合わせて，1 本の CH 結合を表す「分子軌道」を作ることができる

水素分子ならば，2 つの原子の $1s$ 関数の線形結合だった．しかし，メタン分子のように少し大きな分子になると，一度にすべての原子軌道の線形結合を考えるのは，化学結合の本質に照らして，必ずしも良い方法とはいえない．なぜならば，そうしてできる分子軌道は分子全体に広がってしまい，結合の 1 本 1 本に必ずしも対応しないからである．その代わりに，混成軌道を出発点と考えて，それらの線形結合を考えれば，より化学結合のイメージにも近く，簡単に分子軌道を考えることができる．たとえば，メタンであれば，4 個の sp^3 混成軌道のうちの 1 つと，1 つの水素原子の $1s$ 関数の線形結合を取ればよい．水素分子の HH の場合と同じように，たった 2 個の関数の線形結合で CH 結合を表す分子軌道ということになる．図 10.3 の $\tilde{\phi}$ の例だと，45° 方向に水素原子があるとすれば，図 10.9 のように化学結合が 1 本分だけ表現できることになる．もちろん，これらを反結合的に重ね合わせることも可能である．

エタン分子であれば，2 個の炭素原子の sp^3 混成軌道を 1 つずつ重ね合わせて，CC 結合を表現し，残りの sp^3 混成軌道をそれぞれ，メタンと同じように CH 結合に使えばよい．プロパン，ブタン等も同様である．

このようにして，それぞれの化学結合に局在した（特化した）分子軌道を作ることができる．こうしてできる分子軌道を**局在化分子軌道**（localized molecular orbital）と呼ぶ．ただし，精密かつ定量性のある議論をするには，1 つの sp^3 混成軌道と 1 つの $1s$ 関数の線形結合では不充分である．実際，より高度な量子化学では，局在化分子軌道を作るための指導原理が確立されてる．

化学結合，特に σ 結合には，局在性と推移性（transferability）がよく認識されていて，メタンでもプロパンでも，CH 結合は同じようなものであり，それぞれの場所で局在している．混成軌道を基底関数として，局在化分子軌道を考えるのは，とても化学らしい，良いアイディアである．

ただし，1つ注意が要る．このようにして作った局在化分子軌道にも形式的に軌道エネルギーを計算することができるが，この軌道エネルギーは，イオン化エネルギーを与えるわけではないということである．局在化分子軌道は，式（9-1）を満たすように作られるわけではないからである．一方，式（9-1）の固有関数として得られた分子軌道を，**正準分子軌道**（canonical molecular orbital）というが，式（9-4）の関係は正準分子軌道について成り立つのである．正準軌道は一般に分子全体に広がって，局在性を持たない．次章で考えるヒュッケル分子軌道法は，正準分子軌道の範疇に入る．どちらを使うかは，考える問題の性質に応じて自由に選んでよい．本格的な正準分子軌道法も局在化分子軌道法も，より進んだ量子化学で登場するが，少し進んだ知識が必要なので，本書ではここまでにする．

10.2.2 ◆原子価結合法

実は，正準分子軌道法も局在化分子軌道法も，ともに重大な欠陥を持っている．それは，結合解離をうまく表さないということである．たとえば，水素分子で，σ_g 分子軌道に電子を2個配置したとする．その結合を引き伸ばして，解離極限を想定した場合，水素分子は2個の水素原子（$H_2 \to 2H$）にならねばならないが，分子軌道は，その状態をすんなりとは表さないのである．少しだけ説明する．分子軌道法による水素分子の波動関数では，ϕ_g に電子2個が α スピンと β スピンで配置されているので，

$$
\begin{aligned}
&\phi_g(\vec{r}_1)\,\phi_g(\vec{r}_2)\left[\alpha(\omega_1)\,\beta(\omega_2)-\beta(\omega_1)\,\alpha(\omega_2)\right] \\
&\quad\propto\left[\chi_A(\vec{r}_1)+\chi_B(\vec{r}_1)\right]\left[\chi_A(\vec{r}_2)+\chi_B(\vec{r}_2)\right]\left[\alpha(\omega_1)\,\beta(\omega_2)-\beta(\omega_1)\,\alpha(\omega_2)\right]
\end{aligned}
\tag{10-7}
$$

と表わされる（規格化はしていない）．スピン関数が不思議な形をしているように見えるが，9.1.1項で学んだスレーター行列式，つまり式（9-10）そのものである．式（10-7）をよく見ると，原子核AとBが無限に離れても，$\chi_A(\vec{r}_1)\chi_A(\vec{r}_2)+\chi_B(\vec{r}_1)\chi_B(\vec{r}_2)$ という項が残ってしまうことがわかる．$\chi_A(\vec{r}_1)\chi_A(\vec{r}_2)$ は，A側に水素原子アニオン（H^-）が，B側に陽子が残されたことを表わしている．一方，$\chi_B(\vec{r}_1)\chi_B(\vec{r}_2)$ は，AとBの役割を反転させ

たもの．これらの項は，数学上の余分な混ざりものである．

一方，局在化分子軌道法のように，化学結合に局在し，かつ，解離極限を正しく表す波動関数の作り方を，はるか以前にポーリングが提案している．これは，原子価結合法という化学的に美しい名前で呼ばれている．この理論では，1つの分子軌道に電子が2個配置されるという描像をとらない．具体的には

$$[\chi_A(\vec{r}_1)\chi_B(\vec{r}_2)+\chi_B(\vec{r}_1)\chi_A(\vec{r}_2)][\alpha(\omega_1)\beta(\omega_2)-\beta(\omega_1)\alpha(\omega_2)] \quad (10\text{-}8)$$

のように波動関数を作る（これも規格化していない）．式（10-8）が正しい解離極限，(H + H)，を表わすのはよくわかるであろう．しかし，原子価結合法は一般に使いやすいわけではない．原子価結合法の詳細を知るにはスピン代数の知識が必要なので，ここまでにしておく．むしろ，いまは，ナイーブな分子軌道法には適用限界があるということを，知っておいて欲しい．

問題 10.5 式（10-7）と（10-8）を比較せよ．

10.3 分子の構造

ここで，混成軌道以外に，分子の形（分子構造）を決める因子について考えておこう．

10.3.1 分子の平衡核配置

原子核の座標を一括してベクトル $\vec{R}$ と書くことにする．第6章の式（6-3）で与えられるポテンシャルエネルギー曲面 $E(\vec{R})$ において，最小値を与える $\vec{R}$ が分子の安定構造に対応する．このとき，7.1.2項で見たように，核に働く力はすべて0になっている．より一般的には，ポテンシャルエネルギー曲面上には，複数の極小値が存在することがあって，ポテンシャルエネルギーの盆地をなしていることがある．古典力学の枠組みの中では，こうした極小値にも（たとえ最小値でなくとも），分子は安定な構造を作ることができる．これを平衡核配置という．一方，量子力学では，ポテンシャル盆地にしっかりした振動状態が形成されなければ，そこに分子が安定な「形」を作ることはなく，やがて別の形に移行してしまう．

タンパク分子は，複数の種類のアミノ酸が1次元的に繋がった分子であるが，非常に多数のポテンシャルエネルギーの極小点を持ち，それらに対応する

多数の3次元幾何構造をとりうることが知られている．その1つ1つは，タンパクが折れ畳まれた局所的に安定な構造に対応する．異なる折れ畳み構造は異なる性質をもつから，生体内で本来の機能を発現するためには，それに対応する形を見つける必要がある．今日では，分子の安定構造を求める作業は，量子化学や電子計算機・ソフトウェアの発展のおかげでかなり自動化されてきているが，タンパクの折れ畳み構造の探査は依然として難しい問題の1つである．

10.3.2 異性体

さて，1つの分子式に対して，複数個の安定な極小値が存在する典型的な例として，異性体（isomer）がある．異性体の概念は1823～1824年頃ウェーラー（Friedrich Wöhler, 1800–1882）とリービッヒ（Justus von Liebig, 1803–1873）によって発見されたといわれている．異性体はたくさんの種類があって，化学や生物学を豊かなものにしている．その詳細は，有機化学や立体化学の成書に譲るが，ぜひ勉強して欲しい．

1.2節で触れた，光学異性体は，分子レベルでの「右と左」を問題にする．そもそも，「右と左」の対称性の問題は，素粒子論から宇宙スケールまでをつらぬく，興味深い課題である．自然法則は，素粒子論の根源的なレベルで，広い意味での右と左の対称性が破れていることがわかっている．つまり，右と左は区別ができるのだ．また，生体内では，心臓の位置はもちろん，アミノ酸の分子レベルまで，右と左が区別されて使われている．ある分子が，人間にとって薬として働いたとしても，その光学異性体に薬効がないばかりか毒として作用することがありうる．パスツール（Louis Pasteur, 1822-1895）によって発見された有機化合物の光学異性体は，現代化学では，右か左の一方だけの選択的合成（不斉合成という）という学問に進んでいる．2001年に，不斉合成の画期的な研究成果により野依良治らにノーベル賞が授賞されたのは記憶に新しい．

10.3.3 ◆分子の形と運動

分子の形を考える場合，しばしば，それは静的で固定されたものであると思いがちである．しかし，分子の構造変化は，分子内の運動の変化を引き起こすことがある．図10.10には5-メチルトロポロン（5MTR）のダイナミクスが概念的に描かれている．5MTRの上部に位置する水素原子が左から右へと移

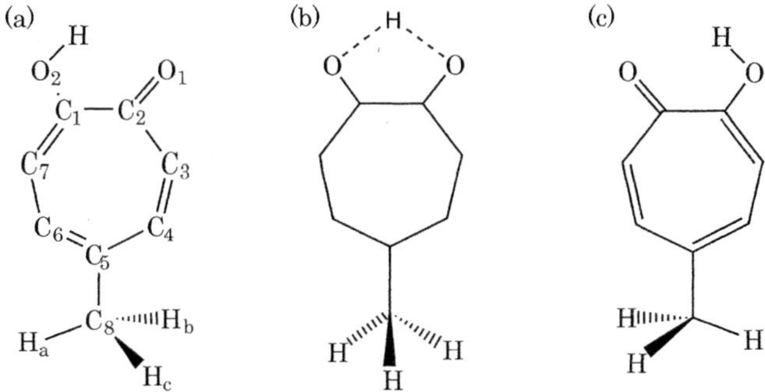

図 **10.10** 5-メチルトロポロン（5MTR）の構造変化（プロトン移動）（牛山ら，2005 年，Angew. Chem. Intl. Ed. *44*, 1237.）

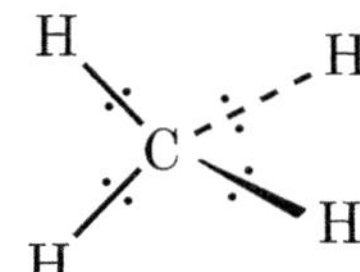

図 **10.11** メタン分子の結合間の反発

動すると，7 員環の中の 2 重結合の位置が変わり（互変異性という），その量子力学的影響で，遠く離れたメチル基がくるっと回転するのである．このほかにも，分子が時間とともに形を変える構造異性化ダイナミクスには（図 1.7 を参照），興味深い法則が数多く見つかっている．分子の形と運動の関係，分子の形と分子機能の関連を明らかにする研究が，分子機械・分子素子と呼ばれる新しい研究領域の一部として発展してきている．

10.3.4 分子の構造を決める因子

分子内反発因子　メタン分子 CH_4 の正 4 面体構造を反省してみよう．その形は，安定な 1 本 1 本の化学結合 C-H が生成すると同時に，各結合間の反発が最小になるように正 4 面体構造をしている（そのように混成軌道が作られた）．

分子内に働く反発力には，次のようなものがある．

1. 原子核間の反発（メタンの場合 4 つのプロトン）．
2. 結合を生成している電子雲（上の図では単純に結合の線で表現している）

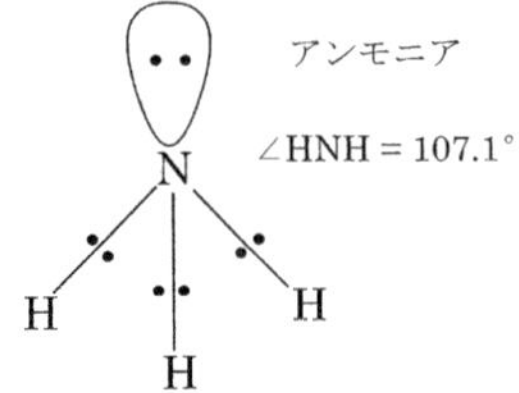

図 **10.12**　アンモニア分子のピラミッド構造．孤立電子対の役割

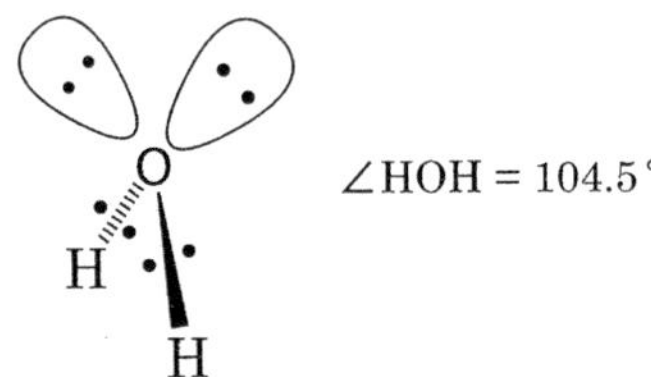

図 **10.13**　水分子の構造と2つの孤立電子対

のあいだのクローン反発．

3. 1つの空間軌道には2個（つまり1対の電子）までしか入ることができないというパウリの原理に基づいて，電子対（：で表現してある）が接近すると反発力が働く（図 10.11 参照）．これを交換反発といって，クーロン力に比べるとはるかに短距離力である（He_2 の反発を思い出せ）．交換反発は，いわゆる立体反発の本質的な成分である．
4. 孤立電子対の反発力．孤立電子対は化学結合には直接参加していないが，分子の形を支配する重要な因子である．アンモニア分子（図 10.12）と水分子（図 10.13）の例を挙げておく．これらは，2つとも基本的には sp^3 混成と考えてよい．

結合角について　孤立電子対には，結合する相手がいないのだから，結合電子対軌道ほど外側に突き出す必要がない．もともと $2s$ 軌道は $2p$ 軌道よりエネルギーが低いのだから，孤立電子対はこの2つの理由で他の結合軌道に比べ，$2s$ の成分が小さい（s 性が低いという）．つまり，孤立電子対の重心は原子核により近いところにある．逆に，アンモニアや水での結合性の sp^3 混成軌道（O-H, N-H）は s 性が高い．結果として，∠HNH や ∠HOH は，メタン分子の ∠HCH である 109.5° から 90° 側に少し戻っている（図 10.12 と 10.13 を参照）．

第**11**章

ヒュッケル分子軌道法とその応用

現在では，電子計算機と巨大なプログラムの助けを借りて，相当大きな分子に対しても精度の良い分子軌道計算ができるようになっている．現代の化学者たちは，そのような時代に生きている．逆に，電子計算機が発達する以前，科学者たちは分子の電子状態の本質をつかむために多くの努力をささげてきた．ヒュッケル（Hückel）分子軌道法は，その代表的な例であって，ボーア模型と同じような意味合いでそれを勉強しておくのは深い意味がある．ヒュッケル分子軌道法では，精密な議論や定量性は望めない．しかし，分子の電子状態や化学反応を考える際の重要な第一歩である．

11.1 ヒュッケル法が考える分子モデル

ヒュッケル分子軌道法では，次の模型から出発する．

1. 電子は独立運動し，分子軌道を形成する．
2. 全体の波動関数はひとまず考慮の対象外に置き，その代わり，分子内のすべての電子に共通のハミルトニアン h が存在すると仮定する．
3. 次いで，全ハミルトニアンは各電子のハミルトニアン $h(\vec{r_i})$ の単純和と仮定する．

ハミルトニアン h として

$$h = -\frac{\hbar^2}{2m}\nabla^2 + V_{av}(\vec{r}) \tag{11-1}$$

のように，平均的ポテンシャル $V_{av}(\vec{r})$ を含む形を想定する．ここで $V_{av}(\vec{r})$ は考えている1個の電子の位置座標 $\vec{r}$ の関数になっている．他の電子の影響は $V_{av}(\vec{r})$ の関数系に（近似的に）に入っているものとする．$V_{av}(\vec{r})$ がどのような形をしているか気になるところであるが，ヒュッケル法ではこの $V_{av}(\vec{r})$ を表に出さず，実験値の結合エネルギー等を利用してパラメータ（数値）に置き換えてしまう．したがって，$V_{av}(\vec{r})$ が実際にどのような形をしているのかわからなくてもよいように仕組んである．ヒュッケル法は，理論と実験事実との関わり方の1つの例になっている．そのあたりにも注意を払って，以下の議論を読み進んで欲しい．

11.2　LCAO法

例によって，分子軌道は化学結合に関与している原子軌道の線形結合で表現する．N 個の原子軌道 χ_k（$k=1,2,\cdots,N$）を使って i 番目の分子軌道 ϕ_i を次のように表す．

$$\phi_i = \sum_{k=1}^{N} \chi_k C_{ki} \tag{11-2}$$

ここで係数 C_{ki} は，電子の運動を決定する方程式

$$h\phi_i = \varepsilon_i \phi_i \qquad (i = 1, 2, ..., N) \tag{11-3}$$

を満たすように決められる．また，式（11-3）の ε_i は，分子軌道 ϕ_i が持つ軌道エネルギーである．

11.3　分子軌道を決定する固有値方程式

式（11-3）を使って，分子軌道 ϕ_i と軌道エネルギー ε_i を決めるために，次のようにする．

1. 式（11-3）に式（11-2）を代入する：

$$h\left[\sum_{k=1}^{N} \chi_k C_{ki}\right] = \left[\sum_{k=1}^{N} \chi_k C_{ki}\right] \varepsilon_i. \tag{11-4}$$

2. この式の左側から χ_l（l は1から N までの任意の数）をかけて全空間で積分する：

$$\sum_{k=1}^{N} \int \chi_l h \chi_k dr C_{ki} = \sum_{k=1}^{N} \int \chi_l \chi_k dr C_{ki} \varepsilon_i. \tag{11-5}$$

ここで

$$\int \chi_l h \chi_k dr = h_{lk} \tag{11-6}$$

および

$$\int \chi_l \chi_k dr = S_{lk} \tag{11-7}$$

と定義すると，式（11-5）は

$$\sum_{k=1}^{N} h_{lk} C_{ki} = \sum_{k=i}^{N} S_{lk} C_{ki} \varepsilon_i \qquad (l = 1, 2, \ldots\ldots, N) \tag{11-8}$$

と行列の形となる．これは，第8章で行った方法とまったく同じものである．行列 $\mathbf{h}$ の (i, j) 成分を h_{ij} で定義すると，式（11-8）は行列の形で

$$\mathbf{hC} = \mathbf{SC}\varepsilon \tag{11-9}$$

とまとめられる．

11.4 ヒュッケル近似

ここまでで，電子の運動方程式は式（11-6）と（11-7）の積分を実行することと，式（11-9）の代数方程式を解くことに帰着された．しかし，式（11-6）の積分はそれほどやさしいものではない．そこで，式（11-9）を解くにあたってさらに近似を進める．

1. 異なる原子軌道間の重なり積分を無視する：

$$\int \chi_l \chi_k dr = 0 \qquad (l \neq k) \tag{11-10}$$

$$\int \chi_k \chi_k dr = 1 \tag{11-11}$$

つまり，式（11-9）の $\mathbf{S}$ を単位行列で近似する．

2. $\mathbf{h}$ 行列を次のように限定する：

$$h_{kk} = \alpha_k \quad (k = 1, \ldots\ldots., N) \tag{11-12}$$

および

$$h_{lk} = \beta_k \quad (k \neq l) \tag{11-13}$$

とおく．α をクーロン積分，β を共鳴積分と呼ぶ．

3. さらに，β_{lk} のうち，互いに隣接した原子軌道のあいだでだけ値を残し，

残りはすべて 0 と近似する[1].

4. α と β の値は，物理的諸量（結合エネルギーや励起エネルギー等）の実験値を再現するように選ぶ.

11.4.1 水素分子の例

分子軌道の決定 式（11-4）に対応して H_2 分子を考える（第 8 章，特に 8.6 節を復習せよ）. 初めてなので，少し丁寧にやってみよう. 水素分子の 2 つの $1s$ 原子軌道関数を $\{\chi_1, \chi_2\}$ とし，上のヒュッケル近似を適用すると，

$$\begin{cases} h_{11} = h_{22} = \alpha \\ h_{12} = h_{21} = \beta \end{cases} \tag{11-14}$$

であり，式（11-8）の永年方程式は

$$\begin{pmatrix} \alpha & \beta \\ \beta & \alpha \end{pmatrix} \begin{pmatrix} C_{11} & C_{12} \\ C_{21} & C_{22} \end{pmatrix} = \begin{pmatrix} C_{11} & C_{12} \\ C_{21} & C_{22} \end{pmatrix} \begin{pmatrix} \varepsilon_1 & 0 \\ 0 & \varepsilon_2 \end{pmatrix} \tag{11-15}$$

となる. この式は

$$\begin{pmatrix} C_{11} & C_{12} \\ C_{21} & C_{22} \end{pmatrix}^{-1} \begin{pmatrix} \alpha & \beta \\ \beta & \alpha \end{pmatrix} \begin{pmatrix} C_{11} & C_{12} \\ C_{21} & C_{22} \end{pmatrix} = \begin{pmatrix} \varepsilon_1 & 0 \\ 0 & \varepsilon_2 \end{pmatrix} \tag{11-16}$$

を意味しているから，電子の運動方程式を解くことは，直交行列 C を使って $\begin{pmatrix} \alpha & \beta \\ \beta & \alpha \end{pmatrix}$ を対角化することと同等である. また，式（11-15）は分子軌道の番号をわざと特定させず

$$\begin{pmatrix} \alpha & \beta \\ \beta & \alpha \end{pmatrix} \begin{pmatrix} C_1 \\ C_2 \end{pmatrix} = \varepsilon \begin{pmatrix} C_1 \\ C_2 \end{pmatrix} \tag{11-17}$$

と分解して書いてもよい.

準備が整ったから，一気呵成に式（11-17）を解いてしまおう. まず，式（11-17）を移項する.

$$\begin{pmatrix} \alpha - \varepsilon & \beta \\ \beta & \alpha - \varepsilon \end{pmatrix} \begin{pmatrix} C_1 \\ C_2 \end{pmatrix} = 0. \tag{11-18}$$

この式が自明の解 $(C_1 = C_2 = 0)$ 以外の解を持つためには

1） “互いに隣接した原子軌道” という言葉は分子の形によってはあいまいになるので，注意を要する.

$$\begin{vmatrix} \alpha-\varepsilon & \beta \\ \beta & \alpha-\varepsilon \end{vmatrix} = 0 \tag{11-19}$$

でなければならない．これを永年方程式という．これから，ただちに

$$\varepsilon = \alpha \pm \beta \tag{11-20}$$

が得られる．この結果を，それぞれの場合ごとに式（11-18）に戻す．

① $\varepsilon = \alpha + \beta$ のとき

$$(\alpha-\varepsilon)\,C_1 + \beta C_2 = -\beta C_1 + \beta C_2 = 0 \tag{11-21}$$

から

$$C_1 = C_2 \tag{11-22}$$

さらに分子軌道の規格化条件

$$\begin{aligned} \int \phi^2 dr &= \int \left(C_1\chi_1 + C_2\chi_2\right)^2 dr \\ &= C_1^2 + C_2^2 + 2C_1C_2S_{12} \\ &= C_1^2 + C_2^2 = 1. \end{aligned} \tag{11-23}$$

ここで，$S_{12}=0$ とした．式（11-22）を式（11-23）に代入して

$$C_1 = C_2 = 2^{-1/2} \tag{11-24}$$

が得られる．もちろん，$C_1 = C_2 = -2^{-1/2}$ でもよい．

② $\varepsilon = \alpha - \beta$ のとき

同様に式（11-18）に代入し，規格条件を使うと

$$C_1 = 2^{-\frac{1}{2}}, \quad C_2 = -2^{-\frac{1}{2}} \tag{11-25}$$

問題 11.1　式（11-25）を示せ．

以上まとめる．$\varepsilon_1 = \alpha + \beta, \varepsilon_2 = \alpha - \beta$ とすると

$$\begin{pmatrix} \phi_1 \\ \phi_2 \end{pmatrix} = \frac{1}{\sqrt{2}} \begin{pmatrix} 1 & 1 \\ 1 & -1 \end{pmatrix} \begin{pmatrix} \chi_1 \\ \chi_2 \end{pmatrix} \tag{11-26}$$

となり，すでに知っている式が再現された．

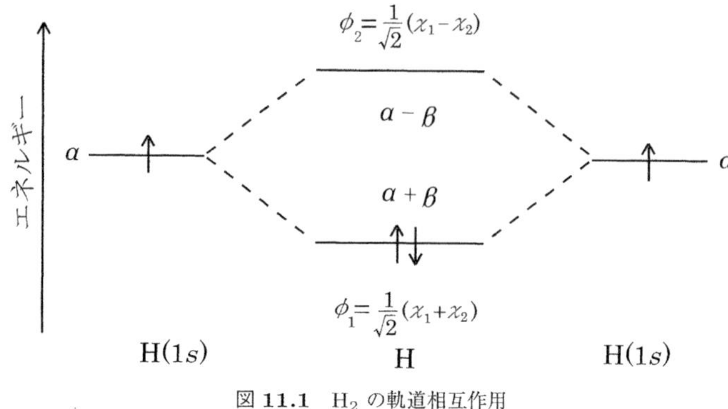

図 **11.1**　H_2 の軌道相互作用

エネルギーパラメータの決定　図 11.1 からわかるとおり，α は水素原子 $1s$ 状態のエネルギーとみなしてよい．したがって，$\alpha \approx -13.6\,\mathrm{eV}$ としてよい．また，ヒュッケル法では，全電子エネルギー E は軌道エネルギーの単純和と仮定するので[2)]

$$\begin{aligned} E &= \varepsilon_1 \times 2 \\ &= 2\,(\alpha + \beta) \end{aligned} \tag{11-27}$$

この全エネルギーから，水素原子 2 個分のエネルギー $(\alpha \times 2)$ を差し引けば，水素分子を形成することによる安定化エネルギー ΔE を得る．つまり，

$$\begin{aligned} \Delta E &= 2\,(\alpha + \beta) - 2\alpha \\ &= 2\beta \end{aligned} \tag{11-28}$$

である．

いま，H_2 が平衡核配置にあるとすると，実験的から全エネルギー ΔE が $\Delta E \approx -4.50\,\mathrm{eV}$ とわかっているから，この場合には $\beta \approx -2.25\,\mathrm{eV}$ と選んでおけばよいことがわかる．このようにして，実験値を理論式の重要な部分にパラメータとしてとして取り込むことができる[3)]．

問題 11.2　上の H_2 の例題を通して，半経験的理論としてのヒュッケル法の

2)　これはヒュッケル法だけにあてはまる．式 (9-7) に注意．

3)　このような理論を半経験的理論という．

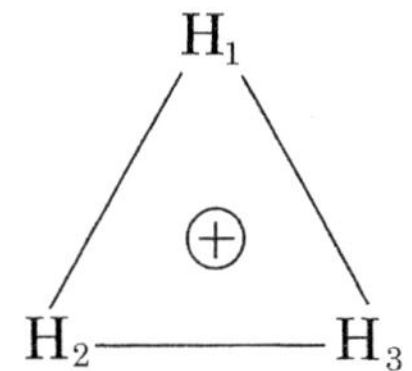

図 **11.2** 正 3 角形型の H_3^+ 分子

巧妙さと理論的限界を議論せよ．

もちろん，ヒュッケル法の目的は，パラメータ α, β を合わせることが目的ではない．一度，何らかの方法で，パラメータを決めれば，別の分子のエネルギーや分子軌道や分子の性質などを（精密ではないにせよ）予測したり議論したりできるであろう．

11.4.2 $\mathbf{H_3^+}$ 分子の例

H_3^+ 分子は分子の形の対称性から，①共線（直線）構造 H_1-H_2-H_3^+ と，②正 3 角構造（図 11.2）が考えられる．ヒュッケル法を使って，どちらの構造がより安定か考えてみよう．

共線型 水素分子の 3 つの 1s 原子軌道関数 $\{\chi_1, \chi_2, \chi_3\}$ を用意する．永年方程式は，原子の繋がりを考慮すると

$$\begin{vmatrix} \alpha-\varepsilon & \beta & 0 \\ \beta & \alpha-\varepsilon & \beta \\ 0 & \beta & \alpha-\varepsilon \end{vmatrix} = 0 \qquad (11\text{-}29)$$

となる．ここで，この種の永年方程式を簡略化するための定法として，次のような操作を行う．まず β で割り算を行う

$$\begin{vmatrix} \frac{\alpha-\varepsilon}{\beta} & 1 & 0 \\ 1 & \frac{\alpha-\varepsilon}{\beta} & 1 \\ 0 & 1 & \frac{\alpha-\varepsilon}{\beta} \end{vmatrix} = 0. \qquad (11\text{-}30)$$

さらに，無次元量

$$-\frac{\alpha-\varepsilon}{\beta} = -\lambda \qquad [\varepsilon = \alpha + \lambda\beta] \qquad (11\text{-}31)$$

を導入すると，式（11-29）は

$$\begin{vmatrix} -\lambda & 1 & 0 \\ 1 & -\lambda & 1 \\ 0 & 1 & -\lambda \end{vmatrix} = 0 \qquad (11\text{-}32)$$

となり，λ を求める問題に帰着された．この式は $-\lambda^3 + 2\lambda = 0$ と同じなので，これを解くと

$$\lambda = 0, \quad \pm 2^{-\frac{1}{2}} \qquad (11\text{-}33)$$

が得られる．

問題 11.3 λ はどのような量か，その意味を言葉で表現せよ．

式（11-32）には，次のような一般性がある．この式には α や β が現れないから，分子を構成する原子が何であるかを問わないことになる．実際，後から出てくるアリルラジカル（図 11.9）の π 電子ヒュッケル近似による永年方程式も式（11-32）と同じ形である．つまり，式（11-32）は，直線状に等距離で並んだ 3 つの原子軌道の形，あるいは繋がり具合を抽象的に表している．より詳しく式（11-32）をみると，化学結合で繋がっている部分は 1，そうでないところは 0 になっていることがわかる．つまり，ヒュッケル法の永年方程式は，化学構造式の 1 つの数学的表現になっている．この事実から，式（11-32）の行列式のもとの行列を，結合行列（bond matrix）と呼ぶことがある．

正 3 角形構造　共線型の場合と同様の手続きを経て，変換された永年方程式

$$\begin{vmatrix} -\lambda & 1 & 1 \\ 1 & -\lambda & 1 \\ 1 & 1 & -\lambda \end{vmatrix} = 0 \qquad (11\text{-}34)$$

を得る．その解は

$$\lambda = 2, \quad -1, \quad -1 \qquad (11\text{-}35)$$

である．

問題 11.4 式（11-34）を実際に作れ．それを解いて式（11-35）を確かめよ．

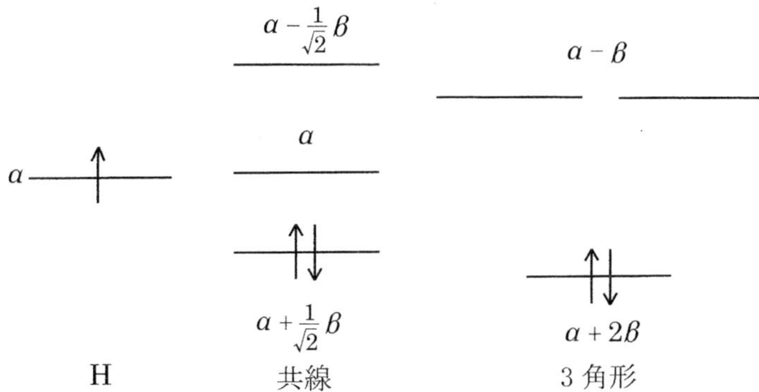

図 **11.3** H_3^+ 分子のエネルギーダイアグラム：左が共線形，右が正 3 角形構造．

問題 11.5 式 (11–34) の結合行列と化学構造式を直接比較せよ．

相対的安定性 式 (11–33) と式 (11–35) の λ を式 (11–31) の ε に戻して比較してみよう．上で得られた軌道エネルギーのダイヤグラムが図 11.3 に示してある．H_3^+ 分子は 2 電子系だから，一番低い軌道に電子を 2 個配置すればよい．すると，全エネルギーについては，E（共線）$= 2\alpha + 2\sqrt{2}\beta$，および，$E$（3 角）$= 2\alpha + 4\beta$ となる．したがって，それぞれの結合安定化エネルギーは，ΔE（共線）$= 2\sqrt{2}\beta$，および，ΔE（3 角）$= 4\beta$ と評価される．これから，正 3 角形構造のほうが安定であることが予想される．

実際，正 3 角形構造の H_3^+ 分子が宇宙の分子雲に存在していることが，シカゴ大学の岡武史らによって初めて観測され（1996 年），宇宙における分子進化の研究に大きなインパクトを与えた．

問題 11.6 ♪ H_3^+ 分子の 2 つの構造の分子軌道を求めよ．

11.5 分子の諸性質の計算とその考え方

図 11.4 のように軌道のエネルギー順位が決まっているとしよう．電子が配置されている一番高い軌道を最高被占軌道（HOMO: Highest Occupied Molecular Orbital），空の軌道のうちで一番エネルギーの低いものを最低空軌道（LUMO: Lowest Unoccupied Molecular Orbital）という．これらをま

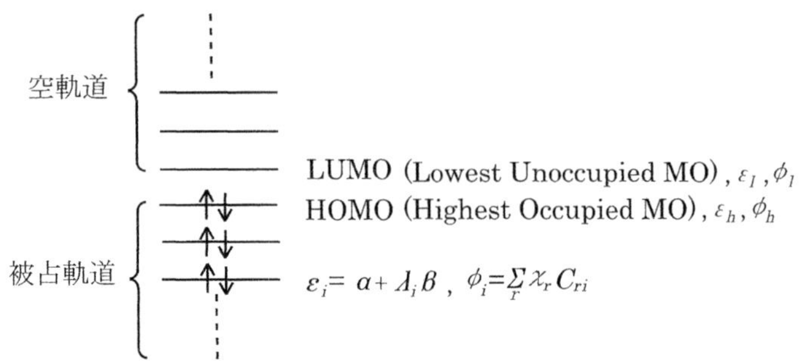

図 **11.4** 分子軌道準位の模式図

とめて，福井（謙一）はフロンティア軌道（Frontier Orbitals）と呼んだ．以下に，分子の性質や反応性を定量的に表す方法について説明する．このなかには，分子軌道法として一般的に広く使えるものと，ヒュッケル法に特有のものが混じっているが，その区別を考えながら読み進めて欲しい．

全エネルギー　全エネルギーと結合による安定化エネルギーについてはすでに述べた．

励起エネルギー　分子にレーザー光を照射して，励起状態を作り出すことができる．そのもっとも素朴なイメージは，図 11.5 のように描かれる．このように，分子の電子励起によって吸収される分光法を電子吸光スペクトルという．

$$\Delta E = \varepsilon_j - \varepsilon_i \tag{11-36}$$

問題 11.7　図 11.5 で，波長のもっとも長い吸光スペクトルはどの軌道からどの軌道への励起に対応するものか？

イオン化エネルギー　式（11-36）で ε_i を固定して ΔE を大きくすると，電子はあるエネルギーで分子から外に飛び出すようになる（イオン化）．すでに述べたように，イオン化するのに最低限必要なエネルギー，つまりイオン化エネルギーは

$$I = -\varepsilon_i \tag{11-37}$$

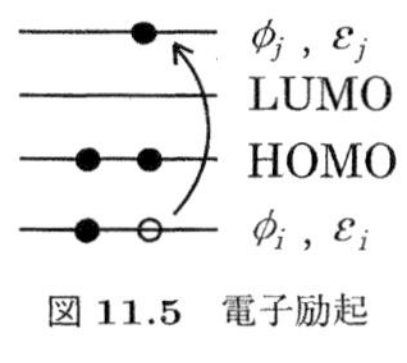

図 **11.5**　電子励起

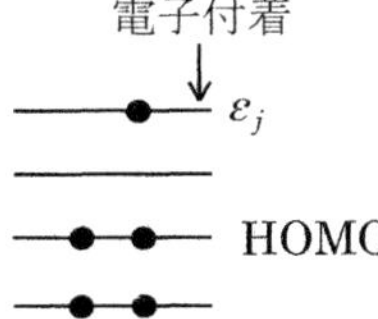

図 **11.6**　電子付着の軌道エネルギー模式図

で与えられる．

問題 11.8　イオン化エネルギーの一番小さいものは，どの軌道からイオン化されるものか？

電子親和力　外部の電子が j 番目の分子軌道に付着して得られる安定化エネルギー（電子親和力 E_a，正の値で測る）は

$$E_a = -\varepsilon_j \tag{11-38}$$

であって，図 11.6 に模式図がある．

問題 11.9　分子に電子が付着しないための条件はなにか？

電子密度　電子密度は，電子が分子の中でどの程度偏って存在するかを見るための指標である．ここでは，7.2 節で示したように空間分布として表すのではなく，「原子 r に属する電子の数 q_r」で表す．この方が，化学的直感にアピールすることが多い．定義は

$$q_r = \sum_i^{MO} n_i \left(C_{ri}\right)^2 \tag{11-39}$$

ここで n_i は分子軌道 ϕ_i に入っている電子の数（占有数）．2, 1, 0, のうちの 1 つをとる．すべての分子軌道からの寄与を足し合わせていることに注意せよ．q_r が大きければ，当然原子 r 上に電子が存在している確率が大きい．

問題 11.10　♪ 式 (11-39) がなぜ電子密度を表すとみてよいのか考えよ．

結合次数　9.2.3 項，式 (9-20) で定義した結合次数の一般化である．ここでは，連続の値をとる．原子 r と原子 s のあいだに存在している電子の量としての結合次数 (bond order) p_{rs} は，

$$p_{rs} = \sum_{i}^{MO} n_i C_{ri} C_{si} \tag{11-40}$$

で定義される．n_i はここでも電子の占有数．p_{rs} が大きければ，r と s の共有結合性は大きい．結合が強くなると結合距離（平衡核間距離）は短くなると予想されるが，実際，図 11.7 に示すように結合次数と結合距離には良い相関がある．

問題 11.11　♪ 式 (11-40) が結合の強さを表すと考えてよい理由を示せ．

問題 11.12　H_2^+, H_2, H_2^- の結合次数を計算せよ．

軌道エネルギー再訪　軌道エネルギーや全エネルギーは，電子密度や結合次数とどのような関係にあるだろうか．ヒュッケル法では，等距離に配置された水素原子の系については，関係する α や β はすべての原子や原子間で共通の値をとることにしてしまう．そうすると，軌道エネルギー ε_i は

$$\varepsilon_i = \sum_r C_{ri} \sum_s C_{si} \int \chi_r h \chi_s dr \tag{11-41}$$

と展開できるから

$$\varepsilon_i = \alpha \sum_r C_{ri}^2 + \frac{1}{2}\beta \sum_{r \neq s} C_{ri} C_{si} \tag{11-42}$$

と表される．ただし，$\sum_{r \neq s}$ は「隣接した原子 r と s についての和をとる」の意味である．全エネルギーは定義により軌道エネルギーの和だから（電子が 2 個入っている場合には 2 倍する)，結局

$$\begin{aligned} E &= \sum_{i}^{MO} n_i \varepsilon_i \\ &= \alpha \sum_r q_r + \frac{1}{2}\beta \sum_r \sum_{s(\neq r)} p_{rs} \end{aligned} \tag{11-43}$$

である．q_r，p_{rs} の物理的意味が一層明確になったであろう．

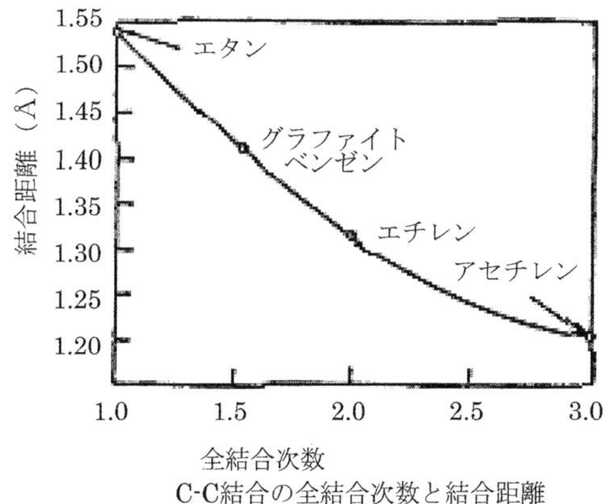

図 **11.7**　結合次数と結合距離の相関

11.6　π 電子系へのヒュッケル法の応用

10.1 節の sp^2 混成の説明で，π 結合に言及した．エチレンは sp^2 混成による σ 結合からなる骨格の部分と，それに垂直に伸びている $2p_z$ 軌道から成る π 結合を持つ．図 11.8 を参照．この π 軌道だけを σ 骨格（σ 結合から成る部分）から分離して考えることにし，分子平面に垂直な $2p$ 軌道（以下 $2p_z$ ということにする）の線形結合だけを考えてみよう．

11.6.1　基本形：エチレン

炭素の $2p_z$ を使って，式 (11-12) と (11-13) のように α と β を作る．当然，このときの α, β の値は水素分子から算出された α, β の値とは異なる，しかし，物理的意味は同じことである．永年方程式は

$$\begin{vmatrix} -\lambda & 1 \\ 1 & -\lambda \end{vmatrix} = 0 \qquad (11\text{-}44)$$

で，これも H_2 の場合と同じ．したがって，問題はすでに解かれている．

問題 11.13　エチレンの π 結合について，q_1, q_2, p_{12} を求めよ．

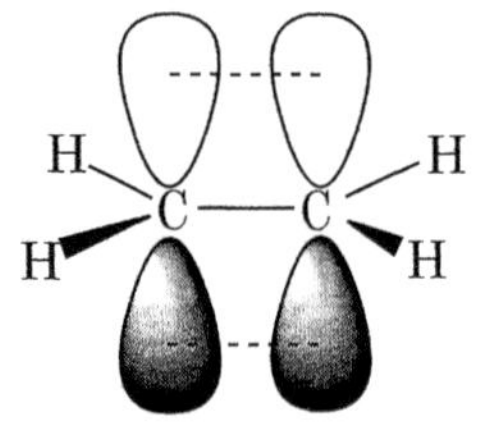

図 **11.8** エチレン分子の π 結合

11.6.2 共鳴構造：アリルラジカル

アリルラジカルは単純化して，図 11.9 のように書かれる．しかし，対称性があるから，2 重結合が，末端の炭素原子に関してどちらか一方だけに優先的にできるということはないはずである（図 11.10 参照）．また，アリラジカルの永年方程式は共線形の H_3^+ の場合と同じであるから，これもすでに解けている（図 11.11）．それによると，電子密度と結合次数は

$$q_1 = q_2 = q_3 = 1.0, \quad p_{12} = p_{23} = \frac{1}{\sqrt{2}} \tag{11-45}$$

と計算される．この結果では，結合 C_1-C_2 と結合 C_2-C_3 が等価に表されている．また，ラジカル電子（対を作っていない電子，つまり占有数が 1）の分子軌道 $\phi_2 = 1/\sqrt{2}(\chi_1 - \chi_3)$ を見ると，C_1 と C_3 に同じようにラジカルが存在していることがわかる．つまり，アリルラジカルは 2 つのラジカル状態の重ね合わせで表現される状態になっている．これを共鳴という．また，図 11.12 に描いた式を共鳴構造式という[4)]．

共鳴構造は原子価結合理論を基にポーリングにより提唱された．ポーリングの共鳴は，全体としては 1 つの電子状態を，“異なる電子構造の量子力学的重ね合わせ” で表し，その 1 つ 1 つの成分である電子構造を原子価結合の図で表したものである．したがって，1 つ 1 つの成分である電子構造（これを極限構造という）が個別独立に観測あるいは単離されるというものではない．共鳴構造の考え方は，きわめて重要であり，広範に使われている．

11.6.3 電子の非局在化：ブタジエン，ベンゼン

次に，2 重結合が隣り合わせに複数並んでいる分子を考えよう．

---

4) 共鳴構造式の矢印（$\longleftrightarrow$）に注意せよ．化学平衡式で使う矢印（$\leftrightarrows$）と混同しないこと．

$$H_2C=CH-{}^{\bullet}CH_2$$

図 **11.9**　アリルラジカル

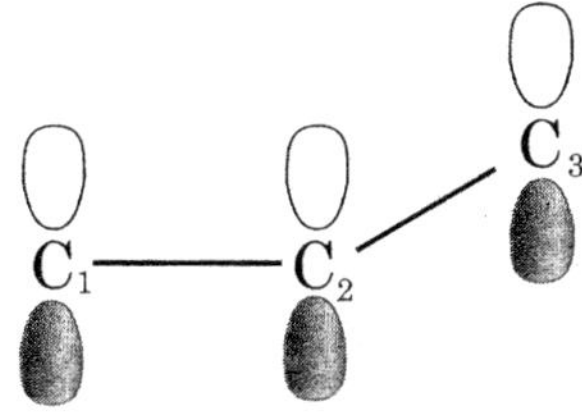

図 **11.10**　アリルラジカルの π 結合に関与する 3 個の $2p_z$ 軌道

$\alpha-2^{\frac{1}{2}}\beta$　　$\phi_2=\frac{1}{2}(\chi_1-2^{\frac{1}{2}}\chi_2+\chi_3)$

α　α　　$\phi_2=2^{-\frac{1}{2}}(\chi_1-\chi_3)$

$\alpha+2^{\frac{1}{2}}\beta$　　$\phi_1=\frac{1}{2}(\chi_1+2^{\frac{1}{2}}\chi_2+\chi_3)$

図 **11.11**　アリルラジカルの π ヒュッケル軌道のエネルギーダイヤグラム

$$C{=}C-{}^{\bullet}C \longleftrightarrow {}^{\bullet}C-C{=}C$$

図 **11.12**　アリルラジカルの共鳴構造式

ブタジエン　最初の例は，1, 3-ブタジエンである．構造式は図 11.13 のとおり．

この分子に対して，2 つの電子構造を想定する：

① 図 11.13 の極限構造式のように，C_2 と C_3 のあいだには π 結合が存在しない．この場合には，π 結合に関する限り，単にエチレンが 2 個並んでいるのと同じことである．

② C_2 と C_3 のあいだにも（部分的にせよ）π 結合が広がって存在している．

①の場合の永年方程式は，

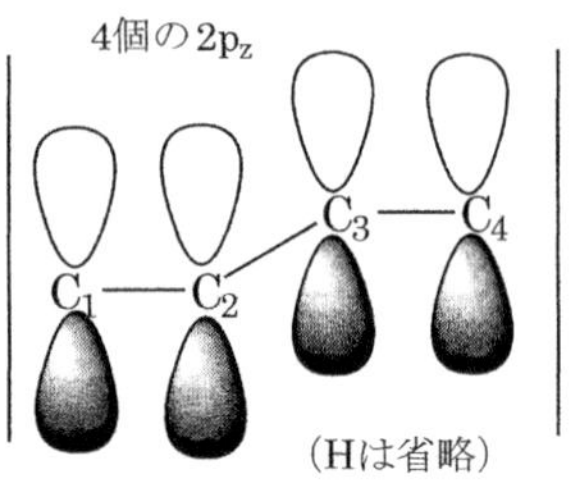

図 **11.13**　1, 3-ブタジエン

$$\begin{vmatrix} -\lambda & 1 & 0 & 0 \\ 1 & -\lambda & 0 & 0 \\ 0 & 0 & -\lambda & 1 \\ 0 & 0 & 1 & -\lambda \end{vmatrix} = \left(\lambda^2 - 1\right)^2 = 0 \qquad (11\text{-}46)$$

であり，安定化エネルギーは，エチレンの場合の単に 2 倍，すなわち

$$\Delta E_1 = 2 \times (2\beta) = 4\beta \qquad (11\text{-}47)$$

である．

一方，②の場合のように C_2 と C_3 のあいだにも π 結合があるとすると，永年方程式は

$$\begin{vmatrix} -\lambda & 1 & 0 & 0 \\ 1 & -\lambda & 1 & 0 \\ 0 & 1 & -\lambda & 1 \\ 0 & 0 & 1 & -\lambda \end{vmatrix} = \lambda^4 - 3\lambda^3 + 1 = 0 \qquad (11\text{-}48)$$

と変更を受ける．その 4 つの解は，

$$\lambda = \pm\sqrt{\frac{3 \pm \sqrt{5}}{2}} \qquad (11\text{-}49)$$

となり，安定化エネルギーは

$$\begin{aligned} \Delta E_2 &= 2\left\{\alpha + \sqrt{\frac{3 + \sqrt{5}}{2}}\beta\right\} + 2\left\{\alpha + \sqrt{\frac{3 - \sqrt{5}}{2}}\beta\right\} - 4\alpha \qquad (11\text{-}50) \\ &\fallingdotseq 4.472\beta \end{aligned}$$

と評価される．

ΔE_1 と ΔE_2 を比べると，②の場合の方が 0.472β だけ安定である（β は負値）．この差は，π 結合が C_2 と C_3 のあいだを渡って分子全体に広がったこと

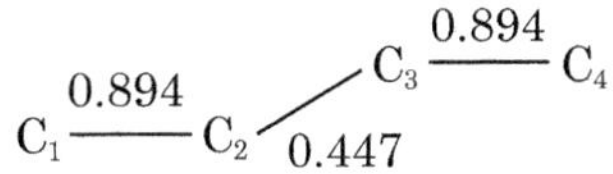

$$\mathrm{C_1} \overset{0.894}{\text{———}} \mathrm{C_2} \overset{0.447}{/} \mathrm{C_3} \overset{0.894}{\text{———}} \mathrm{C_4}$$

図 **11.14**　1, 3-ブタジエンの結合次数

から生じているので，非局在化エネルギーと呼ばれる[5)]．このように C_2-C_3 も 2 重結合性を帯びている．実際，π 結合次数は，図 11.14 のように計算され，通常の 2 重結合の半分程度の π 結合次数を持つことになる．

問題 11.14　1, 3-ブタジエンの結合 C_2-C_3 について，①の構造と②の構造を比較して，分子の性質としてどのような違いが予想されるか？

問題 11.15　1, 3-ブタジエンの結合軸 C_2-C_3 の周りの回転のしやすさについて，①の構造と②の構造を比較して議論せよ．

②の 1, 3-ブタジエンの分子軌道は次の方程式で決まる．

$$\begin{aligned} &-\lambda C_1 + C_2 = 0 \\ &C_1 - \lambda C_2 + C_3 = 0 \\ &C_2 - \lambda C_3 + C_4 = 0 \\ &C_3 - \lambda C_4 = 0 \end{aligned} \tag{11-51}$$

と規格化条件

$$\left(C_1^2 + C_2^2 + C_3^2 + C_4^2 = 1\right). \tag{11-52}$$

この式を解いて得たブタジエンの分子軌道の概略図を図 11.15 に示す．分子の形をわざと直線状に並べ，その対称性と節構造（位相構造）をわかりやすくしてある．この図を見れば，ヒュッケル法の永年方程式を直接解かなくとも，節の数だけで分子軌道の概略が描けることがわかる．これは，まさに井戸型ポテンシャルと同等の世界である．

逆にいうと，ヒュッケル法は，結合の繋がり方だけしか考慮していないので，異性体の区別ができないことがある．たとえば，図 11.13 の C_2-C_3 軸に

5)　井戸型ポテンシャルの項（3.12.1 項）で学んだように，電子を閉じ込めている空間が大きくなるほど，エネルギー順位は下がってくるのだった．

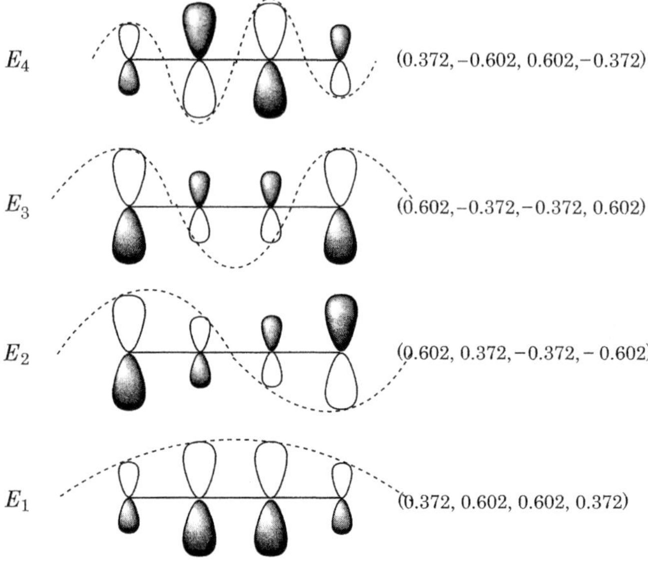

図 **11.15**　1, 3-ブタジエンのヒュッケル分子軌道

ついてシス型の異性体を考えても，まったく区別がつかない．ヒュッケル法の理論的限界である．

ベンゼン　ベンゼンの特別な安定性を際立たせるために，まずシクロヘキサトリエン（cyclohexatriene，6原子の（hexa）環状化合物（cyclo）に3個の（tri）2重結合（ene），の意味）から始めよう（図11.16）．この分子には，あたかもエチレン分子が3個繋がったように局在化した2重結合が3個ある．2重結合は単結合に比べて短いから，安定な形は正6角形ではなく，歪んでいる．この分子の永年方程式と安定化エネルギーは明らかであろう（再注：図11.16の2つの矢印 ⇆ は，単に平衡関係を表している．共鳴構造式と混同しないこと）．

問題 11.16　シクロヘキサトリエンの永年方程式を書き下し，安定化エネルギーを求めよ．

一方，ベンゼンでは，どの炭素原子にも結合の偏りはないと考え，すべての

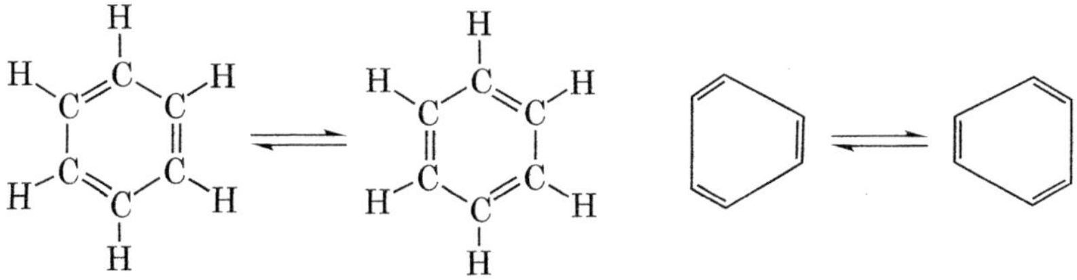

cyclohexatriene
シクサヘキサトリエン

(骨格のゆがみに注意)

図 11.16　2 つのシクロヘキサトリエンの構造転移における平衡

$2p_z$ 軌道を同等に扱う．すると，1,3-ブタジエンでみたように 2 重結合が，分子全体に非局在化することになる．その永年方程式は，

$$\begin{vmatrix} -\lambda & 1 & & & & 1 \\ 1 & -\lambda & 1 & & & \\ & 1 & -\lambda & 1 & & \\ & & 1 & -\lambda & 1 & \\ & & & 1 & -\lambda & 1 \\ 1 & & & & 1 & -\lambda \end{vmatrix} = 0 \qquad (11\text{-}53)$$

である．ここで，書いていない行列要素は 0 とする．(1,6) 成分と (6,1) 成分が 0 でないことに注意せよ．分子軌道，固有値，エネルギーダイヤグラムを図 11.17 に示す．

得られた分子軌道を使って結合次数を計算すると，どの炭素-炭素結合間のそれも一様に $\frac{2}{3}$ となる．どの炭素も同じように扱っているからこの結果は当然である．実際，ベンゼンの平衡構造は正 6 角形であって，結合長はすべて 1.40 Å である．

分子全体に広がった π 軌道の中を電子が非局在している状態を表すため，その共鳴構造を図 11.18 のように描くことがよく行われる．

問題 11.17　ベンゼンの非局在化による安定エネルギーはいくらか？

問題 11.18　ベンゼンの安定化エネルギーとシクロヘキサトリエンのそれとの差を求めよ．これを非局在化エネルギーという．

問題 11.19　図 11.18 以外のベンゼンの共鳴構造を考えよ．

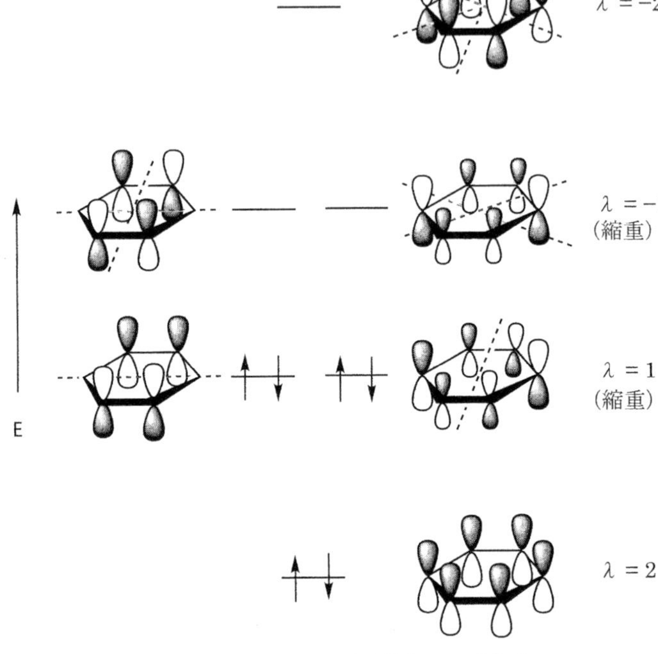

図 **11.17** ベンゼンの分子軌道のその節構造

グラファイト グラファイトは，図 11.9 のようにベンゼン環の規則正しい網目構造が何層も重なり合ったものである[6)].

問題 11.20 グラファイトの性質を，これまでに得た電子構造の理解の基に予測せよ．

11.6.4 ◆長い線形の π 電子系：鎖状ポリエン

永年方程式と分子軌道 図 11.20 のように，2 重結合が 1 つおきに繋がった分子を鎖状のポリエンという．ここでもヒュッケル法のレベルでは異性体間の差は考えない．鎖長（炭素原子数）が n の鎖状のポリエンの固有値方程式は

6) グラファイトには水素原子は存在しない（図 11.19）.

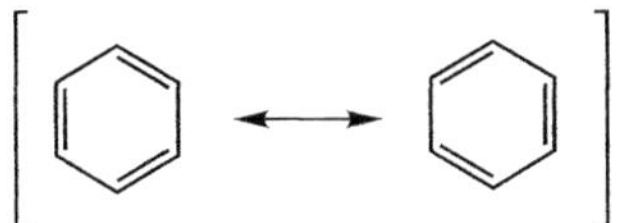

図 11.18　ベンゼン分子の共鳴構造（の 1 つ）

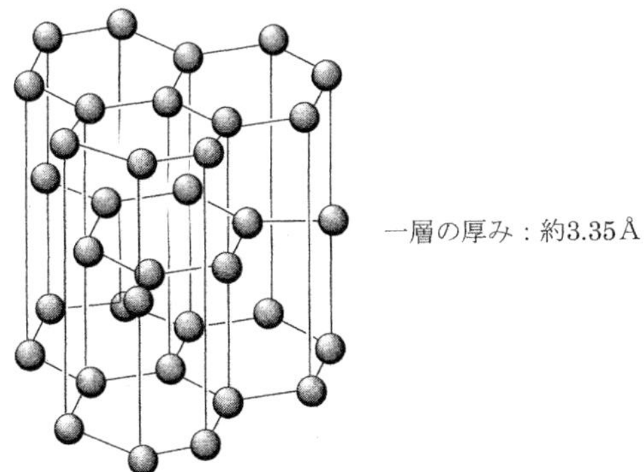

図 11.19　グラファイト

$$
\begin{aligned}
&-\lambda C_1 + C_2 = 0\\
&C_1 - \lambda C_2 + C_3 = 0\\
&C_2 - \lambda C_3 + C_4 = 0\\
&\ddots\\
&C_{n-2} - \lambda C_{n-1} + C_n = 0\\
&C_{n-1} - \lambda C_n = 0
\end{aligned}
\tag{11-54}
$$

で表される．試みに

$$C_r = X \sin r\theta \tag{11-55}$$

と置いてみよう．ここで X は定数．すると問題は解けてしまう．結果は，

$$\lambda_i = 2\cos\left(\frac{\pi}{n+1} i\right) \tag{11-56}$$

および

$$C_{ri} = \left(\frac{2}{n+1}\right)^{\frac{1}{2}} \sin\left(\left(\frac{\pi i}{n+1}\right) r\right), \qquad (i = 1, 2, \cdots, n) \tag{11-57}$$

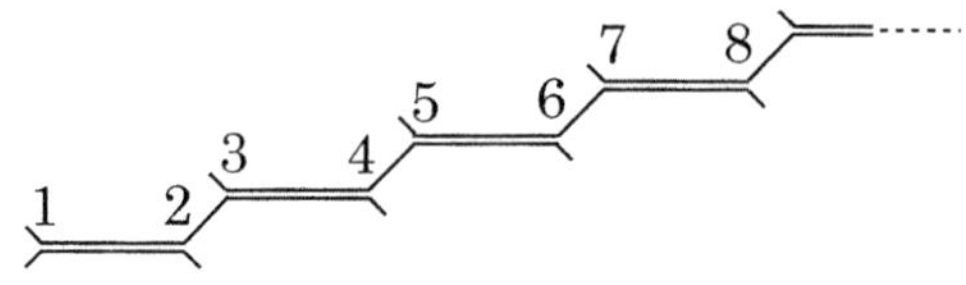

図 **11.20** 鎖状ポリエン

である．

問題 11.21 ♪ 式（11-54）に（11-55）を実際に代入して解け．

鎖状ポリエンの対称性と，両端の分子軌道の符号 鎖状ポリエンの化学反応を考える際に，分子軌道の両端の符号が問題になることがある．練習として，この問題を独立に考えてみよう．井戸型ポテンシャルと同じように，鎖状ポリエンは本質的に 1 次元であり，分子の真ん中の鏡映に対して対称性を持っている（図 11.21）（ふたたびブタジエンの図 11.22 を掲げる）．

一般に鎖状ポリエンの i 番目の分子軌道の対称性は $C_{1i} \times C_{ni}$ の符号を調べればよい．つまり，

$$
\begin{aligned}
C_{1i} \times C_{ni} &\propto \sin\left(\frac{\pi i}{n+1}\right)\sin\left(\frac{\pi i n}{n+1}\right) \\
&= (-1) \times \cos(\pi i)\sin^2\left(\frac{\pi i}{n+1}\right) \\
&= (-1)^{i+1}\sin^2\left(\frac{\pi i}{n+1}\right)
\end{aligned}
\qquad (11\text{-}58)
$$

となることがわかる．つまり，① i が偶数ならば，反対称（$C_{1i} \times C_{ni}$ は負値），② i が奇数ならば対称（$C_{1i} \times C_{ni}$ は正値）である．特に HOMO と LUMO の対称性は重要である．次章で，電子環状反応を議論する際に，これを使う．HOMO は，$i = n/2$ だから，次のルールが成立する．$n = 4m$ のとき，HOMO は反対称で LUMO は対称．一方，$n = 4m + 2$ のとき，HOMO は対称で LUMO は反対称である．このように，化学反応や分子物性にも，原子の数による法則性がありそうだということがわかる．

11.6.5 現代の分子軌道理論

このように，ヒュッケル分子軌道法は，分子軌道の位相やトポロジーを簡単な計算で明らかにする能力を持っている．また，π 電子系以外にも適用するた

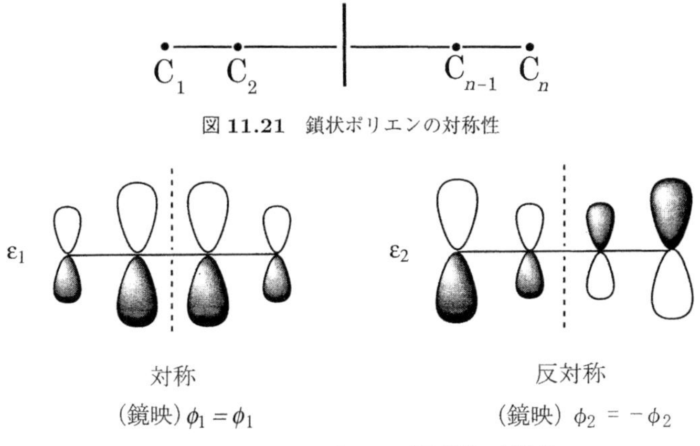

図 **11.21** 鎖状ポリエンの対称性

図 **11.22** 1,3-ブタジエンの分子軌道の対称性

めのさまざまな改良が加えられている．さらに，ヒュッケル法の特徴を生かして，分子構造をある程度予測したり説明したりするウォルッシュ（Walsh）則などもあり，使い方を誤らなければ，有効な方法として生きている．しかし，本書では，これ以上の詳細に踏み込むことはしない．時代が変わったからである．

ヒュッケル法に必要な計算は簡単なため，手回し計算機でも運用することができた．しかし，1960 年代から発達してきた電子計算機により，科学を取り巻く状況は大きく変わった．量子化学においても，しばらくのあいだ，半経験的方法論（理論の一部に実験値を導入する方法）が続いた後，1970 年代から 80 年代にかけて非経験的方法論（*ab initio* 法と呼ばれる．*ab initio* とは from the beginning という意味）が大発展を遂げた．この発展の過程で日本の研究者が果たした役割は大きい．その結果，現在ではボルン・オッペンハイマー近似の枠内で電子状態のきわめて精度の良い計算が可能になっている．ハートリー・フォック（Hartree-Fock）分子軌道法から出発して，10.2 節の「原子価結合法」の項で述べた限界などを克服しながら，電子の多体運動を記述する理論と計算方法が発達したのからである．実際，「それほど大きくない分子のエネルギーや構造の計算値は，実験値よりも精度が良い」と表現されるくらいである．それどころか，理論化学計算のプログラムパッケージを不可欠な研究手段として併用する実験化学者は，いまや珍しくない．

第12章 化学反応論入門

この章までに積み上げてきた基礎的な化学結合論の1つのまとめとして，本章では，化学反応（主として有機化学反応）への応用を考えていくことにしよう．すなわち，軌道相互作用の考えを中心に化学反応論へと入門しよう．

12.1 分子軌道と分子軌道の相互作用

分子Aと分子Bが相互作用して化学反応に至る場合を想定する．孤立分子Aと孤立分子Bにはそれぞれ図12.1のように分子軌道がわかっているものとする．

12.1.1 任意の2個の分子軌道の相互作用

もう一度，軌道相互作用のエッセンスを復習しておこう．いま，Aの任意の分子軌道 ϕ_{Aa} $(a = 1, 2, \cdots)$ とBの任意の分子軌道 ϕ_{Bb} $(b = 1, 2, \cdots)$ が分子の接近により相互作用する様子を考えよう．これは，原子軌道のあいだの相互作用と基本的に同じことである．そこで，次のようなダイヤグラムを想定する：

ダイヤグラム（図12.2）の説明　孤立系AとBのそれぞれの分子軌道とその軌道エネルギー $\phi_{Aa}, \varepsilon_{Aa}$ および $\phi_{Bb}, \varepsilon_{Bb}$ を持つものとする．

1. 分子Aと分子Bが，たとえばイオンであったり，水分子のように双極子モーメントを持っていたりすると，その分子はその周りに静電場を作る．それらが互いに少し接近すると，分子軌道の形にはほとんど変化がなくても，エネルギーが上がったり下がったりすることがある．こうして静電場により新しくできた準位のエネルギーを H_{aa} と H_{bb} とする．
2. さらに分子が接近して ϕ_{Aa} と ϕ_{Bb} の重なりが大きくなると，それらは混合して両分子全体に広がる分子軌道 ψ_-（エネルギー E_-）と ψ_+（エネル

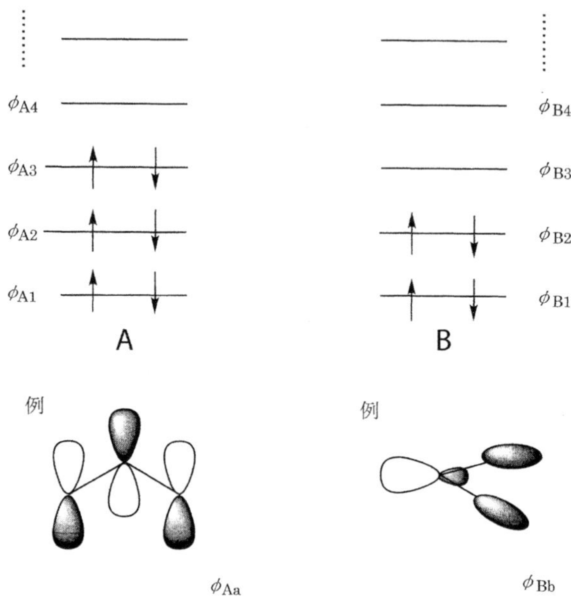

図 **12.1** 相互作用しようとする 2 つの分子の分子軌道

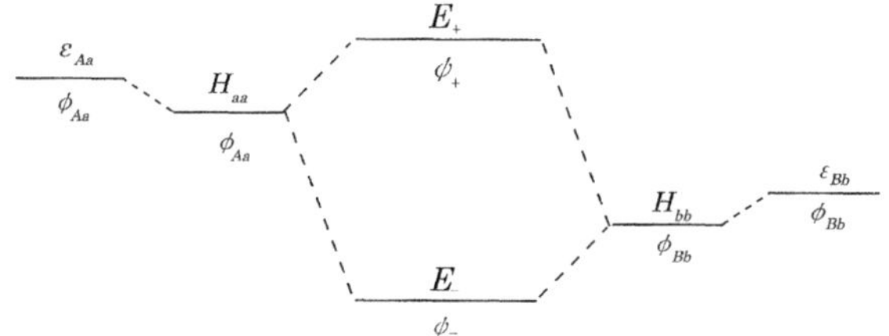

図 **12.2** 分子軌道の相互作用による新しい状態の生成

ギー E_+）ができる．このとき，ψ_+ と ψ_- は ϕ_{Aa} と ϕ_{Bb} の線形結合で表される．その際，

(1) ψ_- では ϕ_{Aa} と ϕ_{Bb} のあいだに節（node）ができないように，また，ψ_+ では ϕ_{Aa} と ϕ_{Bb} のあいだに新しく節ができるように（反結合的に）混じる．

(2) ψ_- はエネルギーの低い方の分子軌道（このダイヤグラムでは ϕ_{Bb}）に大きな成分を持ち，ψ_+ ではその反対になる．また，ε_{Aa} と ε_{Bb} の差が大きいほど，この傾向が強くなり，$\psi_- \approx \phi_{Bb}$，$\psi_+ \approx \phi_{Aa}$

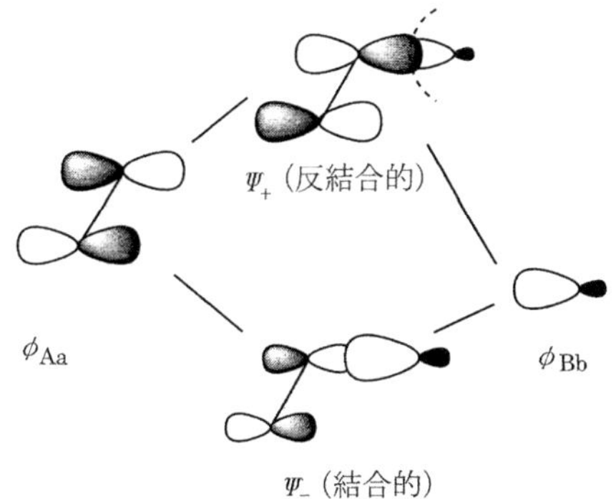

図 **12.3**　2 つの分子軌道の相互作用による重ね合わせ

となる．つまり，このとき分子軌道はほとんど変化しない（図 12.3 を参照)．

(3) 行列要素 H_{AB}（共鳴積分，式 (8-36) 参照）の大きさが重要である．

12.1.2　反応に関与する電子数の問題

こうして生成する新しい分子軌道に電子を配置していく必要がある．次のような場合が考えられる．

（占有軌道）＋（空軌道）　図 12.4.

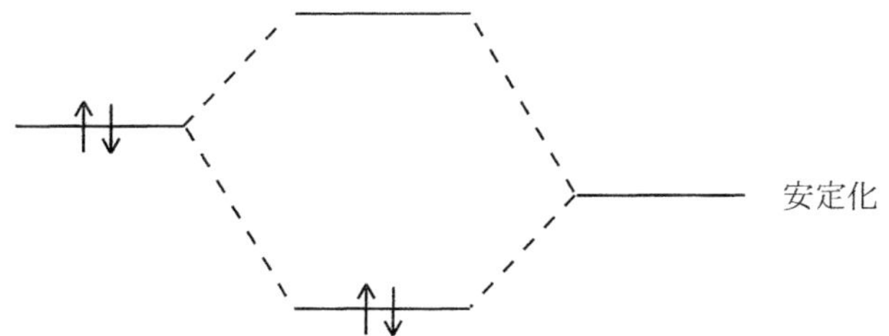

図 **12.4**　占有軌道と空軌道の相互作用（例：配位結合）

（半占軌道）＋（半占軌道）　図 12.5．このように半占軌道を持つ分子をフリーラジカル（free radical）という．これらは反応性に富んでいる．相手が占有軌道であっても，図 12.6 のようになって反応が進行しうる．

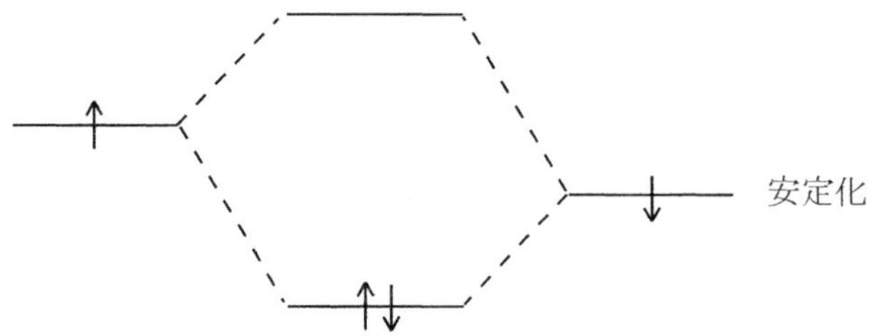

図 **12.5**　半占軌道と半占軌道の相互作用（例：ラジカル再結合反応）

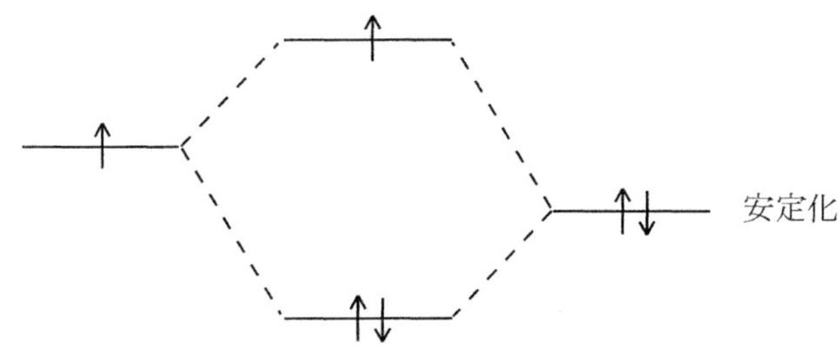

図 **12.6**　占有軌道と半占軌道の相互作用（例：ラジカル付加反応）

（占有軌道）＋（占有軌道）　図 12.7．このように，2重占有軌道が2個相互作用しても安定化には何も貢献せず，分子が接近してくると，急激に（指数関数的に）エネルギーが上昇して，反発力として働く．これを交換相互作用といい，立体反発の原因を成していることは前にも述べた．立体反発は反応に逆行するように働くことが多いが，これは分子の接近のしかたや分子の形を支配するため，反応を考えるうえで重要な要素である．

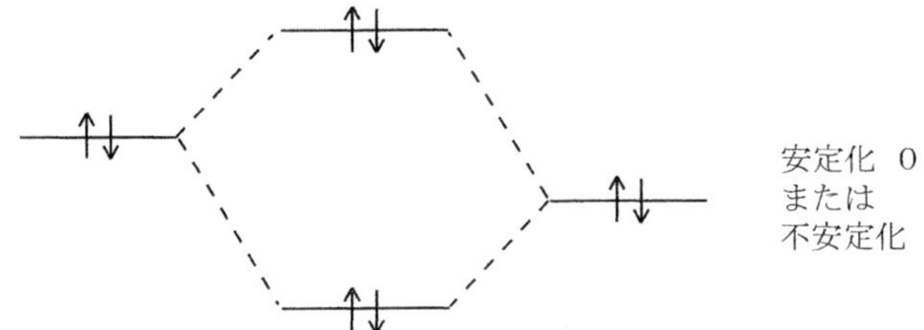

図 **12.7**　占有軌道と占有軌道の相互作用（立体反発）

12.1.3　分極効果

分子Aに分子Bが接近すると，Bが外場（摂動）として働くので，$\{\phi_{Aa}|a$

$= 1, 2, ...\}$ の中での再混合を考えなければならない．これは，この外場によって分子 A の電子分布が歪むからで，これを分極という．同じことは $\{\phi_{Bb}|b = 1, 2, ...\}$ についてもいえる．この効果は，分子が接近してくる反応の初期過程や分子間相互作用[1)]で重要になることがある．しかし，この効果は当面無視することにする．

12.1.4 反結合性軌道の役割

化学反応には，ラジカル再結合反応[2)]や単純な付加反応のように，新たな結合が生成するだけのものもあるが，組み換え反応のように，「古い結合が切れて，新しい結合ができる」タイプのものがごく一般的である．後者の反応の場合，新しく生成する結合に注目するあまり，古い結合の開裂のことを忘れてしまいがちである．古い結合の開裂は，「電子が配置されていない空の（あるいは 1 個だけ配置されている）反結合性軌道に電子が流れ込む」ことによって記述されるのが基本的なパターンである．反結合性軌道に電子が流れ込むと，結合開裂には至らないまでも，結合長が伸びるという場合もある．反結合性軌道は，このように，非常に重要な役割を担っている．この点に留意しながら，以下を読み進めてい欲しい．

12.2 化学反応を支配する要因

前節までの考察に立って，化学反応を支配する因子にまとめておこう．

静電的力　これは図 12.2 のダイヤグラムで，$\varepsilon_{Aa} \to H_{aa}$, $\varepsilon_{Bb} \to H_{bb}$ となる原因の 1 つとなる．分子の中に強い電荷の偏りがあると，クーロン力やそれによって誘起された双極子モーメントによって分子が接近し，反応に至る場合がある（分子内電荷の偏りを支配する主要な因子は，構成原子の電気陰性度の差であることを思い出せ）．イオンの反応，強い求電子試薬（負電荷に攻撃する），強い求核試薬（正電荷に攻撃する）などの付加反応，水分子のような強い双極子を持つ分子間の相互作用などがこれに該当する．静電力は一般にその効果が長距離に及ぶ．また，溶媒が重要な役割を果たすことが容易に想像され

1)　分子間相互作用とは，結合の組み換え（つまり化学反応）まではしないが，たがいに引力や斥力を及ぼし合う分子間の相互作用をいう．

2)　たとえば，2 個のメチルラジカルが結合してエタンになる，というタイプの反応．

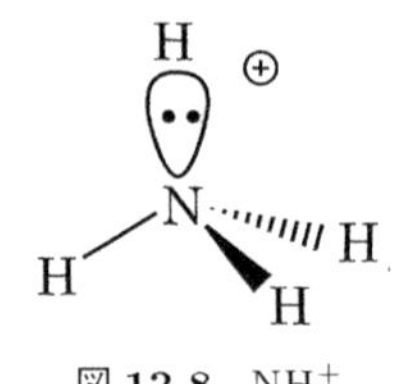

図 **12.8**　NH_4^+

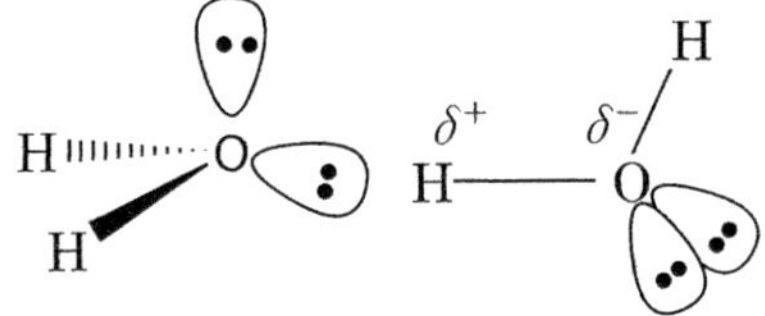

図 **12.9**　水分子の 2 量体と水素結合

る．たとえば，極性溶媒はイオン性の反応を進行させるのに適している．

静電的な化学相互作用の簡単な例として，次のものがある．

例 1　NH_3 分子とプロトンの相互作用（図 12.8）

例 2　水分子の水素結合（図 12.9）

立体反発（交換反発）　2 重被占軌道のあいだに働く反発力．これは短距離力で，安定な分子や原子団などが相当接近してからコツンとぶつかるイメージ．分子の排除体積（つまり分子の空間的広がりの大きさ）を規定する．

HOMO-LUMO 相互作用（フロンティア軌道理論）　福井らによるフロンティア（Frontier）軌道理論（1952 年）は，つぎのように要約される．“分子 A の HOMO（最高被占軌道）と分子 B の LUMO（最低空軌道）の相互作用”，または，“分子 A の LUMO と分子 B の HOMO の相互作用”，または，その両方の強さが，反応をほぼ支配する（図 12.10 参照）．

多数の $\{\phi_{Aa}\}$ と $\{\phi_{Bb}\}$ の組み合わせのなかで HOMO-LUMO 相互作用が特に強調される理由は，直観的には難しいものではない．それは次の理由による．

(i) 2 重被占軌道どうしの相互作用と空軌道どうしの相互作用は安定化に貢献しないので，被占軌道と空軌道の相互作用が重要なものとして残る．

(ii) 互いにエネルギーが近い軌道のあいだの相互作用が大きい安定化をも

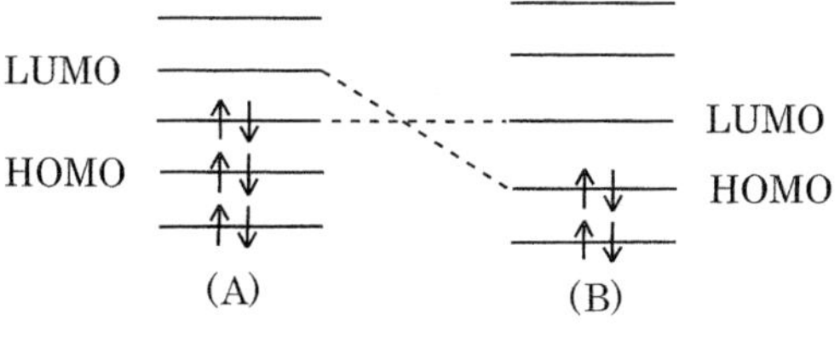

図 **12.10** HOMO-LUMO 相互作用

たらす．

この 2 つの条件を同時に満たすのは，一般的にいえば，HOMO-LUMO 相互作用である．

しかし，分子 A が電子供与性であり，分子 B が電子受容性であれば，分子 A の HOMO と分子 B の LUMO がより重要な役割を果たすのは明らかであろう．

また，反応によっては，HOMO-LUMO 以外の軌道（多くはその次の軌道）が重要な役割を果たすこともある．

以上の要因のまとめ 化学反応は，立体反発が大きくなるのを避け，HOMO-LUMO 相互作用あるいは静電的相互作用が大きくなるような道筋（分子の配向）を通って進む．逆に，HOMO-LUMO の相互作用が充分大きくない場合には，化学反応は容易には進行しない[3]．もちろん，HOMO-LUMO 相互作用と静電的相互作用とが競合することもある．

12.3 HOMO-LUMO 相互作用（フロンティア軌道理論）と反応性の例

フロンティア軌道理論のおかげで，複雑な化学反応も非常にすっきり体系づけられて理解されるようになった．以下に，HOMO-LUMO 相互作用を考えるだけで簡明に予測できる反応例をいくつか挙げておこう．

3) ここでは，基底状態にある分子のあいだの化学反応について述べている．励起状態の化学反応では，ボルン・オッペンハイマー近似が破れる効果など，さらに複雑な相互作用を考慮する必要がでてくる．それらは，励起状態の化学，あるいは，光化学などと呼ばれる分野において研究対象となる．

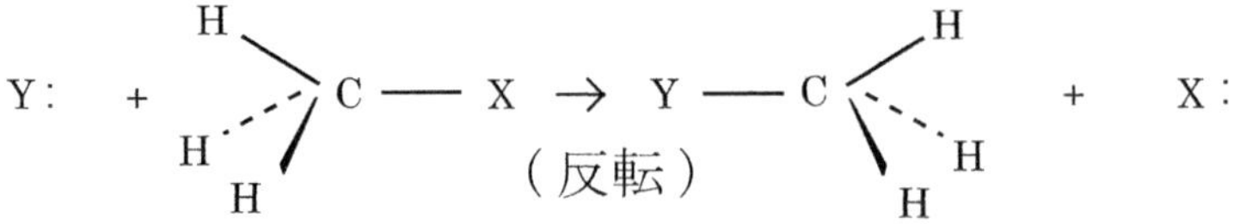

$$\mathrm{Y:}\ +\ \mathrm{H_3C{-}X} \rightarrow \mathrm{Y{-}CH_3}\ +\ \mathrm{X:}$$

（反転）

図 **12.11**　S_N2 反応とヴァルデン反転

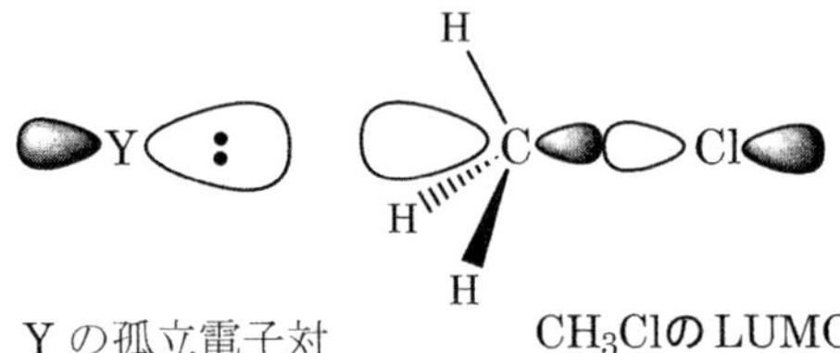

図 **12.12**　CH_3Cl の二分子求核置換反（S_N2）

12.3.1　求核置換反応：$\boldsymbol{S_N2}$ 反応

図 12.11 は，親核試剤 Y が CH_3X を攻撃する求核置換反応（S_N2 反応）の概念図である．X はハロゲンのように電気陰性度が高い原子，たとえば塩素原子である．このため，炭素原子はやや正電荷を帯びている．この炭素に，原子 Y の孤立電子対が X と反対方向から接近して新しい Y-C 結合を作ると同時に，古い X-C 結合が切れる（2 分子反応の Nuclear substitution reaction, S_N2 反応という）．この図のメチル基の反転をヴァルデン（Walden）反転といい，この反応を利用して光学的な対掌体（d 体と l 体の関係）を作り出すことができる．

この反応の HOMO-LUMO 相互作用は，次のとおりである．この反応では，Y:の HOMO が孤立電子対であって，XCH_3 に電子対を供与する．したがって，Y の HOMO と CH_3X の LUMO の相互作用を考えればよい．図 12.12 に HOMO-LUMO 相互作用が描かれている．CH_3X の LUMO は，C-X に対して反結合的であることに気づいて欲しい．また，X の電気陰性度が大きいことから（つまり X のエネルギーが低い），C-X の反結合軌道は C 側に大きく広がっている．

この LUMO と Y の孤立電子対が相互作用すると[4]，Y-C に新しい σ-結合が生成すると同時に，C-X の古い結合が切れていくことになる（空だった反

4)　このとき，HOMO である Y の孤立電子対から LUMO に電子が部分的に流れ込んだと思えばよい．

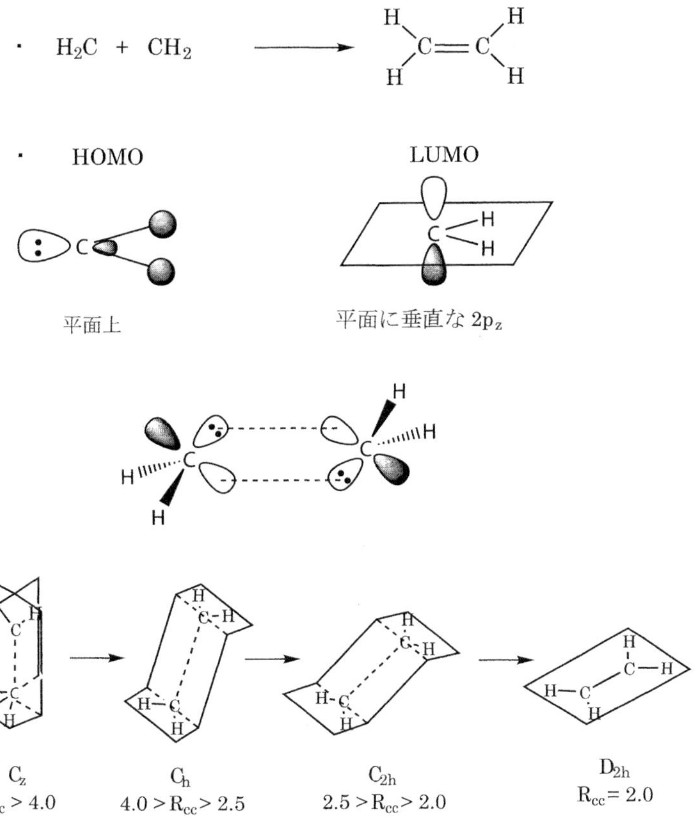

・ H_2C + CH_2 ⟶ (H)(H)C=C(H)(H)

・ HOMO　　LUMO

平面上　　平面に垂直な $2p_z$

C_z $R_{cc} > 4.0$　C_h $4.0 > R_{cc} > 2.5$　C_{2h} $2.5 > R_{cc} > 2.0$　D_{2h} $R_{cc} = 2.0$

図 **12.13**　カルベンの二量化によるエチレンの生成

結合性軌道に電子が流れ込んでくるのだから）.

12.3.2　2 重結合の生成：メチレンの 2 量化によるエチレンの生成と分子磁石

図 12.13 には，メチレンが 2 個接近してエチレンになりうる反応過程が概念的に描かれている．このメチレンは，正確には 1 重項メチレンと呼ばれていて，第 1 励起状態である．詳しいことは，ここでは措くが，互いの HOMO と LUMO を利用して，2 重結合に至る過程が簡明に描写されている．

このメチレンが HOMO に電子が 2 個配置されているのに基底状態でないのは，以下の理由による．メチレンの HOMO と LUMO は，エネルギーが非常に接近している（もちろん HOMO の方が少し低い）．ここで，フントの規則を思い出して欲しい．9.2.6 項で見たとおり，B_2 や O_2 には縮重軌道が 2 個あって，スピンを揃えてそれぞれに 1 個ずつ配置するのが最安定状態であった．その結果，これらの分子は磁性を持ったのである．メチレンの HOMO と LUMO も擬縮重しており，それぞれに 1 個ずつスピンを揃えるようにして配置された状態が結果として最安定なのである（これを 3 重項メチレンという）．

すると，メチレンも酸素分子と同じように強い分子磁石であることが予想される．有機化合物でも分子磁石になるのである．メチレンの誘導体をカルベンというが，スピンを揃えたまま，カルベンを複数個繋げた分子を化学的に合成するなどして，柔らかい磁石や，薄膜の磁石などを目指して有機磁石の研究が行われている．

12.3.3 電子環状反応と軌道対称性

ディールズ・アルダー反応 図 12.14 で書かれる協奏的付加反応，1,3-ブタジエンとエチレンのディールズ・アルダー（Diels-Alder）反応を考えよう．

この反応の HOMO-LUMO 相互作用を考える．1,3-ブタジエンとエチレンの HOMO と LUMO がどのような位相をもつか，ヒュッケル分子軌道法を通して学んだ．それを概念的に図示したものが図 12.15 である（注：この図では水素原子は省略してある．また，各炭素には以下の説明のために番号が打ってある）．

1. まず，どちらの組み合わせの HOMO-LUMO 相互作用も，位相がきれいに一致する（つまり，それぞれの分子の分子軌道の正と正が，負と負が空間的に重なる）．したがって，新しい結合が C_1-C_6 と C_4-C_5 にできる．
2. LUMO は空軌道だから，HOMO と LUMO が相互作用して新しい分子軌道ができたとすると，HOMO 側から LUMO 側に電子が部分的に流れ出す．このことから，
   (1) 古い 2 重結合の π 結合が，エチレンの C_5-C_6 とブタジエンの C_1-C_2，C_3-C_4 で切れる（それぞれの LUMO を見よ．たとえば，C_5-C_6 は反結合性になっている）．
   (2) 新しい π 結合が，ブタジエンの C_2-C_3 に生まれる（ブタジエンの LUMO の C_2-C_3 は結合的）．

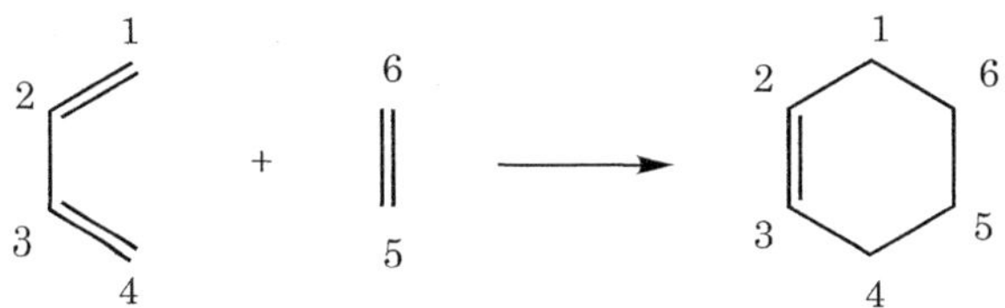

図 **12.14** 1,3-ブタジエンとエチレンのディールズ・アルダー反応

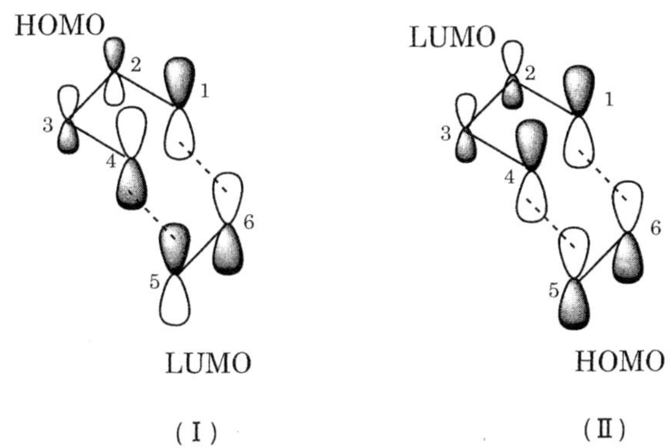

図 **12.15** 1,3-ブタジエンとエチレンのディールズ・アルダー反応反応における HOMO-LUMO 相互作用

禁制反応 次にエチレンの 2 量化反応を考える．図 12.16 を見よ．エチレンとエチレンでは，HOMO と LUMO の位相がどれも一致しないので，分子軌道がうまく重なることがない．したがって，エチレンとエチレンをただ接近させても，シクロブタンが生成することはない．1,3-ブタジエンとエチレンの反応を許容反応というのに対して，エチレンとエチレンの反応を禁制反応という．

軌道対称性の保存 これらの美しい例からわかるとおり，分子の対称性と化学反応性には深い関係がある．図 12.15 における HOMO と LUMO はどちらの場合も，エチレンの結合軸を垂直に二等分する面に対して，対称性が同じである．ブタジエンの HOMO がこの対称面に対して奇関数であれば，エチレンの LUMO も奇関数であるし，ブタジエンの LUMO がこの対称面に対して偶関数であれば，エチレンの HOMO も偶関数である．一方，図 12.16 におけるエチレンどうしの場合には，一方の HOMO が奇関数であれば片一方の LUMO は偶関数というわけで，共鳴積分が 0 になってしまう．したがって，エチレンどうしの HOMO と LUMO には，軌道の混合が起きないのである．8.7.4

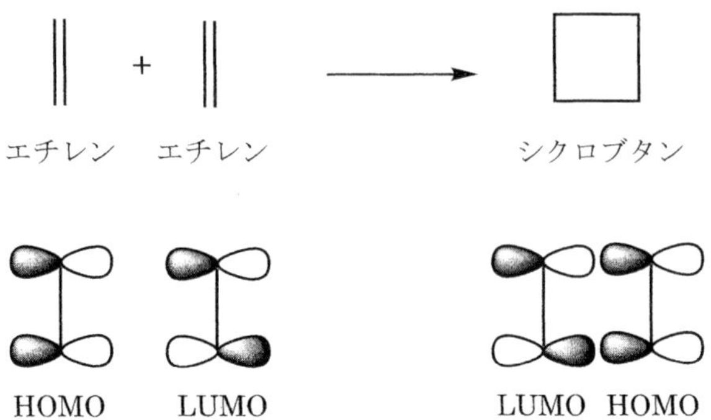

図 **12.16**　エチレンとエチレンの 2 量化（環化）反応：禁制.

項と 8.7.5 項を復習して欲しい．このようにして，分子の対称性をもとに，化学反応の起きやすさを論ずることができるのである．ウッドワード（Robert Woodward, 1917–1979）とホフマン（Roald Hoffmann, 1937– ）は分子軌道の対称性と化学反応の関係を体系的に表現して，化学反応の選択則を提案した．これは現在，ウッドワード・ホフマン（Woodward-Hoffmann）の軌道対称性の保存則として知られている．

問題 12.1　前章の結果を利用して，ポリエンとエチレンの反応の反応性を，ポリエンの長さ n の関数として予測せよ．次に，エチレンも他のポリエンに換えて同じことを試みよ．

ここでは化学反応論の入門として，非常に簡単な例だけを説明した．有機化学には，多くの大著があるので，今後時間をかけて学んで欲しい．また，分子軌道論的な立場から解説した教科書として，次のものを参考にして欲しい．

1. 『化学反応と電子の軌道』（丸善）福井謙一
2. 『有機反応論』（上）（下）（東京化学同人）井本稔・仲矢忠雄
3. 『フロンティア軌道法入門』（講談社）I. フレミング，竹内敬人・友田修司訳

未来に向かって：あとがきにかえて

というわけで，読者はより進んだ分子科学・化学に進む準備を整えた．化学は，多くの要因が絡み合う複雑な科学である．本書で述べたのは，それらの要因と概念のうち，ごく基本的なものだけであった．もとより，すべてを網羅しているわけではない．特に，d-軌道の化学（無機化学，配位子場理論等）にはまったく触れなかった．一方，教科書は何を書くかという選択もさることながら，何を書かないかという判断も同じぐらい重要であるといわれる．初年時の教科書はその意味において，特に難しい．この点で，私の判断に狂いがあったかもしれない．しかし，そのために却って「もっと調べてみたい，もっと勉強してみたい」という読者の飢餓感に繋がっていれば，望外の喜びというほかはない．

ところで，物質科学を専門に研究してみたいと思う人にとって，これらの基本的な概念や諸量が頭でわかっていても，使えなければ意味がない．また，いちいち量子力学に立ち帰らなければならないようでは遅すぎることもあろう．一方，化学は，その膨大な研究成果が独自な方法で（すなわち，実際に化学合成などに携わる人々にとってわかりやすいように）体系化され，教科書としても出版されている．私は，若い頃「化学的直感」という言葉が好きではなかった．根拠が曖昧で誤魔化したいときに使われるような言葉だと思ったのである．しかし，今は違う．人間の認識能力の凄さを如実に表現する言葉だと思っている．化学的直感は，公理から出発する論理的展開から得られるものではなく，輻輳している現象群から本質だけを抜き取ってきたいという知的欲求から生み出されるものである．その欲求は，「学問的経験」あるいは「知的蓄積」がなければ，ただの思弁に終わるものである[1)]．若い読者には，本書で学んだ基礎的な概念がどのように使われるか，どのような限界をもつのか，今後，化学の大著に親しみ，あるいは実験を通して「経験」を積んで欲しい．

---

1) ここでもう一度，問題 1.1 を考えて欲しい．

われわれが本書で勉強した分子像は，ここ 80 年以内にできたばかりのものであって，化学の長い歴史から見ればごく新しいものである．しかし，化学は微視的分子論の成果を踏まえて，どんどん進んでいる．たとえば，本書の中心課題であった分子内の電子分布は，定在波として記述されていて，時間の概念が入っていなかった．しかし，現代の科学者は，アト秒（10^{-18} 秒）に近いきわめて短い時間で明滅するパルスレーザーを開発しつつ，それを使って分子内電子の実時間での運動を追究し始めている（電子動力学という）．新しい化学反応の開発，ナノテクノロジーや機能性分子への発展，分子機械・分子素子の設計，生命科学への展開，等々，化学は物質（特に分子）を扱う学問であるから，それは膨大な領域を成しており，また非常に多くの未知の世界を持っている．現実は，夢を超えることはない．小さな夢からは，大きな現実は生まれない．物質科学の未来は，若き読者らのイマジネーションにかかっている．

謝辞

本書には，新しい学問の展開や学術的潮流を初学者に伝えるために，個々の研究者のお名前やクレディット，参考文献等を省略して，事項だけを記した部分が少なからず含まれている．当該の研究者の皆様には，伏してお許しを頂いたうえで，お礼を申し上げたい．

本書は，筆者が東京大学教養学部で行っている講義で使ったプリントを基にしている．元はといえば，ほぼ 20 年前に名古屋大学で書き始めたものである．このあいだ，多くの方々にプリント作成や本書の作成を助けていただいた．心より，お礼を申し上げたい．最後に，本書の出版を企画してくださった，東京大学出版会の編集者，岸純青さんに深甚の謝意を表したい．

2007 年 4 月
Born-Oppenheimer と Heitler-London の論文から 80 年目の年に，
八重桜と新緑の美しい駒場にて

高塚和夫

索引

[ま行]

[や行]

[ら行]

［欧文］

著者略歴
1950 年　岐阜県（高山市）に生まれる
1973 年　大阪大学基礎工学部卒業
1978 年　大阪大学大学院基礎工学研究科化学系専攻博士課程修了（工学博士）
1978 年　ノースダコタ州立大学博士研究員
1979 年　カリフォルニア工科大学博士研究員
1982 年　分子科学研究所助手
1987 年　名古屋大学助教授
1992 年　名古屋大学大学院人間情報学研究科教授
1997 年　東京大学大学院総合文化研究科教授

著書
『分子の複雑性とカオス』（非平衡系の科学 IV）講談社サイエンティフィック，2001 年
訳書
『ファインマン経路積分』（L.S. シュルマン著）講談社，1995 年

化学結合論入門　量子論の基礎から学ぶ

2007 年 9 月 18 日　初　版
2010 年 9 月 10 日　第 2 刷

［検印廃止］

著　者　高塚和夫（たかつかかずお）

発行所　財団法人　東京大学出版会

代 表 者　長谷川寿一

113-8654 東京都文京区本郷 7-3-1 東大構内
電話 03-3811-8814　Fax 03-3812-6958
振替 00160-6-59964

印刷所　大日本法令印刷株式会社
製本所　誠製本株式会社

ISBN 978-4-13-062506-7　Printed in Japan

本書はデジタル印刷機を採用しており、品質の経年変化についての充分なデータはありません。そのため高湿下で強い圧力を加えた場合など、色材の癒着・剥落・磨耗等の品質変化の可能性もあります。

化学結合論入門　量子論の基礎から学ぶ

2024年4月25日　　発行　③

著　者　　高塚和夫

発行所　　一般財団法人　東京大学出版会
代 表 者　吉見俊哉
〒153-0041
東京都目黒区駒場4-5-29
TEL03-6407-1069　FAX03-6407-1991
URL　https://www.utp.or.jp/

印刷・製本　大日本印刷株式会社
URL　http://www.dnp.co.jp/

ISBN978-4-13-009145-9
Printed in Japan